全国普通高校通信工程专业规划教材

微波技术基础一本通

——概要、答疑、题解、实验、自测

全绍辉 曹红燕 编著

清华大学出版社

北 京

内 容 简 介

本书涵盖了微波技术基础的概要、答疑、例题详解、习题解答、实验实践、自测题等内容。前 5 章的每章内容分为四部分，包括基本概念、理论、公式，常见问题答疑，例题详解，习题解答。第 6 章为微波技术实验，包括一组分类开放式实验和四组常规波导测量线实验。附录 A 中收集了七套"微波技术"课程的自测题(附参考答案)，附录 B 中包含了三组网络分析仪实验，附录 C 给出了波导测量线实验的详细操作步骤和提示。本书教学和教辅相关的所有资料均在**微波学堂网(wbxt. buaa. edu. cn)**更新和下载，并可实时在线答疑。

本书可以作为"微波技术"课程的学习指导书和实验实践指导书，同时也可以作为微波技术基础知识整体学习和复习的简易教程。另外，本书还可供电磁场与微波技术专业的从业人员，如微波工程师、射频工程师、天线工程师等作为工具书参考和查用。

图书在版编目(CIP)数据

微波技术基础一本通：概要、答疑、题解、实验、自测/全绍辉等编著.—北京：清华大学出版社，2013.8(2024.9重印)

全国普通高校通信工程专业规划教材

ISBN 978-7-302-30810-2

Ⅰ. ①微… Ⅱ. ①全… Ⅲ. ①微波技术－高等学校－教材 Ⅳ. ①TN015

中国版本图书馆 CIP 数据核字(2012)第 287440 号

责任编辑：梁 颖 薛 阳
封面设计：傅瑞学
责任校对：梁 毅
责任印制：宋 林

出版发行：清华大学出版社
  网 址：https://www.tup.com.cn, https://www.wqxuetang.com
  地 址：北京清华大学学研大厦 A 座 邮 编：100084
  社 总 机：010-83470000 邮 购：010-83470235
  投稿与读者服务：010-62776969, c-service@tup.tsinghua.edu.cn
  质量反馈：010-62772015, zhiliang@tup.tsinghua.edu.cn
  课件下载：https://www.tup.com.cn, 010-83470236
印 装 者：涿州市般润文化传播有限公司
经 销：全国新华书店
开 本：185mm×260mm 印张：15.75 插页：1 字 数：400 千字
版 次：2013 年 8 月第 1 版 印 次：2024 年 9 月第 5 次印刷
定 价：49.00 元

产品编号：049945-03

对于一门课程的初学者,尤其是大学本科阶段的学生而言,在学习过程中通常会关心或遇到以下几方面的问题。

(1) 这门课程讲授的重点内容是什么? 能否给出一个学习概要或大纲?

(2) 课程初学时经常遇到一些疑难问题,迫切需要专业解答。

(3) 是否有课程的典型例题详解? 能否给出各类题目的求解思路?

(4) 是否有课后习题或作业题参考答案? 以检查自己解题是否正确。

(5) 课程是否有实验? 实验该怎么做? 在课程学习基础上,能否提供一些与个人长远发展深造及实际工程科研结合紧密的实验实践题目?

(6) 课程考试要考什么? 能否提供一些模拟试题?

在"微波技术"课程教学中,当然也存在上述问题,而针对这些问题,本书均进行了完整的覆盖和解答,希望能对大学中"微波技术"课程的初学者和社会上"微波技术"课程的自学者提供帮助。

本书涵盖了微波技术基础的概要、答疑、例题详解、习题解答、实验实践、自测题,其编写主要参考了编者于 2011 年 4 月出版的《微波技术基础》以及北京航空航天大学"微波技术"课程的实验实践安排,同时也借鉴了国内外其他知名教材及同类书籍的编排方式。

全书包括 6 章。前五章的每章内容分为四部分,包括基本概念、理论、公式,常见问题答疑,例题详解,习题解答。第 6 章为微波技术实验,包括一组分类开放式实验和四组常规波导测量线实验。附录 A 中收集了七套"微波技术"课程的自测题(附参考答案),附录 B 中包含了三组网络分析仪实验,附录 C 给出了波导测量线实验的详细操作步骤和提示。

概要部分是对"微波技术"课程主要内容的总结,包含了微波技术基础课程的主要基本概念、理论、公式,并进行简练明确的解释、说明。这部分内容可以有效地帮助读者对微波技术基础有一个快速、系统、全面的把握和学习,掌握关键要点及各部分的关系,提高课程学习和复习的效率。

答疑部分的课程疑难问题来源于教学实践,是在多年课程实践中对初学者各类答疑问题的汇总。在这部分内容中,针对一些初学者在学习中经常提出的疑难问题,以问答的形式进行了解释、说明,使初学者对知识能理解得更深入,学习能更有针对性。

学好一门课程,必须完成大量课程练习题。本书除了给出一些习题的规范求解步骤和答案外,还针对一些微波技术基础的典型例题进行了详细求解和说明,可以帮助初学者掌握正确的解题思路和方法。本书附录所提供的测试题则可以供学生检验学习效果。

"微波技术"课程是一门偏实践的基础课,因此在课程学习中应完成必要的实验实践。本书提供的微波技术实验主要以波导测量线实验为主(6.2节实验二到6.5节实验五),并辅助以信息收集、软件仿真、软件设计形式的分类开放式实验(6.1节实验一),也提供了与现代微波工程结合更紧密的网络分析仪实验(附录B)。上述实验实践安排有以下特点。

(1) 既包括软件仿真设计又包括硬件操作。

(2) 既包括典型的射频波段(3.2GHz以下,网络分析仪实验),又包括最常用的微波波段(X波段,测量线实验)。

(3) 既包含同轴线系统(网络分析仪实验),又包含波导系统(测量线实验)。

(4) 采用重复验证性实验(6.2节实验二到6.5节实验五,附录B的B1节实验一、B2节实验二)与自主设计实验(6.1节实验一、附录B的B3节实验三)相结合的方法。

(5) 实验实践安排与学生实际需求、科研工程实际问题接轨,增强了实验教学的实用性和前沿性。

综上所述,本书可以作为电子信息类、通信工程类各专业的"微波技术"课程的学习指导书和实验实践指导书,也可以作为一本微波技术基础知识整体学习和复习的简易教程。本书也可供无线通信和电磁场与微波技术专业的从业人员,如微波工程师、射频工程师、天线工程师作为工具书参考和查用。

在本书完成之际,特别要感谢董金明教授、林萍实副教授、何国瑜教授、吕善伟教授等前辈教师对编著者的无私帮助。感谢杨晓琳、刘西柯、石磊、王超、宋志滢、杨杭、谢永鹏、于同飞、刘琳、刘庆辉、樊勇、夏丰、李栋、石鑫、高成韬、赵英华、王正鹏、万亮、曹贤德、刘骁等研究生和本科生,他们为本书初稿的形成、编辑和修订做了大量工作。同时,也非常感谢历届"微波技术"课程上给予编著者大力支持和帮助的全体同学。

本书的编写和出版得到北京航空航天大学"十一五"规划教材立项、北京航空航天大学研究生精品课程建设项目(200904)、北京航空航天大学研究生教育与发展研究专项基金(201202)、国家自然科学基金项目(60771011)、质检公益性行业科研专项(201110005)的资助,特此致谢。

编著者热切希望通过本书与广大读者朋友交流微波技术的学习和教学方法,共同促进和提高微波技术的学习和教学质量。由于编著者水平有限,本书难免存在一些缺点和错误,敬请广大读者朋友批评指正。

本书教学和教辅相关的所有资料均在**微波学堂网**(**wbxt. buaa. edu. cn**)更新和下载,并可实时在线答疑。

编著者

2012.7

目 录

目录

目录

目录

目录

第1章

电磁场和电磁波基础

1.1　基本概念、理论、公式

1.1.1　自由空间场定律

设在自由空间良态域中，某点的电荷密度为 ρ，电流密度为 $\vec{J}$。由源和其他场产生的电场强度为 $\vec{E}$，由源和其他场产生的磁感应强度为 $\vec{B}$。自由空间场定律描述纯粹的源 ρ、$\vec{J}$ 和它们所产生的场 $\vec{E}$、$\vec{B}$ 之间的关系，有

$$\nabla \times \vec{E} = -\frac{\partial \vec{B}}{\partial t} \qquad (1.1a)$$

$$\nabla \times \frac{\vec{B}}{\mu_0} = \vec{J} + \frac{\partial \varepsilon_0 \vec{E}}{\partial t} \qquad (1.1b)$$

$$\nabla \cdot \varepsilon_0 \vec{E} = \rho \qquad (1.1c)$$

$$\nabla \cdot \vec{B} = 0 \qquad (1.1d)$$

$\vec{J}$ 和 ρ 之间满足电荷守恒定律，即有

$$\nabla \cdot \vec{J} = -\frac{\partial \rho}{\partial t} \qquad (1.2)$$

1.1.2　物质中场定律

设在物质良态域中，某点的自由电荷密度为 ρ_f，自由电流密度为 $\vec{J}_f$，物质极化强度为 $\vec{P}$，磁化强度为 $\vec{M}$。由源和其他场产生的电场强度为 $\vec{E}$，由源和其他场产生的磁感应强度为 $\vec{B}$。引入辅助物理量 $\vec{D}$（电通密度矢量）、$\vec{H}$（磁场强度），分别定义为

$$\vec{D} = \varepsilon_0 \vec{E} + \vec{P} \qquad (1.3)$$

$$\vec{H} = \frac{\vec{B}}{\mu_0} - \vec{M} \qquad (1.4)$$

则所有场量和源量满足的场定律为

$$\nabla \times \vec{E} = -\frac{\partial \vec{B}}{\partial t} \qquad (1.5a)$$

$$\nabla \times \vec{H} = \vec{J}_f + \frac{\partial \vec{D}}{\partial t} \qquad (1.5b)$$

$$\nabla \cdot \vec{D} = \rho_f \qquad (1.5c)$$

$$\nabla \cdot \vec{B} = 0 \qquad (1.5d)$$

实际上，上述各式适用于任何条件，包括自由空间和物质。$\vec{J}_f$ 和 ρ_f 之间满足电荷守恒定律，即

$$\nabla \cdot \vec{J}_f = -\frac{\partial \rho_f}{\partial t} \tag{1.6}$$

1.1.3　自由空间边界条件

在自由空间中厚度无限薄的某曲面,假设其上存在面电流 $\vec{K}$、面电荷 η,则在曲面两侧(均为自由空间)无限靠近该曲面位置的场量满足以下关系。

$$\hat{i}_n \times (\vec{E}_1 - \vec{E}_2) = 0 \tag{1.7a}$$

$$\hat{i}_n \times \left(\frac{\vec{B}_1}{\mu_0} - \frac{\vec{B}_2}{\mu_0}\right) = \vec{K} \tag{1.7b}$$

$$\hat{i}_n \cdot (\varepsilon_0 \vec{E}_1 - \varepsilon_0 \vec{E}_2) = \eta \tag{1.7c}$$

$$\hat{i}_n \cdot (\vec{B}_1 - \vec{B}_2) = 0 \tag{1.7d}$$

$\hat{i}_n$ 为曲面法线方向,从区域 2 指向区域 1,上述各式为自由空间的边界条件。$\vec{K}$ 和 η 为任意可能的面电流密度和面电荷密度,二者由电荷守恒定律对应的电流的边界条件约束,即

$$\hat{i}_n \cdot (\vec{J}_1 - \vec{J}_2) + \nabla_\Sigma \cdot \vec{K} = -\frac{\partial \eta}{\partial t} \tag{1.8}$$

1.1.4　不同物质交界面边界条件

假设不同物质交界面存在无限薄曲面,则在其两侧(分别为物质 1 和物质 2)无限靠近该曲面位置的场量满足不同物质交界面边界条件,有

$$\hat{i}_n \times (\vec{E}_1 - \vec{E}_2) = 0 \tag{1.9a}$$

$$\hat{i}_n \times (\vec{H}_1 - \vec{H}_2) = \vec{K}_f \tag{1.9b}$$

$$\hat{i}_n \cdot (\vec{D}_1 - \vec{D}_2) = \eta_f \tag{1.9c}$$

$$\hat{i}_n \cdot (\vec{B}_1 - \vec{B}_2) = 0 \tag{1.9d}$$

上式中的 $\vec{K}_f$ 和 η_f 为物质交界面上的自由面电流密度和面电荷密度。$\vec{K}_f$ 和 η_f 具有假设的性质,一般并不存在。实际中可能存在 $\vec{K}_f$ 和 η_f 的典型情况如下。

(1) 在时变场条件下,理想导体表面可能存在 $\vec{K}_f$ 和 η_f;

(2) 在静态场条件下,导体表面或不同导体交界面可能存在 η_f。

1.1.5　自由空间本构关系和欧姆定律

在自由空间中,传导电流 $\vec{J}_c$ 为零,即有

$$\vec{H} = \frac{\vec{B}}{\mu_0} \tag{1.10}$$

$$\vec{D} = \varepsilon_0 \vec{E} \tag{1.11}$$

$$\vec{J}_c = 0 \tag{1.12}$$

1.1.6 简单媒质本构关系和欧姆定律

在简单媒质中,设媒质介电常数为 ε、磁导率为 μ、电导率为 σ,则有

$$\vec{H} = \frac{\vec{B}}{\mu} \tag{1.13}$$

$$\vec{D} = \varepsilon \vec{E} \tag{1.14}$$

$$\vec{J}_c = \sigma \vec{E} \tag{1.15}$$

1.1.7 广义线性媒质本构关系和欧姆定律

对于广义线性媒质,极化、磁化乃至传导的响应不是即时的,$\vec{D}$、$\vec{B}$、$\vec{J}_c$ 不仅取决于 $\vec{E}$、$\vec{H}$ 现在的值,还与 $\vec{E}$、$\vec{H}$ 对时间的各阶导数有关,即可以表示为

$$\vec{B} = \mu \vec{H} + \mu_1 \frac{\partial \vec{H}}{\partial t} + \mu_2 \frac{\partial^2 \vec{H}}{\partial t^2} + \cdots \tag{1.16}$$

$$\vec{D} = \varepsilon \vec{E} + \varepsilon_1 \frac{\partial \vec{E}}{\partial t} + \varepsilon_2 \frac{\partial^2 \vec{E}}{\partial t^2} + \cdots \tag{1.17}$$

$$\vec{J}_c = \sigma \vec{E} + \sigma_1 \frac{\partial \vec{E}}{\partial t} + \sigma_2 \frac{\partial^2 \vec{E}}{\partial t^2} + \cdots \tag{1.18}$$

根据后面介绍的复数场量和方程转换关系,式(1.16)、式(1.17)、式(1.18)对应的复数形式为

$$\dot{\vec{B}} = \mu \dot{\vec{H}} + (j\omega)\mu_1 \dot{\vec{H}} + (j\omega)^2 \mu_2 \dot{\vec{H}} + \cdots = \dot{\mu} \dot{\vec{H}} \tag{1.19}$$

$$\dot{\vec{D}} = \varepsilon \dot{\vec{E}} + (j\omega)\varepsilon_1 \dot{\vec{E}} + (j\omega)^2 \varepsilon_2 \dot{\vec{E}} + \cdots = \dot{\varepsilon} \dot{\vec{E}} \tag{1.20}$$

$$\dot{\vec{J}}_c = \sigma \dot{\vec{E}} + (j\omega)\sigma_1 \dot{\vec{E}} + (j\omega)^2 \sigma_2 \dot{\vec{E}} + \cdots = \dot{\sigma} \dot{\vec{E}} \tag{1.21}$$

上述表达式与前面自由空间及简单媒质本构方程、欧姆定律对应的复数形式类似,但 $\dot{\varepsilon}$、$\dot{\mu}$、$\dot{\sigma}$ 一般为复数。

1.1.8 无外加源条件下的场定律(时域)

在理想介质中,假设无外加源 $\vec{J}_f$ 和 ρ_f,并且媒质均匀,则有

$$\nabla \times \vec{E} = -\mu \frac{\partial \vec{H}}{\partial t} \tag{1.22a}$$

$$\nabla \times \vec{H} = \varepsilon \frac{\partial \vec{E}}{\partial t} \tag{1.22b}$$

$$\nabla \cdot \vec{E} = 0 \tag{1.22c}$$

$$\nabla \cdot \vec{H} = 0 \tag{1.22d}$$

1.1.9　波动方程(时域)

联立式(1.22a)~式(1.22d),可推导出只关于$\vec{E}$或$\vec{H}$的方程,即有

$$\nabla^2 \vec{E} - \frac{1}{v^2} \frac{\partial^2 \vec{E}}{\partial t^2} = 0 \tag{1.23a}$$

$$\nabla^2 \vec{H} - \frac{1}{v^2} \frac{\partial^2 \vec{H}}{\partial t^2} = 0 \tag{1.23b}$$

其中$v = \frac{1}{\sqrt{\mu\varepsilon}}$为媒质波速。上述两方程均为瞬时矢量波动方程,又称瞬时矢量亥姆霍兹方程。

1.1.10　复振幅和瞬时量的转换

当时谐量(或正弦量)的幅度和初相随空间z坐标变化时,对应瞬时量可表示为

$$u(z,t) = A(z)\cos[\omega t + \phi(z)] \tag{1.24a}$$

$$u(z,t) = \mathrm{Re}[A(z)\mathrm{e}^{\mathrm{j}\phi(z)}\mathrm{e}^{\mathrm{j}\omega t}] \tag{1.24b}$$

复振幅的模即为对应时谐瞬时量的幅度,辐角即为对应时谐瞬时量的初相,有

$$\dot{U}(z) = A(z)\mathrm{e}^{\mathrm{j}\phi(z)} \tag{1.25}$$

转换关系如图1.1所示。

1.1.11　复矢量和瞬时矢量的转换

对瞬时时谐矢量,其每一分量均满足瞬时标量的变换规则,对应的复数表示称为**复矢量**。其转换关系如图1.2所示。

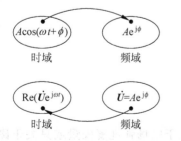

图 1.1　复振幅和对应瞬时标量的转换关系

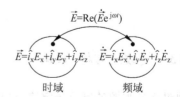

图 1.2　复矢量和对应瞬时矢量的转换关系

瞬时矢量及分量表示为

$$
\begin{cases}
\vec{E} = \vec{E}(\vec{r},t) = \vec{E}(x,y,z,t) = \hat{i}_x E_x(x,y,z,t) + \hat{i}_y E_y(x,y,z,t) + \hat{i}_z E_z(x,y,z,t) \\
E_x(\vec{r},t) = E_x(\vec{r})\cos[\omega t + \phi_x(\vec{r})] \\
E_y(\vec{r},t) = E_y(\vec{r})\cos[\omega t + \phi_y(\vec{r})] \\
E_z(\vec{r},t) = E_z(\vec{r})\cos[\omega t + \phi_z(\vec{r})]
\end{cases}
\tag{1.26}
$$

复矢量及分量表示为

$$
\begin{cases}
\dot{\vec{E}} = \dot{\vec{E}}(\vec{r}) = \dot{\vec{E}}(x,y,z) = \hat{i}_x \dot{E}_x(x,y,z) + \hat{i}_y \dot{E}_y(x,y,z) + \hat{i}_z \dot{E}_z(x,y,z) \\
\dot{E}_x = \dot{E}_x(\vec{r}) = E_x(\vec{r})\mathrm{e}^{\mathrm{j}\phi_x(\vec{r})} \\
\dot{E}_y = \dot{E}_y(\vec{r}) = E_y(\vec{r})\mathrm{e}^{\mathrm{j}\phi_y(\vec{r})} \\
\dot{E}_z = \dot{E}_z(\vec{r}) = E_z(\vec{r})\mathrm{e}^{\mathrm{j}\phi_z(\vec{r})}
\end{cases}
\tag{1.27}
$$

1.1.12 复数场定律（频域）

对应式(1.5a)~式(1.5d)，一般物质中的复数场定律为

$$
\nabla \times \dot{\vec{E}} = -\mathrm{j}\omega \dot{\vec{B}}
\tag{1.28a}
$$

$$
\nabla \times \dot{\vec{H}} = \dot{\vec{J}}_f + \mathrm{j}\omega \dot{\vec{D}}
\tag{1.28b}
$$

$$
\nabla \cdot \dot{\vec{D}} = \dot{\rho}_f
\tag{1.28c}
$$

$$
\nabla \cdot \dot{\vec{B}} = 0
\tag{1.28d}
$$

如果无外加源 $\dot{\vec{J}}_f$ 和 $\dot{\rho}_f$，且物质均匀，对广义线性媒质满足复数形式本构方程，有

$$
\dot{\vec{D}} = \dot{\varepsilon} \dot{\vec{E}}
\tag{1.29}
$$

$$
\dot{\vec{B}} = \dot{\mu} \dot{\vec{H}}
\tag{1.30}
$$

可得无外加源条件下的复数场定律，有

$$
\nabla \times \dot{\vec{E}} = -\mathrm{j}\omega \dot{\mu} \dot{\vec{H}}
\tag{1.31a}
$$

$$
\nabla \times \dot{\vec{H}} = \mathrm{j}\omega \dot{\varepsilon} \dot{\vec{E}}
\tag{1.31b}
$$

$$
\nabla \cdot \dot{\vec{E}} = 0
\tag{1.31c}
$$

$$
\nabla \cdot \dot{\vec{H}} = 0
\tag{1.31d}
$$

1.1.13 复数波方程（频域）

通过无外加源的复数场定律，可推导得到只关于电场强度复矢量或只关于磁场强度复矢量的方程，即复数形式的波动方程，有

$$
\nabla^2 \dot{\vec{E}} + k^2 \dot{\vec{E}} = 0
\tag{1.32a}
$$

$$\nabla^2 \dot{\vec{H}} + k^2 \dot{\vec{H}} = 0 \tag{1.32b}$$

其中 $k = \omega \sqrt{\dot{\mu}\dot{\varepsilon}}$ 称为媒质波数,对广义线性媒质可能为复数。上述两方程均为复数矢量波动方程,又称复数矢量亥姆霍兹方程。

1.1.14 波数和波阻抗

对一般媒质,媒质介电常数和磁导率都可能是复数,表示为 $\dot{\varepsilon}$、$\dot{\mu}$,故 k 也可能是复数,定义复波数有

$$k = \omega \sqrt{\dot{\mu}\dot{\varepsilon}} = \beta - \mathrm{j}\alpha \tag{1.33}$$

其中 β 称为相位常数,α 称为衰减常数。k 可以表示媒质中波的衰减和相移特性。

复波阻抗 η 定义为

$$\eta = \sqrt{\frac{\dot{\mu}}{\dot{\varepsilon}}} = |\eta| \, \mathrm{e}^{\mathrm{j}\phi_\eta} \tag{1.34}$$

η 可以描述媒质中传播的行波电场和磁场的大小和相位关系。

1.1.15 相速度和相波长

已知电磁波频率为 f,角频率为 ω,相位常数为 β。则相速度 v_p 可以表示为

$$v_\mathrm{p} = \frac{\mathrm{d}z}{\mathrm{d}t} = \frac{\omega}{\beta} \tag{1.35}$$

等相面在一个周期内移动的距离称为相波长,用 λ_p 表示。

$$\lambda_\mathrm{p} = \frac{v_\mathrm{p}}{f} \tag{1.36}$$

对自由空间,有

$$v_\mathrm{p} = c = \frac{1}{\sqrt{\mu_0 \varepsilon_0}} \tag{1.37}$$

$$\lambda_\mathrm{p} = \frac{c}{f} = \lambda_0 \tag{1.38}$$

λ_0 为电磁波在自由空间中的波长,有时称为工作波长。

对理想介质,有

$$v_\mathrm{p} = v = \frac{1}{\sqrt{\mu\varepsilon}} = \frac{c}{\sqrt{\mu_\mathrm{r}\varepsilon_\mathrm{r}}} \tag{1.39}$$

$$\lambda_\mathrm{p} = \lambda = \frac{\lambda_0}{\sqrt{\mu_\mathrm{r}\varepsilon_\mathrm{r}}} \tag{1.40}$$

对导电媒质,有

$$v_\mathrm{p} = \frac{v}{\sqrt{\dfrac{1}{2}\left\{\left[1+\left(\dfrac{\sigma}{\omega\varepsilon}\right)^2\right]^{\frac{1}{2}}+1\right\}^{\frac{1}{2}}}} = \frac{c}{\sqrt{\dfrac{\mu_\mathrm{r}\varepsilon_\mathrm{r}}{2}\left\{\left[1+\left(\dfrac{\sigma}{\omega\varepsilon_0\varepsilon_\mathrm{r}}\right)^2\right]^{\frac{1}{2}}+1\right\}^{\frac{1}{2}}}} \tag{1.41}$$

$$\lambda_p = \frac{\lambda}{\sqrt{\frac{1}{2}\left\{\left[1+\left(\frac{\sigma}{\omega\varepsilon}\right)^2\right]^{\frac{1}{2}}+1\right\}^{\frac{1}{2}}}} = \frac{\lambda_0}{\sqrt{\frac{\mu_r\varepsilon_r}{2}\left\{\left[1+\left(\frac{\sigma}{\omega\varepsilon_0\varepsilon_r}\right)^2\right]^{\frac{1}{2}}+1\right\}^{\frac{1}{2}}}} \tag{1.42}$$

对良导体($\sigma\gg\omega\varepsilon$,趋肤深度为$\delta$),有

$$v_p = \frac{\omega}{\sqrt{\frac{\omega\mu\sigma}{2}}} \tag{1.43}$$

$$\lambda_p = 2\pi\delta \tag{1.44}$$

1.1.16　群速度和群延时

对于窄带信号,即波群中的单色波处于一个窄频带之内,当一群 ω、β 相近的波运动时,表现出的速度仿佛是相同的,即群速。对于调制信号,包络等相位面移动的相速度即可视为群速度。群速度可以表示为

$$v_g = \frac{\mathrm{d}\omega}{\mathrm{d}\beta} \tag{1.45}$$

沿传播方向经过单位长度波形整体延迟的时间,称为群延时,以 τ_g 表示,有

$$\tau_g = \frac{1}{v_g} = \frac{\mathrm{d}\beta}{\mathrm{d}\omega} \tag{1.46}$$

1.1.17　媒质色散

实际通信中,信号要进行传播,必然要通过一定的空间和媒质。如果传输信息的媒质或空间中的波的相速度与频率有关,则信号传输会发生畸变,即产生所谓的色散现象。

在自由空间、理想介质中的平面波传输相速度与频率无关,即不产生色散现象。而在有耗媒质(如导电媒质)中传输时,相速度与频率有关,会产生色散现象。这种色散是由于媒质本身有耗而产生的,称为媒质色散。

1.1.18　自由空间中的波

在无界自由空间中,介电常数和磁导率分别为 ε_0、μ_0,波数和波阻抗为

$$\begin{cases} k = \omega\sqrt{\mu_0\varepsilon_0} \\ \beta = \omega\sqrt{\mu_0\varepsilon_0} \\ \alpha = 0 \end{cases} \tag{1.47}$$

$$\eta = \sqrt{\frac{\mu_0}{\varepsilon_0}} = 377\Omega \tag{1.48}$$

$\alpha=0$ 表示波 $\vec{E}$ 和 $\vec{H}$ 在传播过程中不衰减。η 辐角为零,表示在任一固定位置上 $\vec{E}$ 和 $\vec{H}$ 同相。

1.1.19　理想介质中的波

在无界理想介质中,介电常数和磁导率分别为 ε、μ,电导率 $\sigma = 0$,则有

$$\begin{cases} k = \omega \sqrt{\mu\varepsilon} \\ \beta = \omega \sqrt{\mu\varepsilon} \\ \alpha = 0 \end{cases} \tag{1.49}$$

$$\eta = \sqrt{\frac{\mu}{\varepsilon}} = \sqrt{\frac{\mu}{\varepsilon}} \angle 0° \tag{1.50}$$

$\alpha = 0$ 表示波 $\vec{E}$ 和 $\vec{H}$ 在传播过程中不衰减。η 辐角为零,表示在任一固定位置上 $\vec{E}$ 和 $\vec{H}$ 同相。

1.1.20　导电媒质中的波

在无界导电媒质中,介电常数和磁导率分别为 ε、μ,电导率 σ 为有限值,则可令 $\dot{\varepsilon} = \varepsilon + \dfrac{\sigma}{j\omega}$,有

$$\begin{cases} k = \omega \sqrt{\mu\dot{\varepsilon}} \\ \beta = \omega \sqrt{\dfrac{\mu\varepsilon}{2}} \left\{ \left[1 + \left(\dfrac{\sigma}{\omega\varepsilon} \right)^2 \right]^{1/2} + 1 \right\}^{1/2} \\ \alpha = \omega \sqrt{\dfrac{\mu\varepsilon}{2}} \left\{ \left[1 + \left(\dfrac{\sigma}{\omega\varepsilon} \right)^2 \right]^{1/2} - 1 \right\}^{1/2} \end{cases} \tag{1.51}$$

$$\eta = \sqrt{\frac{j\omega\mu}{\sigma + j\omega\varepsilon}} = |\eta| \, e^{j\phi_\eta} \tag{1.52}$$

波传播时,$\vec{E}$ 和 $\vec{H}$ 的幅度以因子 $e^{-\alpha z}$ 衰减,电场和磁场相差为 ϕ_η。

1.1.21　良导体中的波

如果 $\sigma \gg \omega\varepsilon$,则认为媒质是良导体。此时有

$$\begin{cases} k = \omega \sqrt{\mu\dot{\varepsilon}} \\ \beta \approx \sqrt{\dfrac{\omega\mu\sigma}{2}} = \sqrt{\pi f\mu\sigma} \\ \alpha \approx \sqrt{\dfrac{\omega\mu\sigma}{2}} = \sqrt{\pi f\mu\sigma} \end{cases} \tag{1.53}$$

$$\begin{cases} \eta \approx \sqrt{\dfrac{\omega\mu}{\sigma}} \angle 45° = \dfrac{1}{\delta\sigma}(1+j) \\ |\eta| \approx \sqrt{\dfrac{\omega\mu}{\sigma}} = \sqrt{\dfrac{\mu}{\varepsilon}} \cdot \sqrt{\dfrac{\omega\varepsilon}{\sigma}} \ll \sqrt{\dfrac{\mu}{\varepsilon}} \\ \phi_\eta \approx \dfrac{\pi}{4} \end{cases} \tag{1.54}$$

$$\delta = \frac{1}{\alpha} \approx \sqrt{\frac{2}{\omega\mu\sigma}} = \sqrt{\frac{1}{\pi f\mu\sigma}} \tag{1.55}$$

δ 为良导体的趋肤深度,即为波在良导体中场幅度衰减为原来 e^{-1} 时行进的距离。可知对所有良导体,波 $\vec{E}$ 和 $\vec{H}$ 都是衰减的。在任一固定位置上 $\vec{H}$ 的相位比 $\vec{E}$ 的相位滞后 $45°$ 或 $\frac{\pi}{4}$。

1.2 常见问题答疑

1. 如何判断给定的场是否是一种电磁波?

答:若给定复电场强度,需验证如下两方面。

(1) 判断是否满足波动方程,即 $\nabla^2 \vec{E} + k^2 \vec{E} = 0$;

(2) 判断是否满足电场散度为 0 的条件 即 $\nabla \cdot \vec{E} = 0$。

同时满足(1)、(2)条件,场即为一种可能存在的电磁波,反之则不是。若给定复磁场强度,验证过程类似。也可将电场或磁场代入原始麦克斯韦方程组进行验证,满足全部方程式的即为可能存在的一种电磁波。

2. 什么是自由空间?

答:(1) 狭义的自由空间一般指真空。

(2) 广义的自由空间可包括真空或性质接近于真空的媒质(如空气)。

(3) 电磁场在自由空间中满足自由空间场定律。

3. 物质中场定律与自由空间场定律有何区别?

答:(1) 在解决物质中的电磁场问题时,将发生极化、磁化、传导等现象的物质等效为附加的源。求出这些等效源,再把它们代入到自由空间场定律中,即得到物质中场定律。

(2) 对物质中的宏观场定律,可以用 $\vec{E}$、$\vec{B}$ 的时间导数以及各种源量 $\vec{J}_f$(自由电流)、$\vec{J}_c$(传导电流)、$\vec{P}$(对应极化电流)、$\vec{M}$(对应磁化电流)来表示电场强度 $\vec{E}$ 和磁感应强度 $\vec{B}$。与自由空间场定律相比,只是多了由物质等效的新的源量。

(3) 物质中上述各种形式的电流(包括传导电流、极化电流、磁化电流等)与对应电荷分布应均满足电荷守恒定律。

4. 什么是边界?

答:(1) 对三维空间而言,所谓边界是指厚度为零的曲面,其上可能存在非良态的源,包括面电流和面电荷。对自由空间边界而言,这种面电流和面电荷一般为事前假设的;对于不同媒质交界面,这种面电流和面电荷可能由不同物质的极化、磁化、传导引起。由于面电流和面电荷的存在,导致电场和磁场的某些分量在边界两侧有跃变。

(2) 边界的另外含义是指对满足微分场定律的良态域 V,其表面 S 上规定了场值或场导数值,S 即构成 V 的边界。

(3) 从数学物理方程的角度来看,微分场定律是电磁场能够在一个区域中存在的必要条件,从微分场定律可以得到区域电磁场的通解。为了确定一个具体的场形式,即得到特解,必须要应用所求解区域的边界条件。微分方程相同但边界条件不同,具体场解不同。

5. 电磁场是如何沿导线传播、损耗的?

答:(1)电路中导线起到引导电磁场传播的作用,电磁波主要存在于导体以外的空间。

(2)若为理想导体,导体表面满足切向电场为零,电场线垂直于导线表面,磁场线环绕导线,导体内部场为零,电磁波沿导线轴向方向传播。

(3)若为非理想导体,即导体电导率有限时,电磁波仍可沿导线轴向方向传播,但导体表面不满足理想导体边界条件,电场与磁场进入导体内部,导体内部垂直于轴线方向的复坡印亭矢量实部非零(如果是良导体,则进入导体内的电磁场的坡印亭矢量可视为垂直于导体表面)。此时有一部分电磁功率进入导体内部,形成耗散。

6. 为何要以复矢量表示场量?

答:(1)根据傅里叶级数知识,对于任意时间有限信号,经延拓后可表示为一系列正弦/余弦波的展开。对于正弦/余弦信号,可引入复矢量表示。

(2)这样做的好处为:将时间变量从方程式中去除,方程及变量只与空间坐标有关,使求解问题得到了简化。

7. 什么是等相面,等幅面,平面波,均匀平面波,非均匀平面波,球面波,柱面波?

答:(1)同一时刻空间振动相位相同的点连成的面称为波的等相面;同一时刻空间振动幅度相等的点连成的面称为等幅面。

(2)等相面为平面的波称为平面波;等相面与等幅面重合的平面波称为均匀平面波。若平面波的等幅面与等相面不重合,则称为非均匀平面波。

(3)等相面为球面的波称为球面波;等相面为柱面的波称为柱面波。

1.3 习题解答

1-1 根据下列瞬时值表达式写出对应复数形式。

① $\sin(\omega t + \beta z)$;

② $\sin\beta z \sin\omega t$;

③ $e^{-\alpha z} \cos(\omega t - \beta z)$;

④ $\vec{E}_R \cos\omega t - \vec{E}_I \sin\omega t$。

解:① $u(z,t) = \sin(\omega t + \beta z)$,对应复数形式为 $\dot{U}(z) = -je^{j\beta z}$。

② $u(z,t) = \sin\beta z \sin\omega t = \frac{1}{2}\left[\cos(\omega t - \beta z) - \cos(\beta z + \omega t)\right]$,对应复数形式为

$$\dot{U}(z) = \frac{1}{2}(e^{-j\beta z} - e^{j\beta z}) = -j\sin\beta z$$

③ $u(z,t) = e^{-\alpha z} \cdot \cos(\omega t - \beta z)$,对应的复数形式为

$$\dot{U}(z) = e^{-\alpha z} \cdot e^{-j\beta z} = e^{-(\alpha z + j\beta z)}$$

④ $\vec{E}(\vec{r}, t) = \vec{E}_R \cos\omega t - \vec{E}_I \sin\omega t$,对应的复数形式为

$$\dot{\vec{E}}_R = \vec{E}_R + j\vec{E}_I$$

1-2 根据以下复振幅或复矢量表达式写出对应瞬时值。

① $(1+j) e^{j\beta z}$; ② $j\sin\beta z$; ③ $e^{\alpha z} e^{j\beta z}$; ④ $\dot{\vec{E}} = \hat{i}_x(5+3j) + \hat{i}_y(2+3j)$

解：① $\cos(\omega t + \beta z) - \sin(\omega t + \beta z)$;

② $-\sin\beta z \sin\omega t$;

③ $e^{\alpha z} \cos(\omega t + \beta z)$;

④ $(\hat{i}_x 5 + \hat{i}_y 2)\cos\omega t - (\hat{i}_x 3 + \hat{i}_y 3)\sin\omega t$。

1-3 已知无界自由空间均匀平面波电场瞬时值表示为

① $\vec{E} = (\hat{i}_x + \hat{i}_z) E_0 \cos(\omega t + \beta y)$;

② $\vec{E} = \hat{i}_x E_0 \cos(\omega t - \beta z) - \hat{i}_y E_0 \sin(\omega t - \beta z)$。

求：波的电场复数表示；波的传播方向；波的磁场复数表示；波的极化形式（线极化、圆极化、椭圆极化、旋向）。

解：①波的电场复数表示为 $\dot{\vec{E}} = (\hat{i}_x + \hat{i}_z) E_0 e^{j\beta y}$；波的传播方向为 $-y$ 方向；

波的磁场复数表示为 $\dot{\vec{H}} = (\hat{i}_z - \hat{i}_x)\dfrac{E_0}{\eta_0} e^{j\beta y}$；波的极化形式为线极化。

② 波的电场复数表示为 $\dot{\vec{E}} = (\hat{i}_x + j\hat{i}_y) E_0 e^{-j\beta z}$；波的传播方向为 $+z$ 方向；

波的磁场复数表示为 $\dot{\vec{H}} = (\hat{i}_y - j\hat{i}_x)\dfrac{E_0}{\eta_0} e^{-j\beta z}$；波的极化形式为左旋圆极化。

第 2 章

传输线理论

2.1 基本概念、理论、公式

2.1.1 研究对象——长线

在传输线一章中,研究对象是传输微波信号或信息的双导体类型传输线。在微波工程中,通常将能导引微波信号沿确定方向传输的"导线"称为微波传输线。

如图 2.1 所示,当信号源工作频率介于微波波段(即通常规定的 300MHz ~ 3000GHz)时,导引信号传输到终端负载的"导线"一般应视为"长线"。对"长线"需应用分布参数电路模型。"长线"不同位置的电压 $\dot{U}(z)$、$\dot{I}(z)$ 是长线位置坐标 z 的函数,这与低频电路结论明显不同。

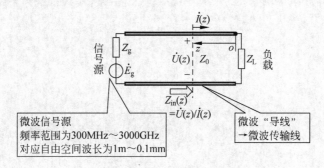

图 2.1 微波信号经由"长线"传输

2.1.2 长线

设传输线几何长度为 l,电磁波的波长为 λ,定义传输线的电长度为

$$\bar{l} = \frac{l}{\lambda} \tag{2.1}$$

可以用电长度描述线的"长短"。当传输线长度 l 远大于所传输的电磁波的波长 λ 或者与波长 λ 可相比拟时,为"长线"(通常需满足 $\bar{l} \geqslant 0.05$)。反之,则为"短线"。

事实上,上述定义提到的"波长 λ"应指沿传输线轴向的相波长 λ_p 或波导波长 λ_g。当沿传输线轴向变化一个相波长时,导波相位变化 $360°$。传输线长度为 0.05 个相波长时,相位变化 $18°$。

根据长线的上述定义,长线上电压和电流具有"动则变"的特点,如图 2.2 所示。与长线相比,短线则是"动则不变",沿线电压、电流可以近似认为是同时建立且处处相同。

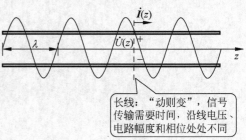

图 2.2 长线上信号"动则变"

2.1.3 集总参数电路和分布参数电路

判别电路应该采用集总参数电路模型还是分布参数电路模型,取决于电路本身的线尺寸 l 和波长 λ 间的关系。当 $\lambda \gg l$ 时,电路可视为集总参数电路;否则,视为分布参数电路。

当实际电路的尺寸远小于电磁波的波长时,可以把电路元件的耗能、储存电能、储存磁能的作用用一个或有限个有限参数值的电阻、电感、电容来表示,元件连接线视为直接相连,这样的电路是集总参数电路。反之,当电路尺寸与波长可相比拟时,电路不能用有限个有限参数值的电路元件构成,而必须看作是无限个无限小参数值的电路元件构成,这样的电路就是分布参数电路。

根据上述定义,短线是集总参数电路,长线则是典型的分布参数电路。

2.1.4 分布参数电路处理办法

对于分布参数电路的处理办法:以长线为例,可取出电路的一段微元 dz。对该微元,因为其几何线尺寸远远小于波长,因而可以建立集总参数电路模型,得到关于该微元始端和末端的电压、电流的微分方程。解该微分方程,即可以得到电路的电压、电流解。

如图 2.3 所示,长线的分布参数电路模型是将其看成由无限多个无限小参数值集总参数电路元件构成的电路。分布参数电路模型可以看作是"路"和"场"的过渡形态。

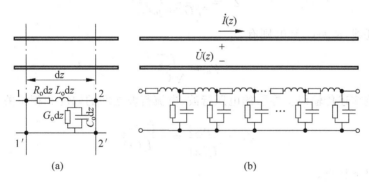

图 2.3 长线的分布参数电路模型

2.1.5 匹配与失配

对于长线,线上电压、电流以波的形式存在,可以表示为入射波和反射波的叠加,即有

$$\begin{cases} \dot{U}(z) = \dot{U}_i(z) + \dot{U}_r(z) \\ \dot{I}(z) = \dot{I}_i(z) + \dot{I}_r(z) \end{cases} \tag{2.2}$$

如果取 z 轴方向是从波源指向负载,传播常数为 γ,特性阻抗为 Z_0,则有

$$\dot{U}(z) = A_1 e^{-\gamma z} + A_2 e^{\gamma z} \tag{2.3a}$$

$$\dot{I}(z) = \frac{1}{Z_0}(A_1 e^{-\gamma z} + A_2 e^{\gamma z}) \tag{2.3b}$$

可以定义沿传输线任意位置的输入阻抗 $Z_{in}(z)$ 为

$$Z_{in}(z) = \frac{\dot{U}(z)}{\dot{I}(z)} = \frac{\dot{U}_i(z) + \dot{U}_r(z)}{\dot{I}_i(z) + \dot{I}_r(z)} \tag{2.4}$$

如图 2.1 所示，传输线终端接不同负载时，线上电压幅度 $\dot{U}(z)$、$\dot{I}(z)$ 分布规律不同。有以下关系。

(1) 当终端负载阻抗 Z_L 与传输线特性阻抗 Z_0 相等时，称负载与传输线匹配，此时线上任意位置电压和电流反射波为零，传输线上任意位置的输入阻抗 $Z_{in}(z) = Z_0$。

(2) 当终端负载阻抗与传输线特性阻抗不相等时，称负载与传输线失配，此时线上电压和电流反射波不为零，传输线上任意位置的输入阻抗 $Z_{in}(z) \neq Z_0$。

2.1.6 特性阻抗

特性阻抗 Z_0 是表示传输线结构特性的一个量，它可以用分布参量表示为

$$Z_0 = \sqrt{\frac{R_0 + j\omega L_0}{G_0 + j\omega C_0}} \tag{2.5}$$

对于无耗线，$R_0 = G_0 = 0$，则有

$$Z_0 = \sqrt{\frac{L_0}{C_0}} \tag{2.6}$$

特性阻抗描述传输线上导引的电压行波、电流行波之间的幅度和相位关系，即有

$$Z_0 = \frac{\dot{U}_i(z)}{\dot{I}_i(z)} = -\frac{\dot{U}_r(z)}{I_r(z)} \tag{2.7}$$

它具有以下特点。

(1) 同一时刻，传输线上电压(或电流)值不等，但是传输线上各点的行波(入射波或反射波)电压和电流之比却是一个定值，该值即为传输线特性阻抗。

(2) 特性阻抗可能为复数。以入射波为例，特性阻抗的模为入射波电压和电流幅度之比，特性阻抗的辐角为入射波电压和电流的相差。

(3) 传输线特性阻抗的大小只取决于传输线的结构参量(形状、尺寸和填充介质特性等)，而与传输线长度无关。

由于电压和电流只对 TEM 波有唯一定义，TEM 波的特性阻抗是唯一的。对于 TE 波和 TM 波，没有唯一定义的电压和电流，对于它们的等效特性阻抗可能会有多种定义方式。

2.1.7 传播常数——传输线的传播特性参量

传输线的传播特性参量主要有两个：传播常数 γ 和特性阻抗 Z_0。其他相关参数如衰减常数 α、相位常数 β、相速度 v_p、相波长 λ_p、群速度 v_g 都可以由 γ 导出。γ 的一般表达式为

$$\gamma = \sqrt{ZY} = \sqrt{(R_0 + j\omega L_0)(G_0 + j\omega C_0)} = \alpha + j\beta \tag{2.8}$$

实部 α 为衰减常数，表示波的衰减特性；其虚部 β 为相位常数，表示波的相移特性。相速度、相波长、群速度相应可以表示为

$$v_p = \frac{\omega}{\beta} \tag{2.9}$$

$$\lambda_p = \frac{2\pi}{\beta} \tag{2.10}$$

$$v_g = \frac{d\omega}{d\beta} \tag{2.11}$$

对于无耗线，有

$$\begin{cases} \gamma = \omega\sqrt{-L_0 C_0} = j\beta \\ \alpha = 0 \\ \beta = \omega\sqrt{L_0 C_0} \end{cases} \tag{2.12}$$

2.1.8 无耗双导体传输线相位常数与周围媒质波数关系

设无耗线周围填充媒质为理想介质，电磁参数为 ε、μ，则媒质波数为 $k = \omega\sqrt{\mu\varepsilon}$。根据式(2.12)及分布参数 L_0、C_0 的表达式，可以得到

$$\beta = \omega\sqrt{\mu\varepsilon} \tag{2.13}$$

即此时沿传输线的轴向相位常数恰好等于周围媒质波数，沿轴向传输波的传播特性也与在该媒质中传播的平面波相同。注意这并不是一个必然成立的结论。例如，在第 3 章学习的波导中传播的 TE 波和 TM 波，其轴向相位常数和媒质波数并不相同。

2.1.9 传输线的三种典型工作状态：行波、驻波、行驻波

负载与传输线失配（即负载阻抗和长线特性阻抗不等）时，在稳定状态下，传输线上可能同时存在着入射波和反射波。按反射波情况不同，传输线存在三种典型的工作状态。

(1) 沿传输线只有入射波，没有反射波，为（纯）行波状态。

条件：半无限长或终端负载匹配（$Z_L = Z_0$）。

(2) 沿传输线同时存在入射波和反射波，反射波幅度和入射波相等，全反射，为（纯）

驻波状态。

条件：终端短路($Z_L=0$)、终端开路($Z_L\to\infty$)、终端接纯电抗性负载($Z_L=\pm jX$)。

(3) 沿线同时存在入射波和反射波，反射波幅度小于入射波，部分反射，为行驻波状态。

条件：终端接小于 Z_0 的纯电阻($Z_L=R_{\min}$)；终端接大于 Z_0 的纯电阻($Z_L=R_{\max}$)；终端接一般负载($Z_L=R_L\pm jX_L$)。

2.1.10 传输线方程

1. 时域电报方程

$$\begin{cases} -\,\mathrm{d}u = R_0\,\mathrm{d}z\cdot i + L_0\,\mathrm{d}z\cdot\dfrac{\partial i}{\partial t} \\[2mm] -\,\mathrm{d}i = G_0\,\mathrm{d}z\cdot u + C_0\,\mathrm{d}z\cdot\dfrac{\partial i}{\partial t} \end{cases} \tag{2.14}$$

式中 $\begin{cases} u=u(z,t) \\ i=i(z,t) \end{cases}$ 为传输线上的电压和电流瞬时值。

2. 频域电报方程

$$\begin{cases} -\,\mathrm{d}\dot U = (R_0\,\mathrm{d}z + \mathrm{j}\omega L_0\,\mathrm{d}z)\,\dot I \\[2mm] -\,\mathrm{d}\dot I = (G_0\,\mathrm{d}z + \mathrm{j}\omega C_0\,\mathrm{d}z)\,\dot U \end{cases} \tag{2.15}$$

式中 $\begin{cases} \dot U=\dot U(z) \\ \dot I=\dot I(z) \end{cases}$ 为传输线上的电压和电流复振幅。式(2.15)可通过将式(2.14)进行如下替换得到：$u\to\dot U, i\to\dot I, \dfrac{\partial}{\partial t}\to\mathrm{j}\omega$。

3. 一般频域波动方程

$$\begin{cases} \dfrac{\mathrm{d}^2\,\dot U(z)}{\mathrm{d}z^2} - \gamma^2\,\dot U(z) = 0 \\[3mm] \dfrac{\mathrm{d}^2\,\dot I(z)}{\mathrm{d}z^2} - \gamma^2\,\dot I(z) = 0 \end{cases} \tag{2.16}$$

4. 无耗线频域波动方程

$$\begin{cases} \dfrac{\mathrm{d}^2\,\dot U(z)}{\mathrm{d}z^2} + \beta^2\,\dot U(z) = 0 \\[3mm] \dfrac{\mathrm{d}^2\,\dot I(z)}{\mathrm{d}z^2} + \beta^2\,\dot I(z) = 0 \end{cases} \tag{2.17}$$

2.1.11 传输线电压、电流解

1. 传输线方程通解(频域,复振幅)

$$\begin{cases} \dot{U}(z) = A_1 \mathrm{e}^{\gamma z} + A_2 \mathrm{e}^{-\gamma z} = A_1 \mathrm{e}^{\alpha z}\mathrm{e}^{\mathrm{j}\beta z} + A_2 \mathrm{e}^{-\alpha z}\mathrm{e}^{-\mathrm{j}\beta z} \\ \dot{I}(z) = \dfrac{1}{Z_0}(A_1 \mathrm{e}^{\gamma z} - A_2 \mathrm{e}^{-\gamma z}) = \dfrac{1}{Z_0}(A_1 \mathrm{e}^{\alpha z}\mathrm{e}^{\mathrm{j}\beta z} - A_2 \mathrm{e}^{-\alpha z}\mathrm{e}^{-\mathrm{j}\beta z}) \end{cases} \tag{2.18}$$

负载处为坐标原点,z 轴从负载指向波源。

2. 通解(时域,瞬时值)

$$\begin{cases} u(z,t) = \mathrm{Re}[\dot{U}(z)\mathrm{e}^{\mathrm{j}\omega t}] = |A_1|\mathrm{e}^{\alpha z}\cos(\omega t + \beta z + \varphi_{A_1}) + |A_2|\mathrm{e}^{-\alpha z}\cos(\omega t - \beta z + \varphi_{A_2}) \\ i(z,t) = \mathrm{Re}[\dot{I}(z)\mathrm{e}^{\mathrm{j}\omega t}] = \left|\dfrac{A_1}{Z_0}\right|\mathrm{e}^{\alpha z}\cos(\omega t + \beta z + \psi_{A_1} - \psi_{Z_0}) - \left|\dfrac{A_2}{Z_0}\right|\mathrm{e}^{-\alpha z}\cos(\omega t - \beta z + \psi_{A_2} - \psi_{Z_0}) \end{cases} \tag{2.19}$$

负载处为坐标原点,z 轴从负载指向波源。

3. 始端条件解

$$\begin{cases} \dot{U}(z) = \dot{U}_1 \mathrm{ch}\gamma z - \dot{I}_1 Z_0 \mathrm{sh}\gamma z \\ \dot{I}(z) = -\dot{U}_1 \dfrac{\mathrm{sh}\gamma z}{Z_0} + \dot{I}_1 \mathrm{ch}\gamma z \end{cases} \tag{2.20}$$

波源处为坐标原点,z 轴从波源指向负载,$\dot{U}_1$、$\dot{I}_1$ 为始端电压、电流。

4. 终端条件解

$$\begin{cases} \dot{U}(z) = \dot{U}_2 \mathrm{ch}\gamma z + \dot{I}_2 Z_0 \mathrm{sh}\gamma z \\ \dot{I}(z) = \dot{U}_2 \dfrac{\mathrm{sh}\gamma z}{Z_0} + \dot{I}_2 \mathrm{ch}\gamma z \end{cases} \tag{2.21}$$

负载处为坐标原点,z 轴从负载指向波源,$\dot{U}_2$、$\dot{I}_2$ 为终端电压、电流。

5. 波源、阻抗条件解

$$\begin{cases} \dot{U}(z) = \dfrac{\dot{E}_\mathrm{g} Z_0}{Z_\mathrm{g} + Z_0} \dfrac{\mathrm{e}^{-\mathrm{j}\beta l}}{1 - \Gamma_\mathrm{L}\Gamma_\mathrm{g}\mathrm{e}^{-\mathrm{j}2\beta l}}(\mathrm{e}^{\mathrm{j}\beta z} + \Gamma_\mathrm{L}\mathrm{e}^{-\mathrm{j}\beta z}) \\ \dot{I}(z) = \dfrac{\dot{E}_\mathrm{g}}{Z_\mathrm{g} + Z_0} \dfrac{\mathrm{e}^{-\mathrm{j}\beta l}}{1 - \Gamma_\mathrm{L}\Gamma_\mathrm{g}\mathrm{e}^{-\mathrm{j}2\beta l}}(\mathrm{e}^{\mathrm{j}\beta z} - \Gamma_\mathrm{L}\mathrm{e}^{-\mathrm{j}\beta z}) \end{cases} \tag{2.22}$$

负载处为坐标原点,z 轴从负载指向波源。波源阻抗匹配时,即 $Z_\mathrm{g} = Z_0$ 时,有

$$\begin{cases} \dot{U}(z) = \dfrac{\dot{E}_\mathrm{g} Z_0}{Z_\mathrm{g} + Z_0} \mathrm{e}^{-\mathrm{j}\beta l}(\mathrm{e}^{\mathrm{j}\beta z} + \varGamma_\mathrm{L}\mathrm{e}^{-\mathrm{j}\beta z}) = \dfrac{\dot{E}_\mathrm{g}}{2}\mathrm{e}^{-\mathrm{j}\beta l}(\mathrm{e}^{\mathrm{j}\beta z} + \varGamma_\mathrm{L}\mathrm{e}^{-\mathrm{j}\beta z}) \\[3mm] \dot{I}(z) = \dfrac{\dot{E}_\mathrm{g}}{Z_\mathrm{g} + Z_0}\mathrm{e}^{-\mathrm{j}\beta l}(\mathrm{e}^{\mathrm{j}\beta z} - \varGamma_\mathrm{L}\mathrm{e}^{-\mathrm{j}\beta z}) = \dfrac{\dot{E}_\mathrm{g}}{2Z_0}\mathrm{e}^{-\mathrm{j}\beta l}(\mathrm{e}^{\mathrm{j}\beta z} - \varGamma_\mathrm{L}\mathrm{e}^{-\mathrm{j}\beta z}) \end{cases} \tag{2.23}$$

6. 用入射波和反射系数表示无耗线通解

$$\begin{cases} \dot{U}(z) = \dot{U}_\mathrm{i}(z) + \dot{U}_\mathrm{r}(z) = \dot{U}_\mathrm{i}(z)[1 + \varGamma(z)] = \dot{U}_{\mathrm{i}2}\mathrm{e}^{\mathrm{j}\beta z}[1 + |\varGamma_2|\mathrm{e}^{\mathrm{j}(\phi_2 - 2\beta z)}] \\[2mm] \dot{I}(z) = \dot{I}_\mathrm{i}(z) + \dot{I}_\mathrm{r}(z) = \dot{I}_\mathrm{i}(z)[1 - \varGamma(z)] = \dot{I}_{\mathrm{i}2}\mathrm{e}^{\mathrm{j}\beta z}[1 - |\varGamma_2|\mathrm{e}^{\mathrm{j}(\phi_2 - 2\beta z)}] \end{cases} \tag{2.24}$$

负载处为坐标原点，z 轴从负载指向波源。

7. 用负载处入射波电压 $\dot{U}_{\mathrm{i}2}$ 表示通解

$$\begin{cases} \dot{U}(z) = \dot{U}_{\mathrm{i}2}\mathrm{e}^{\mathrm{j}\beta z} + \dot{U}_{\mathrm{r}2}\mathrm{e}^{-\mathrm{j}\beta z} = \dot{U}_{\mathrm{i}2}(\mathrm{e}^{\mathrm{j}\beta z} + \varGamma_2\mathrm{e}^{-\mathrm{j}\beta z}) \\[2mm] \dot{I}(z) = \dot{I}_{\mathrm{i}2}\mathrm{e}^{\mathrm{j}\beta z} + \dot{I}_{\mathrm{r}2}\mathrm{e}^{-\mathrm{j}\beta z} = \dfrac{\dot{U}_{\mathrm{i}2}}{Z_0}(\mathrm{e}^{\mathrm{j}\beta z} - \varGamma_2\mathrm{e}^{-\mathrm{j}\beta z}) \end{cases} \tag{2.25}$$

负载处为坐标原点，z 轴从负载指向波源。

8. 用波源处入射波和反射波电压 $\dot{U}_{\mathrm{i}1}$、$\dot{U}_{\mathrm{r}1}$ 表示通解

$$\begin{cases} \dot{U}(z) = \dot{U}_{\mathrm{i}1}\mathrm{e}^{-\mathrm{j}\beta z} + \dot{U}_{\mathrm{r}1}\mathrm{e}^{\mathrm{j}\beta z} \\[2mm] \dot{I}(z) = \dfrac{\dot{U}_{\mathrm{i}1}}{Z_0}\mathrm{e}^{-\mathrm{j}\beta z} - \dfrac{\dot{U}_{\mathrm{r}1}}{Z_0}\mathrm{e}^{\mathrm{j}\beta z} \end{cases} \tag{2.26}$$

波源处为坐标原点，z 轴从波源指向负载。

9. 总电压、电流对入射波的归一化解

$$\begin{cases} \widetilde{U}(z) = \dfrac{\dot{U}(z)}{\dot{U}_\mathrm{i}(z)} = 1 + \varGamma(z) = 1 + |\varGamma_2|\mathrm{e}^{\mathrm{j}(\phi_2 - 2\beta z)} \\[2mm] \widetilde{I}(z) = \dfrac{\dot{I}(z)}{\dot{I}_\mathrm{i}(z)} = 1 - \varGamma(z) = 1 - |\varGamma_2|\mathrm{e}^{\mathrm{j}(\phi_2 - 2\beta z)} \end{cases} \tag{2.27}$$

当传输线两端接不同波源和负载时，线上入射波幅度不同。对无耗线，在确定波源条件下，线上各位置入射波幅度相同。归一化解不考虑入射波幅度的绝对数值，只研究线上电压和电流幅度的相对变化，这种变化关系由线上反射系数 $\varGamma(z)$ 确定。

根据上述解的表达式，可以看出传输线上的总电压一定可以表示成入射波电压和反射波电压之和，总电流一定可以表示为入射波电流和反射波电流之和。这里总电压、总电流是指传输线达到稳定状态后的电压、电流。对于负载和波源均和传输线失配的一般情况，在由瞬态到稳态的过程中，传输线上稳定的入射波电压、电流可视为无限多列入射波电压、电流的叠加，稳定的反射波电压、电流也可以视为无限多列反射波电压、电流的叠加。

2.1.12 传输线的阻抗变换性

如图 2.4 所示,时谐(或正弦)电路中,BB' 接负载阻抗 Z_L,AB、$A'B'$ 表示特性阻抗为 Z_0、相位常数为 β 的微波传输线,其几何长度为 l。传输线具有阻抗变换性,其始端输入阻抗 $Z_{in}(l)$ 为

$$Z_{in}(l) = Z_0 \frac{Z_L + \mathrm{j} Z_0 \tan\beta l}{Z_0 + \mathrm{j} Z_L \tan\beta l} \qquad (2.28)$$

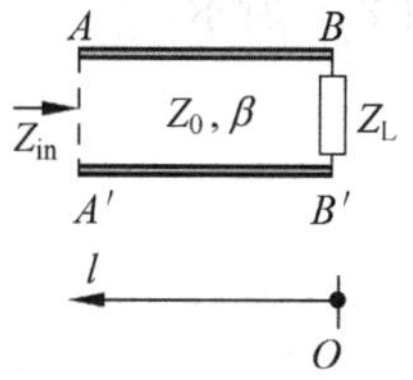

沿传输线具有 1/2 波长阻抗重复性,即有

$$Z_{in}\left(\frac{n}{2}\lambda\right) = Z_L \qquad (2.29\mathrm{a})$$

$$Z_{in}\left(z + \frac{n}{2}\lambda\right) = Z_{in}(z) \qquad (2.29\mathrm{b})$$

图 2.4 传输线阻抗变换性

沿传输线具有 1/4 波长阻抗变换性,即有

$$Z_{in}\left(\frac{2n+1}{4}\lambda\right) = \frac{Z_0^2}{Z_L} \qquad (2.30\mathrm{a})$$

$$Z_{in}\left(z + \frac{2n+1}{4}\lambda\right) = \frac{Z_0^2}{Z_{in}(z)} \qquad (2.30\mathrm{b})$$

上述各式中的 λ 为沿传输线相波长,n 为整数。

2.1.13 短路线与开路线

微波传输线的终端短路和开路均会导致全反射,即终端产生与入射波幅度相等的反射波,此时传输线上反射系数模 $|\Gamma| = 1$,驻波比 $\rho \to \infty$,行波系数 $K = 0$。开路和短路时,负载端不消耗能量,与终端接纯电抗性负载是一样的。微波中的开路和短路可以互相实现和转换,用开路线和短路线可以模拟任意的纯电抗性负载。

如图 2.4 所示,$Z_L = 0$,即为短路线。短路线始端输入阻抗为

$$Z_{in}(l) = \mathrm{j} Z_0 \tan\beta l \qquad (2.31)$$

如图 2.4 所示,$Z_L \to \infty$,即为开路线。开路线始端输入阻抗为

$$Z_{in}(l) = -\mathrm{j} Z_0 \, c\tan\beta l \qquad (2.32)$$

开路线和短路线同样具有 1/2 波长阻抗重复性和 1/4 波长阻抗变换性。

2.1.14 通过传输线开路和短路计算其特性阻抗

对长为 l 的无耗传输线,使终端分别短路和开路,始端输入阻抗对应为 Z_{in}^{sc} 和 Z_{in}^{oc},则根据式(2.31)和式(2.32),传输线特性阻抗为

$$Z_0 = \sqrt{Z_{in}^{sc} \cdot Z_{in}^{oc}} \qquad (2.33)$$

2.1.15 传输线工作状态参量

描述传输线工作状态的参量有三类：①阻抗参量 $Z_{\mathrm{in}}(z)$、导纳参量 $Y_{\mathrm{in}}(z)$；②反射系数 $\Gamma(z)$、传输系数 $T(z)$；③驻波参量（ρ 或 K，$l_{\min}$ 或 $l_{\max}$）。三者可以互相转换,转换关系如图 2.5 所示。

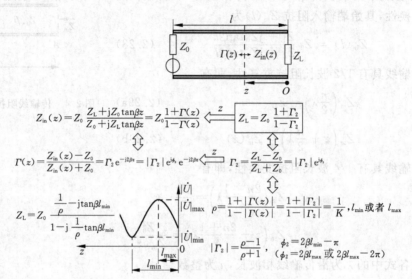

$$Z_{\mathrm{in}}(z)=Z_0\frac{Z_{\mathrm{L}}+\mathrm{j}Z_0\tan\beta z}{Z_0+\mathrm{j}Z_{\mathrm{L}}\tan\beta z}=Z_0\frac{1+\Gamma(z)}{1-\Gamma(z)} \quad\Longleftarrow\quad Z_{\mathrm{L}}=Z_0\frac{1+\Gamma_2}{1-\Gamma_2}$$

$$\Gamma(z)=\frac{Z_{\mathrm{in}}(z)-Z_0}{Z_{\mathrm{in}}(z)+Z_0}=\Gamma_2\mathrm{e}^{-\mathrm{j}2\beta z}=|\Gamma_2|\mathrm{e}^{\mathrm{j}\phi_2}\mathrm{e}^{-\mathrm{j}2\beta z} \quad\Longleftarrow\quad \Gamma_2=\frac{Z_{\mathrm{L}}-Z_0}{Z_{\mathrm{L}}+Z_0}=|\Gamma_2|\mathrm{e}^{\mathrm{j}\phi_2}$$

$$Z_{\mathrm{L}}=Z_0\frac{\dfrac{1}{\rho}-\mathrm{j}\tan\beta l_{\min}}{1-\mathrm{j}\dfrac{1}{\rho}\tan\beta l_{\min}}$$

$$\rho=\frac{1+|\Gamma(z)|}{1-|\Gamma(z)|}=\frac{1+|\Gamma_2|}{1-|\Gamma_2|}=\frac{1}{K},\ l_{\min}\text{ 或者 }l_{\max}$$

$$|\Gamma_2|=\frac{\rho-1}{\rho+1},\quad \begin{aligned}&\phi_2=2\beta l_{\min}-\pi\\ &(\phi_2=2\beta l_{\max}\text{ 或 }2\beta l_{\max}-2\pi)\end{aligned}$$

图 2.5 三类状态量的转换关系

反射系数为

$$\Gamma(z)=\Gamma_U(z)=\frac{\dot{U}_{\mathrm{r}}(z)}{\dot{U}_{\mathrm{i}}(z)} \tag{2.34}$$

输入阻抗为

$$Z_{\mathrm{in}}(z)=Z_0\frac{Z_{\mathrm{L}}+\mathrm{j}Z_0\tan\beta z}{Z_0+\mathrm{j}Z_{\mathrm{L}}\tan\beta z} \tag{2.35}$$

驻波比和行波系数为

$$\rho=\frac{|\dot{U}(z)|_{\max}}{|\dot{U}(z)|_{\min}},\quad K=\frac{1}{\rho}=\frac{|\dot{U}(z)|_{\min}}{|\dot{U}(z)|_{\max}} \tag{2.36}$$

2.1.16 阻抗圆图

状态参量可以图解在反射系数复平面上,即得到阻抗圆图。圆图上任一点可同时得到归一化电阻 $\overline{R}$、归一化电抗 $\overline{X}$、驻波比 ρ 及反射系数辐角 ϕ 四个数值,并用角度或电标度标注出位置。根据驻波比 ρ 值可以计算出反射系数模 $|\Gamma|$。如对图 2.6 中的 A 点,有

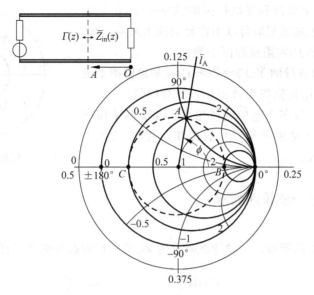

图 2.6　阻抗圆图

$\bar{R}$：根据过 A 点的等电阻圆数值确定，通常标在横轴上，本图可读出 $\bar{R} = \bar{R}_A = 0.5$。

$\bar{X}$：根据过 A 点的等电抗圆数值确定，通常标在单位圆内侧，本图可读出 $\bar{X} = \bar{X}_A = 1$。

ρ 或 K：由 A 点确定等反射系数圆，与反射系数正实轴交于 B 点，为电压波腹点，与反射系数负实轴交于 C 点，为电压波节点。读出过 B 点等电阻圆的归一化电阻值，即为驻波比，即 $\rho = \bar{R}_B$；读出过 C 点的等电阻圆的归一化电阻值，即为行波系数，即 $K = \bar{R}_C$。反射系数模为

$$|\Gamma| = \frac{\rho - 1}{\rho + 1} \tag{2.37}$$

ϕ：A 点对应电刻度为 $\bar{l}_A$，则 A 点对应反射系数辐角 ϕ 为

$$\phi = (0.25 - \bar{l}_A) \times \frac{2\pi}{0.5}（顺时针） \tag{2.38}$$

$$\phi = (\bar{l}_A - 0.25) \times \frac{2\pi}{0.5}（逆时针） \tag{2.39}$$

2.1.17　导纳圆图

根据表达式

$$\bar{Y}(\Gamma) = \bar{Z}(-\Gamma) = \frac{1 - \Gamma}{1 + \Gamma} \tag{2.40}$$

要想求 Γ 处的归一化导纳，可以保持阻抗圆图不变，只要求 $-\Gamma$ 处的归一化阻抗值即可，此时阻抗圆图可以当作旋转 $180°$ 倒立放置的导纳圆图使用。

具体做法：如图 2.7 所示，在阻抗圆图中找到所求位置的阻抗点(Γ)，再将该点绕等反射系数圆旋转 $180°$($-\Gamma$)，该点即为原位置(Γ)在导纳圆图中的导纳点。此时圆图不

变，圆图标注的等电阻圆和等电抗圆的数字不变（但代表电导和电纳值），阻抗圆图即可以当作导纳圆图来用。有

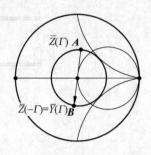

A 点：阻抗 $\bar{Z}(\varGamma)$ 在阻抗圆图上的点。

B 点：同一位置导纳 $\bar{Y}(\varGamma) = \bar{Z}(-\varGamma)$ 在导纳圆图上的点（读该点归一化阻抗值即为 A 点归一化导纳值）。

单位圆外侧的数字为电标度或角度。在实际使用圆图时，通常这些数字表示传输线位置的相对变化，所以这些数字也仍然有效。

图 2.7　阻抗圆图用作导纳圆图

2.1.18　四分之一波长匹配器

四分之一波长匹配器由一段特性阻抗为 Z_{01} 的 $\dfrac{\lambda}{4}$ 传输线段构成，如图 2.8 所示。

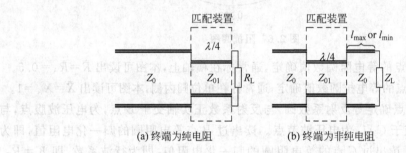

(a) 终端为纯电阻　　　　　(b) 终端为非纯电阻

图 2.8　四分之一波长阻抗变换器

(1) 负载为纯电阻时，有

$$Z_0 = Z_{in} = \frac{Z_{01}^2}{R_L} \tag{2.41}$$

$$Z_{01} = \sqrt{Z_0 \cdot R_L} \tag{2.42}$$

(2) 负载非纯电阻时，$\dfrac{\lambda}{4}$ 变换器接在靠近终端的电压波腹点（l_{max}）或波节点（l_{min}）处。

在 l_{max} 接入时，有

$$Z_{01} = \sqrt{Z_0 \rho Z_0} = Z_0 \sqrt{\rho} \tag{2.43}$$

在 l_{min} 接入时，有

$$Z_{01} = \sqrt{Z_0 Z_0 / \rho} = \frac{Z_0}{\sqrt{\rho}} \tag{2.44}$$

2.1.19　单支节匹配器

如图 2.9 所示，确定并联单支节匹配器参数 d、l 的具体步骤如下。

(1) 在阻抗圆图中确定 $\bar{Z}_L = \dfrac{Z_L}{Z_0} = \bar{R}_L + j\bar{X}_L$，由 $\bar{Z}_L$ 点可确定等反射系数圆。

（2）将 $\overline{Z}_L$ 点沿等反射系数圆旋转 180°到 A 点，A 点即为 $\overline{Y}_L$ 在导纳圆图中的位置，对应的电标度设为 $\overline{l}_A$。

（3）从 A 点开始，沿等反射系数圆顺时针旋转，交可匹配圆（即 $\overline{G}=1$ 圆）于 C 点，对应传输线归一化输入导纳为 $\overline{Y}_1 = 1 + jB$，则可在此位置并联 $\overline{Y}_2 = -jB$ 的纯电纳，使 $\overline{Y}_{L3} = 1$，达到匹配。

（4）设 C 点对应电标度为 $\overline{l}_C$，则 $\overline{d} = \overline{l}_C - \overline{l}_A$，传输线上并联单支节的位置 $d = \overline{d}\lambda$ 确定。

（5）在图 2.9(b)中找到全反射圆上短路点的位置，电标度为 0.25。从短路点开始，沿全反射圆顺时针转动到电纳值为 $-B$ 的 E 点（即 $\overline{Y}_2 = -jB$），E 点与原点连接径向线指示电标度为 $\overline{l}_E$，则 $\overline{l} = \overline{l}_E - 0.25$，$l = \overline{l}\lambda$。

（6）同理，$\overline{Z}_L$ 或 $\overline{Y}_L$ 确定等反射系数圆与可匹配圆交于 D 点，在该位置 d 段传输线的归一化输入导纳为 $\overline{Y}'_1 = 1 - jB$，在该位置同样可以通过并联短路支节，提供纯电纳 $\overline{Y}'_2 = +jB$，使 $\overline{Y}_{L3} = \overline{Y}'_1 + \overline{Y}'_2 = 1$ 达到匹配。此时 $\overline{d}' = \overline{l}_D - \overline{l}_A$，$d' = \overline{d}'\lambda$，$\overline{l}' = \overline{l}_F + 0.25$，$l' = \overline{l}'\lambda$，如图 2.9(b)所示。

并联单支节匹配问题有两组解，通常选 d、l 较短的一组解。

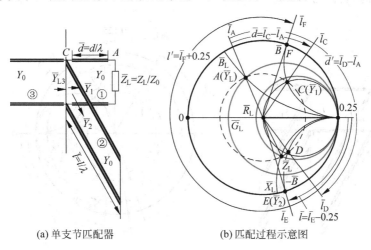

(a) 单支节匹配器 　　　　　(b) 匹配过程示意图

图 2.9　单支节匹配器

2.1.20　双支节匹配器

如图 2.10 所示，并联双支节匹配器的匹配步骤如下。

（1）根据 d_2 对应的电长度 $\overline{d}_2$ 在圆图中作出辅助圆。

（2）在阻抗圆图中确定 $\overline{Z}_L = \dfrac{Z_L}{Z_0} = \overline{R}_L + j\overline{X}_L$。

（3）由 $\overline{Z}_L$ 点确定等反射系数圆。将 $\overline{Z}_L$ 点沿等反射系数圆旋转 180°，即得到 $\overline{Y}_L$ 在

导纳圆图中的位置。

（4）从 $\bar{Y}_L$ 点开始，沿等反射系数圆顺时针旋转电长度 $\bar{d}_1 = \dfrac{d_1}{\lambda}$，即得到 $\bar{Y}_1$ 点，其归一化电导值设为 $\bar{G}_1$。

（5）根据 $\bar{Y}_A = \bar{Y}_1 + \bar{Y}_2$，$\bar{Y}_2$ 为纯电纳，则 $\bar{Y}_A$ 和 $\bar{Y}_1$ 归一化电导值相等，即 $\bar{G}_A = \bar{G}_1$。调节 l_1 段短路支节提供纯电纳，可以在保持电导值不变的情况使 $\bar{Y}_A$ 落在辅助圆上。由纯电纳 $\bar{Y}_2 = \bar{Y}_A - \bar{Y}_1$ 可以确定短路支节 l_1 对应的电长度 $\bar{l}_1$，如图 2.10(b) 所示。

（6）根据 $\bar{Y}_A$ 可以确定一个等反射系数圆，沿该等反射系数圆上顺时针旋转 $\bar{d}_2 = \dfrac{d_2}{\lambda}$ 电长度，可以交于匹配圆上一点，即为 $\bar{Y}_3$。

（7）设 $\bar{Y}_3 = 1 + j\bar{B}_3$，短路支节 l_2 应提供纯电纳 $\bar{Y}_4 = -j\bar{B}_3$，以抵消掉 $\bar{Y}_3$ 的电纳项实现匹配。根据 $\bar{Y}_4$ 值可以确定短路支节 l_2 对应的电长度 $\bar{l}_2$，如图 2.10(b) 所示。

并联双支节匹配问题一般也有两组解，通常选 l_1、l_2 较短的一组解。

双支节匹配器存在得不到匹配的盲区。当 $d_2 = \dfrac{\lambda}{8}$ 时，盲区为 $\bar{G} > 2$，如图 2.10(b) 所示。当 $d_2 = \dfrac{\lambda}{4}$ 时，盲区为 $\bar{G} > 1$。

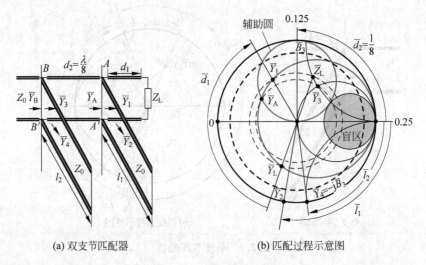

(a) 双支节匹配器　　　　　　　(b) 匹配过程示意图

图 2.10　双支节匹配器

2.1.21　传输功率

对于正弦电路（即交流电路），传输功率是指对时间的平均功率，即

$$P(z) = \frac{1}{T} \int_0^T p(z,t)\,dt \qquad (2.45)$$

式中 $p(z,t)$ 为瞬时功率。采用复数形式，复功率为

$$\dot{P}(z) = \frac{1}{2}\dot{U}(z)\,\dot{I}^*(z) \tag{2.46}$$

其实部为有功功率,虚部为无功功率。其中$\dot{U}(z)$、$\dot{I}(z)$为电压、电流复振幅。有功功率即传输功率,表示为

$$P(z) = \mathrm{Re}[\dot{P}(z)] = \frac{1}{2}\mathrm{Re}[\dot{U}(z)\,\dot{I}^*(z)] \tag{2.47}$$

对无耗线,有

$$P(z) = \frac{|\dot{U}_\mathrm{i}(z)|^2}{2Z_0}[1 - |\Gamma(z)|^2] = P_\mathrm{i}(z) + P_\mathrm{r}(z) \tag{2.48}$$

在电压、电流取对负载端的关联参考方向时,如图 2.11 所示,入射波功率 $P_\mathrm{i}(z)$、反射波功率 $P_\mathrm{r}(z)$分别为

$$P_\mathrm{i}(z) = \frac{1}{2}\mathrm{Re}[\dot{U}_\mathrm{i}(z)\,\dot{I}_\mathrm{i}^*(z)] = \frac{1}{2}\frac{|\dot{U}_\mathrm{i}(z)|^2}{Z_0}$$
$$= \frac{1}{2}|\dot{I}_\mathrm{i}(z)|^2 Z_0 \tag{2.49}$$

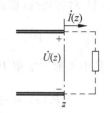

图 2.11　电压和电流取对负载端的关联参考方向

$$P_\mathrm{r}(z) = \frac{1}{2}\mathrm{Re}[\dot{U}_\mathrm{r}(z)\,\dot{I}_\mathrm{r}^*(z)] = -P_\mathrm{i}(z)|\Gamma(z)|^2$$
$$= -P_\mathrm{i}(z)|\Gamma_2|^2 \tag{2.50}$$

实际中为方便起见,反射波功率通常取式(2.50)的绝对值,即

$$P_\mathrm{r}(z) = \left|\frac{1}{2}\mathrm{Re}[\dot{U}_\mathrm{r}(z)\,\dot{I}_\mathrm{r}^*(z)]\right| = P_\mathrm{i}(z)|\Gamma(z)|^2 = P_\mathrm{i}(z)|\Gamma_2|^2 \tag{2.51}$$

从而将式(2.48)表示为

$$P(z) = P_\mathrm{i}(z) - P_\mathrm{r}(z) \tag{2.52}$$

对无耗线,式(2.48)和式(2.52)中的 $P(z)$、$P_\mathrm{i}(z)$、$P_\mathrm{r}(z)$都是与 z 坐标无关的常量。

2.2　常见问题答疑

2.2.1　长线相关问题

1. 为什么有耗长线中,随着 z 增大,$|\dot{U}_\mathrm{i}|$ 会增大,$|\dot{U}_\mathrm{r}|$ 会减小?

答:如果将坐标原点选在终端负载处,$+z$ 轴方向从终端负载指向始端波源,则沿 $+z$ 方向传播的行波为反射波,所以随着 z 增大,$|\dot{U}_\mathrm{r}|$ 会减小,沿着 $-z$ 方向传播的行波为入射波,所以随着 z 减小,$|\dot{U}_\mathrm{i}|$ 会减小(即表现为 z 增大,$|\dot{U}_\mathrm{i}|$ 增大)。

2. 有耗和无耗长线中的功率传输有何区别或相同之处?

答:(1)有功功率即传输功率,可统一表示为

$$P(z) = \mathrm{Re}[\dot{P}(z)] = \frac{1}{2}\mathrm{Re}[\dot{U}(z)\,\dot{I}^*(z)]$$

（2）对无耗线，有

$$P(z) = \frac{|\dot{U}_i(z)|^2}{2Z_0}[1 - |\Gamma(z)|^2] = P_i(z) + P_r(z)$$

其中入射波功率 $P_i(z)$、反射波功率 $P_r(z)$ 分别为

$$P_i(z) = \frac{1}{2}\mathrm{Re}[\dot{U}_i(z)\dot{I}_i^*(z)] = \frac{1}{2}\frac{|\dot{U}_i(z)|^2}{Z_0} = \frac{1}{2}|\dot{I}_i(z)|^2 Z_0$$

$$P_r(z) = \frac{1}{2}\mathrm{Re}[\dot{U}_r(z)\dot{I}_r^*(z)] = -P_i(z)|\Gamma_2|^2$$

$P(z)$、$P_i(z)$、$P_r(z)$ 与 z 无关。

（3）对有耗线（假设 Z_0 是实数），有

$$P(z) = \frac{1}{2}\frac{|\dot{U}_{i2}|^2}{Z_0}e^{2\alpha z}(1 - |\Gamma_2|^2 e^{-4\alpha z}) = P_i(z) + P_r(z)$$

其中入射波功率 $P_i(z)$、反射波功率 $P_r(z)$ 分别为

$$P_i(z) = \frac{1}{2}\mathrm{Re}[\dot{U}_i(z)\dot{I}_i^*(z)] = \frac{1}{2}e^{2\alpha z}\frac{|\dot{U}_{i2}|^2}{Z_0} = \frac{1}{2}e^{2\alpha z}|\dot{I}_{i2}|^2 Z_0$$

$$P_r(z) = \frac{1}{2}\mathrm{Re}[\dot{U}_r(z)\dot{I}_r^*(z)] = -P_i(z)|\Gamma_2|^2 e^{-4\alpha z}$$

（4）上述各式中，$P_r(z)$ 是负值，表明反射波携带功率是从负载向波源传输的，与入射波携带功率传输方向相反。

3. 长线与短线性质上有什么不同？

答：（1）"长线"的分布参数效应不能忽略，即线上处处存在着电容、电感、电阻效应，因而整体不能用有限个有限参数值的"集总"的电路元件，如电感、电容、电阻来表示。

（2）"短线"可以忽略分布参数效应，整体可以看作是一个理想连接线，或用有限个电感、电容、电阻来表示。

（3）在本章的示意图中，用粗线表示具有分布参数效应的长线，用细线表示集总参数的短线（等效于直接相连），在学习时要注意区分。

4. 无耗长线上，不同传输状态沿线电压、电流分布有些不清楚，电压、电流之间关系不清楚。

答：（1）必须注意区分总电压、总电流和入射波电压、电流。

（2）总电压、总电流为入射波电压和反射波电压、入射波电流和反射波电流之和。对于无耗传输线的入射波和反射波，二者均为行波，在传输线不同位置的幅度均不变，相位沿传播方向线性滞后。

（3）总电压和总电流之比为输入阻抗 $Z_{in}(z)$，入射波电压和入射波电流之比为特性阻抗 Z_0。对均匀传输线，前者通常随位置 z 变化，后者一般与位置 z 无关。

2.2.2 圆图及匹配相关问题

1. 在用圆图求解双支节匹配问题时，辅助圆是如何选取的？

答：（1）辅助圆由两支节之间长度 d_2 确定。

（2）设传输线相波长为 λ_g，d_2 对应电长度为 $\bar{d}_2=\dfrac{d_2}{\lambda_g}$，则辅助圆是由可匹配圆上各点以原点为中心逆时针整体旋转 $\bar{d}_2$ 对应角度后所得到的圆。

2．导纳圆图的各点意义？

答：涉及用导纳圆图求解问题时，可将阻抗圆图转换成"倒置"的导纳圆图使用。对比阻抗圆图，导纳圆图上标注的归一化电阻和归一化电抗数字不变，但表示归一化电导和归一化电纳。圆图上曲线形式和分布不变，但意义改变，具体关系如下。

（1）$\Gamma \to -\Gamma$，则 $\bar{Z} \to \bar{Y}, \bar{R} \to \bar{G}, \bar{X} \to \bar{B}$，归一化阻抗、归一化电阻和归一化电抗分别变为归一化导纳、归一化电导和归一化电纳，保留圆图上所有已标注好的归一化电阻和归一化电抗数字，阻抗圆图可以用作导纳圆图。

（2）三圆：反射系数圆不变；等 $\bar{R}$ 圆 → 等 $\bar{G}$ 圆；等 $\bar{X}$ 圆 → 等 $\bar{B}$ 圆。

（3）三点：匹配点不变；开路点 → 短路点；短路点 → 开路点。

（4）三线：纯电阻线 → 纯电导线；纯电抗圆 → 纯电纳圆；$\bar{R}=1$ 圆 → $\bar{G}=1$ 圆。

（5）二面：上半平面为容性；下半平面为感性。

3．双支节匹配器的解法要点是什么？

答：双支节匹配要点是：

（1）并联短路支节只能提供纯电纳。

（2）匹配后，第二支节处总的归一化导纳值为1，这可以通过调节该处短路支节提供纯电纳抵消传输线上电纳值实现。在支节调节过程中，第二支节处总的归一化导纳在圆图上的轨迹是沿匹配圆变化的。

（3）第一支节处的总归一化导纳应该落在辅助圆上，这可以通过调节该处短路支节提供纯电纳实现。在支节调节过程中，第一支节处总的归一化导纳在圆图上的轨迹是沿该位置处传输线归一化电导值所确定的等电导圆变化的。

4．圆图除了在求解匹配时有显著作用，还在哪些地方可起到简化问题的作用？

答：（1）主要是应用在长线理论中。第4章将学习到，一般微波传输线的传输模式都等效成双导线，从而用长线理论来研究，所以也可以应用圆图。

（2）通过圆图可以图解状态参量，并很容易说明各状态参量之间的关系以及阻抗匹配原理。

（3）在一些射频微波计算软件或测试仪器中，也可用圆图来表示计算或测量结果。

5．圆图何时沿等 $|\Gamma|$ 圆转动，何时沿等电导圆转动？

答：（1）对终端接某负载的一段均匀传输线，线上所有归一化输入阻抗位置都沿由终端负载归一化阻抗所确定的等反射系数圆上转动。

（2）如果传输线上并联了某一短路支节，则在并联支节处，总归一化导纳（为传输线原来位置处归一化导纳和并联短路支节提供的纯归一化电纳之和）将随着短路支节长短的调节而在一等电导圆上转动。

6．圆图解决实际问题时，在何处开始旋转、沿什么方向旋转？

答：具体问题应具体分析，牢记"源顺负逆"，即沿传输线从负载向波源方向确定归一化阻抗或导纳位置时,应沿等反射系数圆顺时针转动。反之,则应沿等反射系数圆逆时针转动。

已知某一位置的以下参量,均可在阻抗圆图上确定一点,该点可确定为开始旋转的初始位置。

(1) 驻波比 ρ 和驻波相位 $l_{\min}$;

(2) 反射系数 $\Gamma=|\Gamma|e^{j\phi}=\dfrac{\rho-1}{\rho+1}e^{j\phi}$(包括模和相角,其模一般也要根据驻波比 ρ 确定);

(3) 归一化阻抗 $\overline{Z}=\overline{R}+j\overline{X}$(包括阻抗的归一化电阻值和归一化电抗值)。

7. 双支节调配时落入盲区的条件是什么?

答:需要结合圆图分析。基本现象是:在盲区,无论如何调节第一支节长度以改变其电纳值,该支节处总的导纳变化轨迹总不能与辅助圆有交点,说明该位置的等电导圆与辅助圆没有交点。

8. 对阻抗圆图与导纳圆图:怎样读内外圈刻度有时混淆不清,应以哪个为准?

答:概括来说,以单位圆为界,有以下结论:

(1) 单位圆内侧靠近单位圆的数字表示归一化电抗或归一化电纳,单位圆内侧横轴上的数字表示归一化电阻或归一化电导。

(2) 单位圆外侧的数字表示电标度或反射系数辐角,有时也将传输系数辐角标在单位圆的外侧。

(3) 单位圆外圈的电标度,通常有两层。因为一般只关心电刻度相对变化,所以读哪一层刻度都没关系,但在同一问题中要统一,两者都可得到正确结果。实际应用中,最好读沿旋转方向电标度增加的读数,可以更方便地计算相对变化量。

(4) 单位圆内圈的刻度,表示归一化电抗值或归一化电纳值,在将阻抗圆图用作导纳圆图时,这些数字是不变的。

2.2.3 其他问题

1. 信号源匹配有什么物理意义?

答:(1) 有两方面含义,一是共轭匹配,从信号源取出最大功率;二是阻抗匹配,信号源不产生反射。

(2) 共轭匹配条件下不一定能达到阻抗匹配,只有波源内阻抗为实数时,共轭匹配和阻抗匹配条件才相同。

2. 含有源 $\dot{E}_g$ 的传输线上各点电压与电流的求解应如何进行?

答:(1) 可以先根据负载和波源匹配情况,先求得线上入射波表示,然后用入射波和反射系数表示任意位置的总电压、电流,具有一般性。

(2) 对某些问题,也可以先根据闭合电流欧姆定律求出始端总电压、电流,然后利用传输线四分之一波长变换性和半波长重复性求解其他位置的电压、电流。

（3）确定传输线工作状态时，通常从负载端向波源端进行，而且求解传输线上电压和电流解时，通常从波源端向负载端进行。

3. 微波中所谓的开路负载、短路负载是怎样的？

答：（1）开路和短路都是全反射，前者电压反射系数为 1，后者电压反射系数为 −1。

（2）开路状态和短路状态可以互相转换，四分之一相波长短路线始端等效为开路，四分之一相波长开路线始端等效为短路。

（3）实际应用中，可以根据要求制成标准的短路或开路负载。

4. 在传输功率与效率中，出现衰减系数 α 的题目总是做得有些混乱，不太理解该公式 $\gamma = \alpha + \mathrm{j}\beta$。

答：一般情况下，向 $+z$ 方向传播的波，其复振幅正比于因子 $\mathrm{e}^{-\gamma z} = \mathrm{e}^{-\alpha z}\mathrm{e}^{-\mathrm{j}\beta z}$，$\mathrm{e}^{-\gamma z}$ 为传播因子，在无衰减情况下为 $\mathrm{e}^{-\mathrm{j}\beta z}$。$\mathrm{e}^{-\alpha z}$ 为衰减因子，表示在波传播过程中幅度的衰减情况，使用时 α 的单位和 z 的单位必须对应。

例如：$\alpha = 1$ 奈培/米时，$z = 0$，$\mathrm{e}^{-\alpha z} = 1$；$z = 1$ 米，$\mathrm{e}^{-\alpha z} = \mathrm{e}^{-1}$；$z = 2$ 米，$\mathrm{e}^{-\alpha z} = \mathrm{e}^{-2}$。从 $z = 0$ 到 $z = 1$ 米处，幅度变化为原来的 e^{-1} 倍，功率变化为原来的 $(\mathrm{e}^{-1})^2 = \mathrm{e}^{-2}$ 倍，用奈培表示为 -1 奈培，用 dB 表示为 $20\lg \mathrm{e}^{-1} = -8.686\mathrm{dB}$；从 $z = 1$ 米到 $z = 2$ 米处，幅度变化为原来的 $\dfrac{\mathrm{e}^{-2}}{\mathrm{e}^{-1}}$ 倍，功率变化为原来的功率 $\left(\dfrac{\mathrm{e}^{-2}}{\mathrm{e}^{-1}}\right)^2 = \dfrac{\mathrm{e}^{-4}}{\mathrm{e}^{-2}} = \mathrm{e}^{-2}$ 倍，用奈培表示为 -1 奈培，用 dB 表示为 $20\lg \dfrac{\mathrm{e}^{-2}}{\mathrm{e}^{-1}} = -8.686\mathrm{dB}$。

5. Np 是什么单位，有何意义？

答：（1）Np（奈培）常被用作幅度放大或衰减的单位。

（2）当某变量幅度变化为原来的 e 倍时，称幅度变化 1 奈培。

（3）奈培与分贝的换算关系为 $1\mathrm{Np} \approx 8.686\mathrm{dB}$。

6. 为什么反射系数圆与正实轴交点对应驻波比 ρ？

答：根据传输线理论，沿线波腹位置的归一化电阻值正好等于驻波比，而圆图上实轴上的读数正好是过此点的等电阻圆的归一化电阻值，即过此点等反射系数圆对应的驻波比。

7. 瞬时值和复振幅是什么关系？复振幅有什么意义？

答：（1）瞬时值和复振幅关系为 $u(z,t) = \mathrm{Re}[\dot{U}(z)\mathrm{e}^{\mathrm{j}\omega t}]$。

（2）复振幅 $\dot{U}(z)$ 只对正弦量（或称时谐量）有定义，其模 $|\dot{U}(z)|$ 表示对应正弦量简谐振动的幅度，其辐角 $\arg[\dot{U}(z)]$ 表示对应正弦量简谐振动的初相。

2.3 例题详解

【例题 2-1】 已知无耗平行双线沿线电压瞬时值表达式为

ⓐ $u(z,t) = 100\cos(6\pi \times 10^8 t + 2\pi z)$ （mV）

ⓑ $u(z,t) = 100\cos(2\pi z)\cos(6\pi \times 10^8 t)$ （mV）

问题一

（1）写出两种情况下复振幅表达式；

（2）求两种情况下频率 f、相波长、相速度、相位常数、传播方向。

问题二　假设传输线特性阻抗为 50Ω，z 轴都是从负载指向波源，根据题中各表达式，求对应的

（1）电流复振幅和瞬时值表达式；

（2）反射系数表达式，驻波比 ρ；

（3）输入阻抗表达式，负载阻抗 Z_L。

【解题分析】

根据传输线方程的解可知，在稳定状态下，传输线上的总电压电流可以表示成入射波和反射波两列行波的合成，根据入射波或反射波的表达式，可以确定幅度、频率、相位常数，根据相位常数可确定相速度、相波长。根据入射波和反射波复振幅关系可以确定反射系数、输入阻抗、驻波比。根据上述分析，本题应先将总电压瞬时表达式展开成入射波和反射波两列行波之和的形式。如果不熟悉三角函数变换关系，也可以先将瞬时表达式写成复数形式，然后再进一步展开得到复数形式的入射波和反射波之和，再进一步变换得到瞬时表达式。

对无耗传输线，电流入射波和电压入射波同相，电流入射波幅度是电压入射波幅度的 $\frac{1}{Z_0}$ 倍；电流反射波和电压反射波反相，电流反射波幅度是电压反射波幅度的 $\frac{1}{Z_0}$ 倍。

解：

问题一

（1）瞬时量可表示为 $u(z,t)=A(z)\cos[\omega t+\phi(z)]=\mathrm{Re}[A(z)\cdot\mathrm{e}^{\mathrm{j}\phi(z)}\cdot\mathrm{e}^{\mathrm{j}\omega t}]$，则其复振幅为 $\dot{U}(z)=A(z)\mathrm{e}^{\mathrm{j}\phi(z)}$。

对 $u(z,t)=100\cos(6\pi\times10^8 t+2\pi z)$（mV），复振幅为 $\dot{U}(z)=100\mathrm{e}^{\mathrm{j}2\pi z}$（mV）。

对 $u(z,t)=100\cos(2\pi z)\cos(6\pi\times10^8 t)$（mV），复振幅为 $\dot{U}(z)=100\cos(2\pi z)$（mV）。

（2）若 $u(z,t)=A\cos(\omega t+\beta z)$，则 $f=\frac{\omega}{2\pi}$，相波长 $\lambda_p=\frac{2\pi}{\beta}$，相速度 $v_p=\frac{\omega}{\beta}$，其传播方向由 βz 前的符号确定。

ⓐ 式情况下，可以根据表达式直接写出结果。

角频率 $\omega=6\pi\times10^8$（rad/s），相位常数 $\beta=2\pi$（rad/m）。

计算可得

频率 $f=\frac{\omega}{2\pi}=3\times10^8$（Hz），相波长 $\lambda_p=\frac{2\pi}{\beta}=1$（m），相速 $v_p=c=3\times10^8$（m/s），传播方向为 $-z$ 方向。

ⓑ 式情况下，可以将表达式分解为

$$u(z,t)=50\cos(6\pi\times10^8 t-2\pi z)+50\cos(6\pi\times10^8 t+2\pi z)\text{（mV）}$$

可见其为幅度相等（均为 50mV）、传播方向相反（沿 $+z$ 方向和 $-z$ 方向）两列波的合成。

合成波为纯驻波,不能传播能量。

沿 $+z$ 和 $-z$ 方向传播波均为行波,可以直接写出结果。

角频率 $\omega=6\pi\times10^8(\text{rad/s})$,相位常数 $\beta=2\pi(\text{rad/m})$。

计算可得

频率 $f=\dfrac{\omega}{2\pi}=3\times10^8(\text{Hz})$,相波长 $\lambda_\text{p}=\dfrac{2\pi}{\beta}=1(\text{m})$,相速 $v_\text{p}=c=3\times10^8(\text{m/s})$。

问题二

(1) 设电压复振幅表达式为 $\dot{U}(z)=\dot{U}_\text{i}(z)+\dot{U}_\text{r}(z)$,则对应电流复振幅表达式为

$$\dot{I}(z)=\dot{I}_\text{i}(z)+\dot{I}_\text{r}(z)=\frac{\dot{U}_\text{i}(z)}{Z_0}-\frac{\dot{U}_\text{r}(z)}{Z_0}$$

其中 $\dot{U}_\text{i}(z)$、$\dot{I}_\text{i}(z)$ 为电压和电流入射波复振幅,$\dot{U}_\text{r}(z)$、$\dot{I}_\text{r}(z)$ 为电压和电流反射波复振幅。据此可以计算各式对应电流复振幅,然后通过复振幅计算瞬时值表达式。

对题ⓐ式,只有入射波,$\dot{U}_\text{i}(z)=100e^{\text{j}2\pi z}(\text{mV})$,$\dot{U}_\text{r}(z)=0(\text{mV})$。

电流复振幅为 $\dot{I}(z)=\dfrac{\dot{U}_\text{i}(z)}{Z_0}=2e^{\text{j}2\pi z}(\text{mA})$。

电流瞬时值表达式为 $i(z,t)=\text{Re}[\dot{I}(z)e^{\text{j}\omega t}]=2\cos(6\pi\times10^8t+2\pi z)(\text{mA})$。

对题ⓑ式,$\dot{U}(z)=50e^{\text{j}2\pi z}+50e^{-\text{j}2\pi z}(\text{mV})$,$\dot{U}_\text{i}(z)=50e^{\text{j}2\pi z}(\text{mV})$,$\dot{U}_\text{r}(z)=50e^{-\text{j}2\pi z}(\text{mV})$。

电流复振幅为 $\dot{I}(z)=\dfrac{\dot{U}_\text{i}(z)}{Z_0}-\dfrac{\dot{U}_\text{r}(z)}{Z_0}=2\text{j}\sin(2\pi z)(\text{mA})$。

电流瞬时值表达式为 $i(z,t)=\text{Re}[\dot{I}(z)e^{\text{j}\omega t}]=2\sin(2\pi z)\cos\left(6\pi\times10^8t+\dfrac{\pi}{2}\right)(\text{mA})$。

(2) 根据定义,终端反射系数为 $\Gamma_2=\dfrac{\dot{U}_\text{r}(0)}{\dot{U}_\text{i}(0)}$,

传输线任意 z 处反射系数为 $\Gamma(z)=\Gamma_2e^{-\text{j}2\beta z}$,驻波比 $\rho=\dfrac{1+|\Gamma_2|}{1-|\Gamma_2|}$。

对题ⓐ式,$\Gamma_2=0$,$\Gamma(z)=0$,$\rho=1$。

对题ⓑ式,$\Gamma_2=1$,$\Gamma(z)=e^{-\text{j}4\pi z}$,$\rho\rightarrow\infty$。

(3) 根据输入阻抗定义 $Z_\text{in}(z)=\dfrac{\dot{U}(z)}{\dot{I}(z)}=Z_0\dfrac{1+\Gamma(z)}{1-\Gamma(z)}$,

负载阻抗 $Z_\text{L}=Z_\text{in}(0)=\dfrac{\dot{U}(0)}{\dot{I}(0)}=Z_0\dfrac{1+\Gamma(0)}{1-\Gamma(0)}$。

因此,可以直接将总电压、电流复振幅代入计算阻抗,也可以将特性阻抗和反射系数表达式代入计算。

对题ⓐ式,$\Gamma(z)=0$,$Z_\text{in}(z)=Z_0=50(\Omega)$,$Z_\text{L}=Z_0=50(\Omega)$。

对题ⓑ式,$\Gamma(z)=e^{-\text{j}4\pi z}$,$Z_\text{in}(z)=-\text{j}50c\tan(2\pi z)(\Omega)$,$Z_\text{L}=\infty(\Omega)$。

相关例题见 2.4 节的 2-5,2-9。

【例题 2-2】 由若干段传输线和负载组成的电路如图 2.12 所示,λ 为沿线相波长已知,$Z_g = Z_0 = Z_1 = 100\,\Omega$,$Z_{01} = 150\,\Omega$,$Z_2 = 225\,\Omega$,$|\dot{E}_g| = 50\,\text{mV}$。试分析 AB、BC、CD、DE、BF、BG 各段传输线的工作状态,并计算各段传输线的始端、末端电压和电流振幅,画图示意沿各段传输线电压、电流振幅的相对分布。

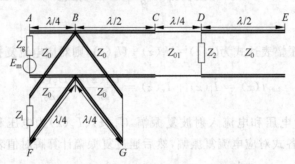

图 2.12 多段传输线和负载组成的电路

【解题分析】 对多段传输线连接问题,首先要从负载端向波源端,分别确定各段传输线终端负载阻抗,从而确定其工作状态,再从波源端向负载端,根据已知波源电动势和内阻抗,计算线上电压和电流解。

判断传输线工作状态,主要是根据负载阻抗与特性阻抗的关系(行波:$Z_L = Z_0$;驻波:$Z_L = 0$,$Z_L \to \infty$,$Z_L = \pm jX_L$;行驻波:$Z_L = R_{min} < Z_0$、$Z_L = R_{max} > Z_0$、$Z_L = R_L \pm jX_L$)。

解:(1)为判断各分支传输线工作状态,首先从负载端向波源端,求出各分支线终端的负载阻抗。

对 DE 段,其终端开路,即负载阻抗为 $Z_E = \infty$。

所以 DE 段为驻波状态。根据传输线的 $\dfrac{\lambda}{2}$ 阻抗重复性,其始端输入阻抗为 $Z_{in}(DE) = Z_E = \infty$。

对 CD 段,其终端等效负载阻抗为 $Z_D = Z_2 \,/\!/\, Z_{in}(DE) = Z_2 = 225\,(\Omega)$。

由于 $Z_D > Z_{01}$,故 CD 段为行驻波状态。根据 $\dfrac{\lambda}{4}$ 传输线的阻抗变换性,其始端输入阻抗为 $Z_{in}(CD) = \dfrac{Z_{01}^2}{Z_D} = 100\,(\Omega)$。

对 BC 段,其终端等效负载阻抗为 $Z_C = Z_{in}(CD) = 100\,(\Omega)$。

由于 $Z_C = Z_0$,故 BC 段为行波状态。其始端输入阻抗为 $Z_{in}(BC) = Z_0 = 100\,(\Omega)$。

对 BF 段,终端负载阻抗为 $Z_F = Z_1 = Z_0$。

故 BF 段为行波状态。其始端输入阻抗为 $Z_{in}(BF) = Z_0 = 100\,(\Omega)$。

对 BG 段,终端短路,即负载阻抗为 $Z_G = 0$。

故 BG 段为驻波状态。根据 $\dfrac{\lambda}{4}$ 传输线的阻抗变换性,其始端输入阻抗为 $Z_{in}(BG) = \infty$。

对 AB 段,终端等效负载阻抗为 $Z_B = Z_{in}(BC) \,/\!/\, Z_{in}(BF) \,/\!/\, Z_{in}(BG) = Z_0 = 50\,(\Omega)$。

故 AB 段为行驻波状态。其始端输入阻抗为 $Z_A = Z_{in}(AB) = \dfrac{Z_0^2}{Z_B} = 200(\Omega)$。

(2) 为计算各位置电压、电流振幅,与确定传输线工作状态顺序相反,需要从波源向负载端逐段计算。

对于 AB 段,考虑到 Z_g 与 Z_A 分压,根据闭合电路欧姆定律,可得 A 点的电压和电流幅度为

$$|\dot{U}_A| = \frac{E_m}{Z_g + Z_A} \cdot Z_A = \frac{50}{100 + 200} \times 200 = 33.4(\text{mV})$$

$$|\dot{I}_A| = \frac{|\dot{U}_A|}{Z_A} = \frac{33.4}{200} = 0.167(\text{mA})$$

AB 段终端电压反射系数和线上驻波比分别为

$$\Gamma_B = \frac{Z_B - Z_0}{Z_B + Z_0} = -\frac{1}{3}, \quad \rho(AB) = \frac{1 + |\Gamma_B|}{1 - |\Gamma_B|} = 2$$

由 $Z_B = 50 < Z_0$,可知 B 点为电压波节点、电流波腹点。根据驻波比定义 $\rho = \dfrac{|\dot{U}(z)|_{max}}{|\dot{U}(z)|_{min}} = \dfrac{|\dot{I}(z)|_{max}}{|\dot{I}(z)|_{min}}$,$B$ 点电压和电流幅度为

$$|\dot{U}_B| = \frac{|\dot{U}_A|}{\rho(AB)} = 16.7(\text{mV}), \quad |\dot{I}_B| = |\dot{I}_A| \cdot \rho(AB) = 0.334(\text{mA})$$

在 B 处,三段传输线并联,故对于 BG 段始端电压幅度即等于 $|\dot{U}_B|$,BG 段终端短路为驻波状态,终端电压反射系数和线上驻波比为

$$\Gamma_G = -1, \rho(BG) = \infty$$

BG 段始端电压和电流幅度分别为

$$|\dot{U}_B(BG)| = |\dot{U}_B| = 16.7(\text{mV}), \quad |\dot{I}_B(BG)| = \left|\frac{\dot{U}_B(BG)}{Z_{in}(BG)}\right| = 0(\text{mA})$$

$|\dot{U}_B(BG)|$ 为电压波腹点电压,与 BG 线上入射波电压幅度 $\dot{U}_i(BG)$ 关系为

$$|\dot{U}_B(BG)| = (1 + |\Gamma_G|)|\dot{U}_i(BG)|$$

故线上入射波电压和电流幅度为

$$|\dot{U}_i(BG)| = \frac{|\dot{U}_B|}{2} = 8.35(\text{mV}), \quad |\dot{I}_i(BG)| = \left|\frac{\dot{U}_i(BG)}{Z_0}\right| = 0.0835(\text{mA})$$

G 点为电压波节点,故其电压和电流幅度为

$$|\dot{U}_G| = 0(\text{mV}), \quad |\dot{I}_G| = (1 + |\Gamma_G|)|\dot{I}_i(BG)| = 0.167(\text{mA})$$

对于 BF 段,为行波状态,其终端电压反射系数和线上驻波比为

$$\Gamma_F = 0, \quad \rho(BF) = 1$$

BF 段始端电压和电流幅度、终端电压和电流幅度均和入射波电压和电流幅度相等,即有

$$|\dot{U}_B(BF)| = |\dot{U}_i(BF)| = |\dot{U}_B| = 16.7(\text{mV})$$

$$\left|\dot{I}_{\mathrm{B}}(BF)\right| = \left|\dot{I}_{\mathrm{i}}(BF)\right| = \left|\frac{\dot{U}_{\mathrm{i}}(BG)}{Z_0}\right| = 0.167(\mathrm{mA})$$

$$\left|\dot{U}_{\mathrm{F}}\right| = \left|\dot{U}_{\mathrm{i}}(BF)\right| = 16.7(\mathrm{mV}), \quad \left|\dot{I}_{\mathrm{F}}\right| = \left|\dot{I}_{\mathrm{i}}(BF)\right| = 0.167(\mathrm{mA})$$

对于 BC 段,为行波状态,其始端电压和电流幅度、终端电压和电流幅度均和入射波电压和电流幅度相等,即有

$$\left|\dot{U}_{\mathrm{B}}(BC)\right| = \left|\dot{U}_{\mathrm{i}}(BC)\right| = \left|\dot{U}_{\mathrm{B}}\right| = 16.7(\mathrm{mV})$$

$$\left|\dot{I}_{\mathrm{B}}(BC)\right| = \left|\dot{I}_{\mathrm{i}}(BC)\right| = \left|\frac{\dot{U}_{\mathrm{i}}(BC)}{Z_0}\right| = 0.167(\mathrm{mA})$$

$$\left|\dot{U}_{\mathrm{C}}\right| = \left|\dot{U}_{\mathrm{i}}(BC)\right| = 16.7(\mathrm{mV}), \quad \left|\dot{I}_{\mathrm{C}}\right| = \left|\dot{I}_{\mathrm{i}}(BC)\right| = 0.167(\mathrm{mA})$$

对于 CD 段,为行驻波状态,其终端电压反射系数和线上驻波比为

$$\Gamma_{\mathrm{D}} = \frac{Z_{\mathrm{D}} - Z_{01}}{Z_{\mathrm{D}} + Z_{01}} = 0.2, \quad \rho(CD) = \frac{1 + \left|\Gamma_{\mathrm{D}}\right|}{1 - \left|\Gamma_{\mathrm{D}}\right|} = 1.5$$

CD 段始端为电压波节点和电流波腹点,其电压和电流幅度为

$$\left|\dot{U}_{\mathrm{C}}(CD)\right| = \left|\dot{U}_{\mathrm{C}}\right| = 16.7(\mathrm{mV}), \quad \left|\dot{I}_{\mathrm{C}}(CD)\right| = \left|\frac{\dot{U}_{\mathrm{C}}(CD)}{Z_{\mathrm{in}}(CD)}\right| = 0.167(\mathrm{mA})$$

CD 段终端为电压波腹点和电流波节点,其电压和电流幅度为

$$\left|\dot{U}_{\mathrm{D}}\right| = \rho(CD) \cdot \left|\dot{U}_{\mathrm{C}}(CD)\right| = 25(\mathrm{mV}), \left|\dot{I}_{\mathrm{D}}\right| = \frac{\left|\dot{I}_{\mathrm{C}}(CD)\right|}{\rho(CD)} = 0.111(\mathrm{mA})$$

对于 DE 段,为驻波状态,终端电压反射系数和线上驻波比为

$$\Gamma_{\mathrm{E}} = 1, \rho(DE) = \infty$$

DE 段始端为电压波腹点和电流波节点,其电压和电流幅度分别为

$$\left|\dot{U}_{\mathrm{D}}(DE)\right| = \left|\dot{U}_{\mathrm{D}}\right| = 25(\mathrm{mV}), \quad \left|\dot{I}_{\mathrm{D}}(DE)\right| = \left|\frac{\dot{U}_{\mathrm{D}}(DE)}{Z_{\mathrm{in}}(BG)}\right| = 0(\mathrm{mA})$$

根据 $\frac{\lambda}{2}$ 传输线阻抗重复性,E 点也是电压波腹点和电流波节点,故其电压和电流幅度和线上 D 点相同,为

$$\left|\dot{U}_{\mathrm{E}}\right| = \left|\dot{U}_{\mathrm{D}}(DE)\right| = 25(\mathrm{mV}), \quad \left|\dot{I}_{\mathrm{E}}\right| = \left|\dot{I}_{\mathrm{D}}(DE)\right| = 0(\mathrm{mA})$$

各段传输线电压、电流幅度的相对分布如图 2.13 所示(其中 BC 段、BF 段的电压和电流曲线重合)。

【例题 2-3】 在特性阻抗为 50Ω 的均匀无耗同轴线终端接负载 $Z_{\mathrm{L}} = (50 + \mathrm{j}50)(\Omega)$,利用阻抗圆图作示意图,求:

(1) 驻波比 ρ 和以沿线相波长 λ 表示的 $l_{\max}$ 和 $l_{\min}$;

(2) 终端电压反射系数 Γ_2。

【解题分析】 本题首先要求出归一化负载阻抗,确定负载归一化阻抗在阻抗圆图的位置,根据该位置可以确定驻波参量(驻波比和 $l_{\max}$、$l_{\min}$)、反射系数 Γ_2。

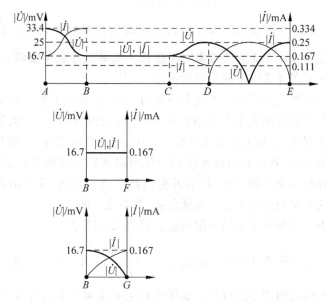

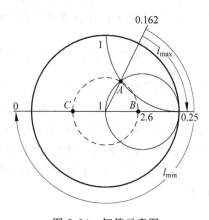

图 2.13 各段传输线电压、电流幅度的相对分布

解：(1) 如图 2.14 所示，根据归一化阻抗 $\bar{Z}_L = 1 + j1$，可确定其在阻抗圆图的位置 A，对应等反射系数圆与右半横轴的交点为 B，求得过 B 点的等电阻圆的读数，即为线上驻波比，有 $\rho = 2.6$。

对 l_{max} 和 l_{min}，根据二者的定义和"源顺负逆"原则，前者应为从负载归一化阻抗对应的点 A 沿等反射系数圆顺时针旋转到电压波腹点 B（即等反射系数圆与右半横轴的交点）的电长度，后者应为从负载归一化阻抗对应的点沿等反射系数圆顺时针旋转到电压波节点 C（即等反射系数圆与左半横轴的交点）的电长度，亦可根据 l_{max} 和 l_{min} 相差四分之一波长（对应电长度为 0.25）得到，有

图 2.14 解答示意图

$$l_{max} = 0.25\lambda - 0.162\lambda = 0.088\lambda$$

$$l_{min} = 0.088\lambda + 0.25\lambda = 0.338\lambda$$

(2) 反射系数模值为

$$|\Gamma_2| = \frac{\rho - 1}{\rho + 1} = 0.444$$

相角为右半横轴逆时针旋转到终端负载点与圆心连线所转过的角度，有

$$\theta_2 = \pi - \frac{0.162}{0.25} \cdot \pi = 0.352\pi$$

故反射系数为

$$\Gamma_2 = 0.444 e^{j0.352\pi}$$

【例题 2-4】 在特性阻抗 $Z_0 = 600\Omega$ 的无耗均匀传输线上,测得 $|\dot{U}|_{max} = 200\text{mV}$, $|\dot{U}|_{min} = 40\text{mV}$, $l_{min} = 0.15\lambda$,λ 为沿传输线相波长。如果用并联单短路支节进行匹配,利用史密斯圆图作示意图并求支节的位置和长度。

【解题分析】 在解决并联支节匹配等问题时,经常会需要在同一张圆图上同时图解阻抗和导纳。而在将阻抗圆图用作导纳圆图时,实际上是在用一张"倒置"的导纳圆图,即实际上是将导纳圆图、反射系数正实轴和正虚轴、感性和容性平面、波腹点和波节点等均翻转 $180°$。在圆图上,单位圆内侧标注归一化电阻和归一化电抗的数值分布不变,但表示归一化电导和归一化电纳,而单位圆外侧的数字也不用变,表示沿传输线变化的电标度或角度。等反射系数圆也不变,"源顺负逆"关系也不变。

本题旨在考查并联单支节短路匹配问题。题目求解顺序如下。

(1) 根据题目已知条件可以算出驻波比 $\rho = \dfrac{|\dot{U}|_{max}}{|\dot{U}|_{min}}$,又已知 l_{min},根据二者可以确定负载归一化阻抗在阻抗圆图中的位置。如果要利用并联单支节进行匹配,则还需要找到导纳圆图中的归一化负载导纳点,可通过将归一化阻抗点沿等反射系数圆旋转 $180°$ 得到,此时即将原来的阻抗圆图当作"倒置"的导纳圆图使用。

(2) 因为题目已经要求利用并联单支节进行匹配,也可以根据 $\rho = \dfrac{|\dot{U}|_{max}}{|\dot{U}|_{min}}$ 和 l_{min},直接在"倒置"的导纳圆图中找到归一化负载导纳点的位置,本题的求解即如此处理。

(3) 负载归一化导纳点沿等反射系数圆顺时针旋转到与可匹配圆 $\bar{G} = 1$ 相交于两点,即为可并联短路支节位置,从而可以确定 d。根据两位置归一化电纳值,可确定并联短路支节应提供的归一化电纳值,从而可以确定支节的长度 l。

解:(1) 定义驻波比 ρ 为沿线电压或电流幅度最大值与最小值之比,根据题目条件有

$$\rho = \frac{|\dot{U}|_{max}}{|\dot{U}|_{min}} = 5$$

又 $l_{min} = 0.15\lambda$,对应电长度为

$$\bar{l}_{min} = 0.15$$

(2) 如图 2.15 所示,在导纳圆图上,找到归一化电导值为 $\rho = 5$ 的等电导圆,其与右半轴的交点即为电压波节点,标为 A 点,对应的电标度为 $\bar{l}_A = 0.25$。

(3) 过 A 点作等反射系数圆,沿等反射系数圆逆时针旋转 $\bar{l}_{min} = 0.15$ 电标度,即得到归一化负载导纳点 B,其与圆心连线外延至单位元外侧,读出电标度为 $\bar{l}_B = 0.1$。

(4) 从 B 点开始,沿等反射系数圆顺时针旋转交可匹配圆 $\bar{G} = 1$ 于 C 点,对应电标度和归一化导纳值为

$$\bar{l}_C = 0.183$$

$$\overline{Y}_C = 1 + j1.8$$

由此可确定并联支节位置到终端负载的距离 d_1 为

$$\overline{d}_1 = \overline{l}_C - \overline{l}_B = 0.083$$

$$d_1 = 0.083\lambda$$

（5）并联短路支节提供的归一化电纳应为

$$\overline{Y}_2 = -j1.8$$

此时等反射系数圆为单位圆。在单位圆上找到归一化电纳值为 -1.8 的 D 点，对应电标度为

$$\overline{l}_D = 0.331$$

短路点对应的电标度为 0.25，由此可以确定短路支节的长度 l_1 为

$$\overline{l}_1 = \overline{l}_D - 0.25 = 0.081$$

$$l_1 = 0.081\lambda$$

（6）上述选择的解是到负载距离和支节长度都较短的一组解。如图 2.15 所示，本题还有另外一组解，即选在 E 位置并联短路支节，对应的到终端负载距离 d_2 和支节长度 l_2 为

$$d_2 = (\overline{l}_E - \overline{l}_B)\lambda$$

$$l_2 = (0.25 + \overline{l}_F)\lambda$$

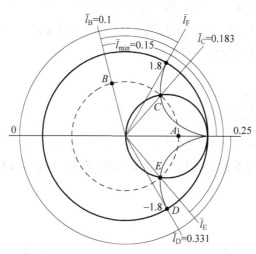

图 2.15　解答示意图

2.4　习题解答

2-1　解释长线和短线、分布参数电路和集总参数电路的特点和区别。

答：所谓长线是指传输线的几何长度 l 远大于波长 λ 或可相比拟。一般可认为 $l/\lambda \geqslant 0.05$ 为长线；反之，当 $l/\lambda < 0.05$ 时为短线。长线为分布参数电路，短线为集总参数

电路。

集总参数电路特点：

① 电参数都集中在有限个电路元件上，且具有有限的参数值；

② 元件之间连线的长短对信号本身的特性没有影响，即信号在传输过程中无畸变，信号传输不需要时间；

③ 系统中各点的电压或电流只是时间的函数。

分布参数电路特点：

① 电参数分布在其占据的所有空间位置上，电路可以看作是具有无限个无限小参数值的电路元件连接而成的；

② 信号传输需要时间，如传输线的长度直接影响着信号的特性，信号在传输过程中可能产生畸变；

③ 信号不仅仅是时间的函数，同时也是信号所处位置的函数。

2-2 一均匀传输线具有以下分布参数：$L_0=0.2\mu H/m$，$C_0=300pF/m$，$R_0=5\Omega/m$，$G_0=0.01S/m$。计算该传输线在频率为 500MHz 时的传播常数和特性阻抗。如果该传输线无耗（$R_0=G_0=0$），传播常数和特性阻抗又为多少？

解：

$$Z_0=\sqrt{\frac{R_0+j\omega L_0}{G_0+j\omega C_0}}=\sqrt{\frac{5+j200\pi}{0.01+j0.3\pi}}=(25.8195+j0.0342)(\Omega),$$

$$\gamma=\sqrt{(R_0+j\omega L_0)(G_0+j\omega C_0)}=\sqrt{(5+j200\pi)(0.01+j0.3\pi)}$$
$$=(0.2259+j24.3347)(m^{-1})$$

当 $R_0=G_0=0$ 时

$$Z_0=\sqrt{\frac{L_0}{C_0}}=\sqrt{\frac{0.2\times10^{-6}}{300\times10^{-12}}}=25.8(\Omega)$$

$$\gamma=j\omega\sqrt{L_0C_0}=j2\pi\times5\times10^8\sqrt{0.2\times10^{-6}\times300\times10^{-12}}=24.3(m^{-1})$$

2-3 根据题 2-2 的参数，并假设传输线无耗，即 $R_0=G_0=0$，写出时域和频域传输线方程并求解。

解：

电报方程为

$$\begin{cases}\frac{\partial u(z,t)}{\partial z}=-R_0i(z,t)-L_0\frac{\partial i(z,t)}{\partial t}\\\frac{\partial i(z,t)}{\partial z}=-G_0u(z,t)-C_0\frac{\partial u(z,t)}{\partial t}\end{cases}$$

当 $R_0=G_0=0$ 时，$Z_0=25.8(\Omega)$，$\gamma=j24.3(m^{-1})$。

时域方程为
$$\begin{cases}\frac{\partial u(z,t)}{\partial z}=-L_0\frac{\partial i(z,t)}{\partial t}\\\frac{\partial i(z,t)}{\partial z}=-C_0\frac{\partial u(z,t)}{\partial t}\end{cases}$$

$$\text{频域方程为}\begin{cases}\dfrac{\mathrm{d}\dot{U}(z)}{\mathrm{d}z}=-\mathrm{j}\omega L_0\,\dot{I}(z)\\[4mm]\dfrac{\mathrm{d}\dot{I}}{\mathrm{d}z}=-\mathrm{j}\omega C_0\,\dot{U}(z)\end{cases},$$

$$\text{通解为}\begin{cases}\dot{U}(z)=A_1\mathrm{e}^{-\gamma z}+A_2\mathrm{e}^{\gamma z}=A_1\mathrm{e}^{-\mathrm{j}24.3z}+A_2\mathrm{e}^{\mathrm{j}24.3z}\\[4mm]\dot{I}(z)=\dfrac{1}{Z_0}(A_1\mathrm{e}^{-\gamma z}-A_2\mathrm{e}^{\gamma z})=\dfrac{1}{25.8}(A_1\mathrm{e}^{-\mathrm{j}24.3z}-A_2\mathrm{e}^{\mathrm{j}24.3z})\end{cases}。$$

$(A_1,A_2$ 决定于传输线始端和终端的端口条件)

2-4 证明如图 2.16 所示传输线的 T 型模型同样满足传输线方程

$$\begin{cases}\dfrac{\partial u(z,t)}{\partial z}=-R_0 i(z,t)-L_0\dfrac{\partial i(z,t)}{\partial t}\\[4mm]\dfrac{\partial i(z,t)}{\partial z}=-G_0 u(z,t)-C_0\dfrac{\partial u(z,t)}{\partial t}\end{cases}$$

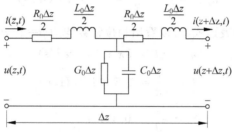

图 2.16 题 2-4 图

证明：

应用基尔霍夫定律得

$$\begin{cases}u\left(z+\dfrac{1}{2}\mathrm{d}z,t\right)-u(z,t)=-\dfrac{R_0}{2}\mathrm{d}z i(z,t)-\dfrac{L_0}{2}\mathrm{d}z\dfrac{\partial i(z,t)}{\partial t}\\[4mm]i(z+\mathrm{d}z,t)-i(z,t)=-G_0\mathrm{d}z u\left(z+\dfrac{1}{2}\mathrm{d}z,t\right)-C_0\mathrm{d}z\dfrac{\partial u\left(z+\dfrac{1}{2}\mathrm{d}z,t\right)}{\partial t}\end{cases}\quad(1)$$

$$\text{应用泰勒公式为}\begin{cases}i(z+\Delta z,t)=i(z,t)+\dfrac{\partial i(z,t)}{\partial z}\cdot\Delta z+\cdots\\[4mm]u\left(z+\dfrac{1}{2}\Delta z,t\right)=u(z,t)+\dfrac{\partial u(z,t)}{\partial z}\cdot\dfrac{\Delta z}{2}+\cdots\\[4mm]\dfrac{\partial u\left(z+\dfrac{1}{2}\Delta z,t\right)}{\partial t}=\dfrac{\partial u(z,t)}{\partial t}+\dfrac{\partial^2 u(z,t)}{\partial z\partial t}\cdot\dfrac{\Delta z}{2}+\cdots\end{cases}$$

将以上三式代入方程组(1),略去 Δz 的二阶及其以上的高阶小量后化简得

$$\begin{cases}\dfrac{\partial u(z,t)}{\partial z}=-R_0\cdot i(z,t)-L_0\cdot\dfrac{\partial i(z,t)}{\partial t}\\[4mm]\dfrac{\partial i(z,t)}{\partial z}=-G_0\cdot u(z,t)-C_0\cdot\dfrac{\partial u(z,t)}{\partial t}\end{cases}$$

即得题目所给的传输线方程。

2-5 已知均匀无耗同轴线内、外导体间填充介质电磁参数为：$\mu_r=1$，$\varepsilon_r=4$。其上电压复振幅表达式为

ⓐ $\dot{U}(z)=10\mathrm{e}^{\mathrm{j}20\pi z}(\mathrm{mV})$

ⓑ $\dot{U}(z)=10\mathrm{j}\cos(20\pi z)\ (\mathrm{mV})$

ⓒ $\dot{U}(z)=10\mathrm{e}^{\mathrm{j}20\pi z}+10\mathrm{j}\sin(20\pi z)\ (\mathrm{mV})$

问题：

(1) 写出每种情况下电压的瞬时值表达式；

(2) 假设 z 轴方向从负载指向波源，求每种情况下的入射波幅度和反射波幅度；

(3) 计算每种情况下的相位常数、相波长、相速、频率。

解： 根据题意，可以计算出沿线传播相速度为

$$v_\mathrm{p}=\frac{c}{\sqrt{\varepsilon_\mathrm{r}}}=\frac{c}{2}=1.5\times10^8\,(\mathrm{m/s})$$

对各题，根据复振幅表达式，可以看出相位常数均为 $\beta=20\pi\,(\mathrm{rad/m})$，从而可知

$$\omega=v_\mathrm{p}\beta=3\pi\times10^9\,(\mathrm{rad/s})$$

$$f=\frac{\omega}{2\pi}=1.5\times10^9\,(\mathrm{Hz})$$

$$\lambda_\mathrm{p}=\frac{2\pi}{\beta}=0.1\,(\mathrm{m})$$

(1) 对ⓐ式，$u(z,t)=\mathrm{Re}[\dot{U}(z)\mathrm{e}^{\mathrm{j}\omega t}]=10\cos(3\pi\times10^9 t+20\pi z)(\mathrm{mV})$，

对ⓑ式，$u(z,t)=\mathrm{Re}[\dot{U}(z)\mathrm{e}^{\mathrm{j}\omega t}]=10\cos20\pi z\cos\left(3\pi\times10^9 t+\dfrac{\pi}{2}\right)(\mathrm{mV})$，

对ⓒ式，$u(z,t)=\mathrm{Re}[\dot{U}(z)\mathrm{e}^{\mathrm{j}\omega t}]=10\cos(3\pi\times10^9 t+20\pi z)+10\sin(20\pi z)\cos\left(3\pi\times10^9 t+\dfrac{\pi}{2}\right)(\mathrm{mV})$。

(2) 根据题意，可知沿 $-z$ 方向传播波为入射波，沿 $+z$ 方向传播波为反射波，根据复振幅表达式，有

对ⓐ式，入射波幅度为 $10\,(\mathrm{mV})$，反射波幅度为 $0\,(\mathrm{mV})$；

对ⓑ式，将复振幅表达式分解，$\dot{U}(z)=5\mathrm{e}^{\mathrm{j}\left(20\pi z+\frac{\pi}{2}\right)}+5\mathrm{e}^{\mathrm{j}\left(-20\pi z+\frac{\pi}{2}\right)}$，则 $\dot{U}_\mathrm{i}(z)=5\mathrm{e}^{\mathrm{j}\left(20\pi z+\frac{\pi}{2}\right)}$，$\dot{U}_\mathrm{r}(z)=5\mathrm{e}^{\mathrm{j}\left(-20\pi z+\frac{\pi}{2}\right)}$，可知入射波幅度为 $|\dot{U}_\mathrm{i}|=5\,(\mathrm{mV})$，反射波幅度为 $|\dot{U}_\mathrm{r}|=5\,(\mathrm{mV})$；

对ⓒ式，将复振幅表达式分解，$\dot{U}(z)=15\mathrm{e}^{\mathrm{j}20\pi z}-5\mathrm{e}^{-\mathrm{j}20\pi z}$，则 $\dot{U}_\mathrm{i}(z)=15\mathrm{e}^{\mathrm{j}20\pi z}$，$\dot{U}_\mathrm{r}(z)=-5\mathrm{e}^{-\mathrm{j}20\pi z}$，可知入射波幅度为 $|\dot{U}_\mathrm{i}|=15\,(\mathrm{mV})$，反射波幅度为 $|\dot{U}_\mathrm{r}|=5\,(\mathrm{mV})$。

(3) 前面已经求出题目要求各量，对ⓐ、ⓑ、ⓒ各表达式均适用。这些传播特性参量均是对合成波中的每一列行波（入射波或反射波）而言的。

2-6 如图 2.17 所示的同轴线内的 TEM 行波场可以表示为

$$\dot{\vec{E}} = \frac{\dot{U}_0 \, \hat{i}_r}{r \ln b/a} \mathrm{e}^{-\gamma z}$$

$$\dot{\vec{H}} = \frac{\dot{I}_0 \, \hat{i}_\varphi}{2\pi r} \mathrm{e}^{-\gamma z}$$

式中,γ 是该传输线的传播常数。假设导体具有表面电阻 R_s,两导体间填充的材料具有复介电常数 $\varepsilon = \varepsilon' - j\varepsilon''$ 和实磁导率 μ。求传输线分布参量 L_0, C_0, R_0, G_0。

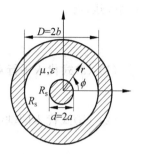

图 2.17 题 2-6 图

解:

$$L_0 = \frac{\mu}{|\dot{I}_0|^2} \int_S \dot{\vec{H}} \cdot \dot{\vec{H}}^* \, \mathrm{d}S = \frac{\mu}{(2\pi)^2} \int_0^{2\pi} \int_a^b \frac{1}{r^2} r \mathrm{d}r \mathrm{d}\varphi = \frac{\mu}{2\pi} \ln b/a \; (\mathrm{H/m})$$

$$C_0 = \frac{\varepsilon}{|\dot{U}_0|^2} \int_S \dot{\vec{E}} \cdot \dot{\vec{E}}^* \, \mathrm{d}S = \frac{\varepsilon'}{(\ln b/a)^2} \int_0^{2\pi} \int_a^b \frac{1}{r^2} r \mathrm{d}r \mathrm{d}\varphi = \frac{2\pi\varepsilon'}{\ln b/a} \; (\mathrm{F/m})$$

$$R_0 = \frac{R_s}{(|\dot{I}_0|)^2} \int_{C_1+C_2} \dot{\vec{H}} \cdot \dot{\vec{H}}^* \, \mathrm{d}l = \frac{R_s}{(2\pi)^2} \left\{ \int_0^{2\pi} \frac{1}{a^2} a \mathrm{d}\varphi + \int_0^{2\pi} \frac{1}{b^2} b \mathrm{d}\varphi \right\} = \frac{R_s}{2\pi} \left(\frac{1}{a} + \frac{1}{b} \right) \; (\Omega/\mathrm{m})$$

$$G_0 = \frac{\omega\varepsilon''}{|\dot{U}_0|^2} \int_S \dot{\vec{E}} \cdot \dot{\vec{E}}^* \, \mathrm{d}S = \frac{\omega\varepsilon''}{(\ln b/a)^2} \int_0^{2\pi} \int_a^b \frac{1}{r^2} r \mathrm{d}r \mathrm{d}\varphi = \frac{2\pi\omega\varepsilon''}{\ln b/a} \; (\mathrm{S/m})$$

2-7 一根均匀无耗同轴线长为 10m,已知其内外导体间的分布电容为 60pF/m。若电缆的一端短路,另一端接一个脉冲发生器和测量装置,测得一个脉冲信号来回一次需要 0.2μs,求该同轴线的特性阻抗 Z_0。

解:根据题意,相速度和群速度相等,为

$$v = \frac{2l}{\Delta t} = 1 \times 10^8 \; (\mathrm{m/s})$$

分布电容为

$$C_0 = 6 \times 10^{-11} \; (\mathrm{F/m})$$

则有

$$Z_0 = \frac{1}{v C_0} = 166.6 \; (\Omega)$$

2-8 有一均匀无耗双导体类型传输线,导体周围填充相对介电常数为 $\varepsilon_r = 2.25$、相对磁导率 $\mu_r = 1$ 的聚乙烯材料,则:(1)如果传输线为平行双导线,特性阻抗 $Z_0 = 300\Omega$,单根导线的半径 $r = 0.6$mm,求双导线的线间距 D 应为多少?(2)如果传输线为同轴线,特性阻抗 $Z_0 = 75\Omega$,其内导体外半径 $a = 0.6$mm,求外导体半径 b 应为多少?

解:根据特性阻抗计算式,对平行双导线,有

$$Z_0 = \frac{120}{\sqrt{\varepsilon_r}} \ln \frac{D}{r} \tag{a}$$

对同轴线,有

$$Z_0 = \frac{60}{\sqrt{\varepsilon_r}} \ln \frac{b}{a} \qquad\qquad (b)$$

(1)(a)式代入平行双线已知参数,解得

$$D = r e^{\frac{Z_0 \sqrt{\varepsilon_r}}{120}} = 25.5 (\text{mm})$$

(2)(b)式代入同轴线已知参数,解得

$$b = r e^{\frac{Z_0 \sqrt{\varepsilon_r}}{60}} = 3.91 (\text{mm})$$

2-9 已知无耗平行双导线周围填充介质为空气,特性阻抗为 50Ω,z 轴都是从负载指向波源,沿线电压瞬时值表达式为

ⓐ $u(z,t) = 100\cos(6\pi \times 10^8 t + 2\pi z)$ (mV);

ⓑ $u(z,t) = 100\cos(2\pi z)\cos(6\pi \times 10^8 t)$ (mV)。

对应以上二式,要求:

(1)计算终端接负载阻抗 Z_L 的大小,并计算终端电压和电流入射波复振幅 $\dot{U}_{i2}$ 和 $\dot{I}_{i2}$、终端电压和电流反射波复振幅 $\dot{U}_{r2}$ 和 $\dot{I}_{r2}$、终端总电压和总电流复振幅 $\dot{U}_2$ 和 $\dot{I}_2$。

(2)根据表达式计算信号周期 T,沿线相波长 λ_p。

(3)画出 $t_1 = 0, t_2 = \frac{1}{4}T, t_3 = \frac{T}{2}, t_4 = \frac{3T}{4}, t_5 = T$ 时刻的沿线瞬时电压波形示意图。

(4)画出 $t_1 = 0, t_2 = \frac{1}{4}T, t_3 = \frac{T}{2}, t_4 = \frac{3T}{4}, t_5 = T$ 时刻的沿线瞬时电流波形示意图。

(5)画出从负载处到距离负载两个相波长内(即 $0 \sim 2\lambda_p$)的电压幅度、电压初相分布示意图。

(6)画出从负载处到距离负载两个相波长内(即 $0 \sim 2\lambda_p$)的电流幅度、电流初相分布示意图。

(7)画出从负载处到距离负载两个相波长内(即 $0 \sim 2\lambda_p$)的输入阻抗分布示意图。

(说明:以上示意图也可通过计算机编程完成,需在图中标注关键参量)

解:首先求解ⓐ式

(1)电压瞬时表达式对应复振幅为 $\dot{U}(z) = 100 e^{j2\pi z}$ (mV),

只有入射波,电流复振幅为 $\dot{I}(z) = \dot{I}_i(z) = \dfrac{\dot{U}_i(z)}{Z_0} = 2 e^{j2\pi z}$ (mA),

此时传输线终端匹配,即 $Z_L = \dfrac{\dot{U}(0)}{\dot{I}(0)} = Z_0 = 50 (\Omega)$,

终端电压为 $\dot{U}_2 = \dot{U}(0) = 100$ (mV),

终端电流为 $\dot{I}_2 = \dot{I}(0) = 2$ (mA),

入射波电压 $\dot{U}_{i2} = \dot{U}_2 = 100$ (mV),入射波电流 $\dot{I}_{i2} = \dot{I}_2 = 2$ (mA),

反射波电压 $\dot{U}_{r2} = 0$ (mV),反射波电流 $\dot{I}_{r2} = 0$ (mA)。

(2) 根据题意,角频率 $\omega = 6\pi \times 10^8 (\text{rad/s})$,相位常数 $\beta = 2\pi (\text{rad/m})$,

故周期 $T = \dfrac{2\pi}{\omega} = 0.33 \times 10^{-8}(\text{s})$,相波长 $\lambda_{\text{p}} = \dfrac{2\pi}{\beta} = 1(\text{m})$。

(3) $t_1 = 0$　$u(z, t_1) = 100\cos(2\pi z)(\text{mV})$,

$t_2 = \dfrac{1}{4}T$　$u(z, t_2) = 100\cos\left(\dfrac{\pi}{2} + 2\pi z\right)(\text{mV})$,

$t_3 = \dfrac{1}{2}T$　$u(z, t_3) = 100\cos(\pi + 2\pi z)(\text{mV})$,

$t_4 = \dfrac{3}{4}T$　$u(z, t_4) = 100\cos\left(\dfrac{3}{2}\pi + 2\pi z\right)(\text{mV})$,

$t_5 = T$ 与 $t_1 = 0$ 时波形完全相同,如图 2.18 所示。

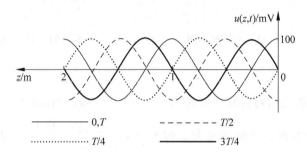

图 2.18　题 2-9ⓐ式第(3)问电压波形图

(4) $t_1 = 0$　$i(z, t_1) = 2\cos(2\pi z)(\text{mA})$,

$t_2 = \dfrac{1}{4}T$　$i(z, t_2) = 2\cos\left(\dfrac{\pi}{2} + 2\pi z\right)(\text{mA})$,

$t_3 = \dfrac{1}{2}T$　$i(z, t_3) = 2\cos(\pi + 2\pi z)(\text{mA})$,

$t_4 = \dfrac{3}{4}T$　$i(z, t_4) = 2\cos\left(\dfrac{3}{2}\pi + 2\pi z\right)(\text{mA})$,

$t_5 = T$ 与 $t_1 = 0$ 时波形完全相同,如图 2.19 所示。

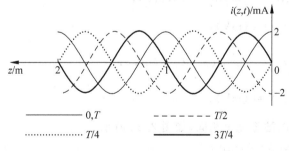

图 2.19　题 2-9ⓐ式第(4)问电流波形图

(5) 电压幅度 $A_{\text{u}} = 100(\text{mV})$,为一恒定值(图略)。

如果电压初相限于 $(-\pi, +\pi]$ 范围内,则沿线电压初相以波长为周期变化,如图 2.20

所示。

(6) 电流幅度 $A_i = 2(mA)$，为一恒定值(图略)。

电流初相分布与电压相同。

(7) 输入阻抗 $Z_{in} \equiv Z_L = 50(\Omega)$，如图 2.21 所示。

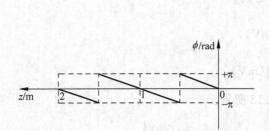

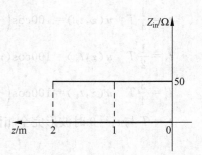

图 2.20　题 2-9ⓐ式第(5)问电压初相图　　　图 2.21　题 2-9ⓐ式第(7)问阻抗图

对ⓑ式，有

(1) 电压瞬时表达式对应复振幅为 $\dot{U}(z) = 100\cos(2\pi z) = 50e^{j2\pi z} + 50e^{-j2\pi z}(mV)$，

同时存在入射波和反射波，电流复振幅为 $\dot{I}(z) = \dfrac{\dot{U}_i(z)}{Z_0} - \dfrac{\dot{U}_r(z)}{Z_0} = 2j\sin 2\pi z(mA)$，

此时传输线终端开路，即 $Z_L = \dfrac{\dot{U}(0)}{\dot{I}(0)} = \infty(\Omega)$，

终端电压为 $\dot{U}_2 = \dot{U}(0) = 100(mV)$，

终端电流为 $\dot{I}_2 = \dot{I}(0) = 0(mA)$，

入射波电压 $\dot{U}_{i2} = \dot{U}_i(0) = \dot{U}_2/2 = 50(mV)$，入射波电流 $\dot{I}_{i2} = \dot{I}_i(0) = \dot{U}_{i2}/Z_0 = 1(mA)$，反射波电压 $\dot{U}_{r2} = \dot{U}_{i2} = 50(mV)$，反射波电流 $\dot{I}_{r2} = -\dot{I}_{i2} = -1(mA)$。

(2) 计算过程和结论同ⓐ式。

(3) $t_1 = 0$　$u(z, t_1) = 100\cos(2\pi z)(mV)$，

$t_2 = \dfrac{1}{4}T$　$u(z, t_2) = 0(mV)$，

$t_3 = \dfrac{1}{2}T$　$u(z, t_3) = 100\cos(\pi + 2\pi z)(mV)$，

$t_4 = \dfrac{3}{4}T$　$u(z, t_4) = 0(mV)$，

$t_5 = T$ 与 $t_1 = 0$ 时波形完全相同，如图 2.22 所示。

(4) $t_1 = 0$　$i(z, t_1) = 0(mA)$，

$t_2 = \dfrac{1}{4}T$　$i(z, t_2) = -2\sin(2\pi z)(mA)$，

$t_3 = \dfrac{1}{2}T$　$i(z, t_3) = 0(mA)$，

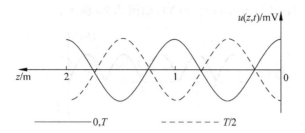

图 2.22　题 2-9ⓑ式第(3)问电压波形图

$$t_4 = \frac{3}{4}T \quad i(z, t_4) = 2\sin(2\pi z)(\text{mA}),$$

$t_5 = T$ 与 $t_1 = 0$ 时波形完全相同,如图 2.23 所示。

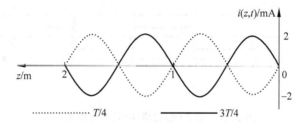

图 2.23　题 2-9ⓑ式第(4)问电流波形图

(5) 电压幅度 $A_u = 100|\cos(2\pi z)|(\text{mV})$,如图 2.24 所示。

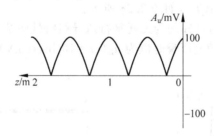

图 2.24　题 2-9ⓑ式第(5)问电压幅度图

如果电压初相限于 $(-\pi, +\pi]$ 范围内,则电压初相如图 2.25 所示。

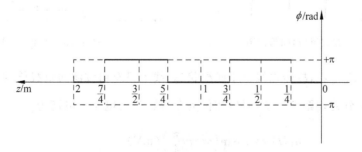

图 2.25　题 2-9ⓑ式第(5)问电压初相图

（6）电流幅度 $A_i = 2\,|\sin(2\pi z)|\,(\mathrm{mA})$，如图 2.26 所示。

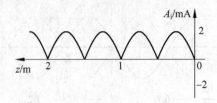

图 2.26　题 2-9ⓑ式第（6）问电流幅度图

如果电流初相限于 $(-\pi, +\pi]$ 内，则电流初相如图 2.27 所示。

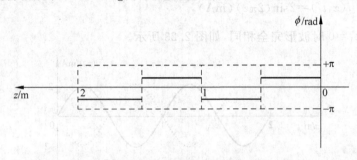

图 2.27　题 2-9ⓑ式第（6）问电流初相图

比较电压和电流的初相可知，在任一位置，电压和电流均有 $\dfrac{\pi}{2}$ 的相差。

（7）$Z_{\mathrm{in}}(z) = -\mathrm{j}Z_0 \mathrm{ctan}(\beta z)$，如图 2.28 所示。

2-10　如图 2.29 所示，已知均匀无耗平行双导线特性阻抗 $Z_0 = 100\,\Omega$，终端所接负载阻抗 $Z_L = Z_0$，又知负载处的电压瞬时值为 $u_L(t) = 10\sin\omega t\,(\mathrm{mV})$，试求：$S_1$、$S_2$、$S_3$ 处电压和电流的瞬时值。

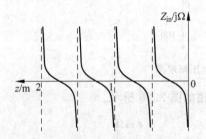

图 2.28　题 2-9ⓑ式第（7）问阻抗图

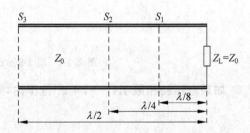

图 2.29　题 2-10 图

解：由于 $Z_L = Z_0$，故传输线处于匹配状态，线上只有由波源向负载传播的行波，相位线性滞后。S_1 到终端距离为 $\dfrac{\lambda}{8}$，对应相位为 $\dfrac{\pi}{4}$，故 S_1 处电压和电流为

$$u_1(t) = 10\sin\left(\omega t + \frac{\pi}{4}\right)(\mathrm{mV})$$

$$i_1(t) = \frac{u_1(t)}{Z_0} = 0.1\sin\left(\omega t + \frac{\pi}{4}\right)\,(\mathrm{mA})$$

S_2 到终端距离为 $\dfrac{\lambda}{4}$,对应相位为 $\dfrac{\pi}{2}$,故 S_2 处电压和电流为

$$u_2(t) = 10\sin\left(\omega t + \frac{\pi}{2}\right)(\text{mV})$$

$$i_2(t) = \frac{u_2(t)}{Z_0} = 0.1\sin\left(\omega t + \frac{\pi}{2}\right)(\text{mA})$$

S_3 到终端距离为 $\dfrac{\lambda}{2}$,对应相位为 π,故 S_3 处电压和电流为

$$u_3(t) = 10\sin(\omega t + \pi) = -10\sin(\omega t)\ (\text{mV})$$

$$i_3(t) = \frac{u_3(t)}{Z_0} = 0.1\sin(\omega t + \pi) = -0.1\sin(\omega t)\ (\text{mA})$$

2-11 已知无耗均匀传输线长 $l = 3.25\text{m}$,特性阻抗 $Z_0 = 50\Omega$,输入端加电动势 $e(t) = 500\sin\omega t(\text{mV})$,电源内阻抗 $Z_g = Z_0$,工作频率为 $f = 300\text{MHz}$。试求:(1) 负载阻抗 $Z_L \to \infty$ 时;(2) $Z_L = 80\Omega$ 时,输出端口上的瞬时电压 $u_L(t)$ 瞬时电流 $i_L(t)$。

解:将电源电动势瞬时值 $e(t) = 500\sin\omega t(\text{mV})$ 表示成复数形式为

$$\dot{E}_g = 500\text{e}^{-\text{j}\frac{\pi}{2}}(\text{mV})$$

将坐标轴原点选在终端负载处,z 轴方向从负载指向波源。满足条件 $Z_g = Z_0$ 时,稳定状态下,线上任意处的电压入射波复振幅可以表示为

$$\dot{U}_i(z) = \frac{\dot{E}_g}{2} \cdot \text{e}^{-\text{j}\beta l} \cdot \text{e}^{\text{j}\beta z}$$

$$\beta l = \frac{2\pi}{\lambda} l = \frac{13\pi}{2}\ (\text{rad})$$

(1) 负载阻抗 $Z_L \to \infty$ 时,终端反射系数为 1,终端总电压和总电流为

$$\dot{U}_2 = 2\dot{U}_i(0) = -500(\text{mV}), \quad \dot{I}_2 = \frac{\dot{U}_2(0)}{Z_L} = 0(\text{mA})$$

$$u_L(t) = \text{Re}(\dot{U}_2\text{e}^{\text{j}\omega t}) = -500\cos\omega t(\text{mV})$$

$$i_L(t) = \text{Re}(\dot{I}_2\text{e}^{\text{j}\omega t}) = 0(\text{mA})$$

(2) 负载阻抗 $Z_L = 80\Omega$ 时,线上同时存在入射波和反射波,终端负载处总电压复振幅为

$$\dot{U}_2 = \dot{U}_i(0) + \Gamma_2\dot{U}_i(0)$$

反射系数为 $\Gamma_2 = \dfrac{Z_L - Z_0}{Z_L + Z_0} = \dfrac{3}{13}$,从而有

$$\dot{U}_2 = -\frac{4000}{13}\ (\text{mV}), \quad \dot{I}_2 = \frac{\dot{U}_2}{Z_L} = -\frac{50}{13}\ (\text{mA})$$

$$u_L(t) = \text{Re}(\dot{U}_2\text{e}^{\text{j}\omega t}) = -\frac{4000}{13}\cos\omega t\ (\text{mV})$$

$$i_L(t) = \text{Re}(\dot{I}_2\text{e}^{\text{j}\omega t}) = -\frac{50}{13}\cos\omega t\ (\text{mA})$$

2-12   一微波无耗均匀传输线,特性阻抗为 Z_0,线长为 $\lambda/8$,λ 为沿线相波长,分别将其终端短路或开路,问此时传输线始端输入阻抗 Z_{in} 是否分别为 $Z_{in}=0$ 或 $Z_{in}=\infty$? 为什么?

解:无损耗传输线的始端输入阻抗表达式为

$$Z_{in} = Z_0 \frac{Z_L + jZ_0 \tan\beta l}{Z_0 + jZ_L \tan\beta l}$$

当 $l=\dfrac{\lambda}{8}$,$Z_L=0$ 时,有

$$Z_{in} = jZ_0 \tan\beta l = +jZ_0 \tan\left(\frac{2\pi}{\lambda} \cdot \frac{\lambda}{8}\right) = jZ_0 \tan\frac{\pi}{4} = jZ_0$$

当 $l=\dfrac{\lambda}{8}$,$Z_L=\infty$ 时,有

$$Z_{in} = -jZ_0 c\tan\beta l = -jZ_0 c\tan\left(\frac{2\pi}{\lambda} \cdot \frac{\lambda}{8}\right) = -jZ_0$$

所以 $Z_{in}\neq 0$、$Z_{in}\neq\infty$。

2-13   一特性阻抗为 50Ω 的均匀无耗传输线,终端接负载 $R_L=100\Omega$,求:(1)终端反射系数 Γ_2;(2)设 λ 为沿线相波长,则在离负载 0.2λ,0.25λ 和 0.5λ 处的反射系数和输入阻抗分别是多少?

解:终端电压反射系数为

$$\Gamma_2 = \frac{Z_L - Z_0}{Z_L + Z_0} = \frac{1}{3}$$

根据传输线上任意一点的反射系数和输入阻抗公式

$$\Gamma(z) = \Gamma_2 e^{-j2\beta z}, \quad Z_{in}(z) = Z_0 \frac{1+\Gamma(z)}{1-\Gamma(z)}$$

可得在离负载 0.2λ、0.25λ、0.5λ 处反射系数和输入阻抗分别为

$$\Gamma(0.2\lambda) = \frac{1}{3}e^{-j0.8\pi}, \quad \Gamma(0.25\lambda) = \frac{1}{3}e^{-j\pi} = -\frac{1}{3}, \quad \Gamma(0.5\lambda) = \frac{1}{3}e^{-j2\pi} = \frac{1}{3}$$

$$Z_{in}(0.2\lambda) = (29.43\angle -23.79°)(\Omega), \quad Z_{in}(0.25\lambda) = 25(\Omega), \quad Z_{in}(0.5\lambda) = 100(\Omega)$$

2-14   用一均匀无耗传输线传输频率为 3GHz 的信号,已知传输线特性阻抗 $Z_0=100\Omega$,终端接 $Z_L=(75+j100)(\Omega)$ 的负载,试求:(1)传输线的驻波比;(2)离终端 10cm 处的反射系数;(3)离终端 2.5cm 处的输入阻抗。

解:(1)终端电压反射系数为

$$\Gamma_2 = \frac{Z_L - Z_0}{Z_L + Z_0} = \frac{75 + j100 - 100}{75 + j100 + 100} = 0.51\angle 74.3°$$

因此,驻波比为

$$\rho = \frac{1+|\Gamma|}{1-|\Gamma|} = 3.09$$

(2)已知信号源频率为 3GHz,在传输线周围为空气时,沿线相波长为

$$\lambda = \frac{c}{f} = \frac{3 \times 10^8}{3 \times 10^9} = 0.1(\text{m})$$

所以,离终端 10cm 处恰好等于离终端一个相波长,根据 $\lambda/2$ 重复性,有

$$\Gamma(10\text{cm}) = \Gamma_2 = 0.5\angle 74.3°$$

(3) 由于 $2.5\text{cm} = \lambda/4$,根据传输线阻抗 $\lambda/4$ 变换性,有

$$Z_{\text{in}}\left(\frac{\lambda}{4}\right) = \frac{Z_0^2}{Z_L} = \frac{100 \times 100}{75 + j100} = (48 - j64)(\Omega)$$

2-15 一特性阻抗为 300Ω 的无耗均匀传输线,终端接一未知负载,测得沿线电压幅度最大值为 100mV,最小值为 50mV,离负载 0.05λ(λ 为沿线相波长)处为第一个波腹点,求:

(1) 传输线驻波比 ρ 和行波系数 K;

(2) 负载端的反射系数;

(3) 负载阻抗 Z_L;

(4) 在电压幅度最小点(电压波节点)和电压幅度最大点(电压波腹点)处的输入阻抗。

解:(1) 根据驻波比 ρ 和行波系数 K 的定义,有

$$\rho = \frac{|\dot{U}|_{\max}}{|\dot{U}|_{\min}} = \frac{100}{50} = 2, \quad K = \frac{1}{\rho} = 0.5$$

(2) 反射系数的模为

$$|\Gamma| = \frac{\rho - 1}{\rho + 1} = \frac{2 - 1}{2 + 1} = \frac{1}{3}$$

第一个波腹点反射系数相角为 $\phi = 0$,所以终端电压反射系数相角为

$$\phi_L = \phi + 2\beta l = 0 + 2 \times \frac{2\pi}{\lambda} \times 0.05\lambda = 0.2\pi$$

可得终端电压反射系数为

$$\Gamma_L = |\Gamma| e^{j\phi_L} = \frac{1}{3} e^{j0.2\pi}$$

(3) 负载阻抗为

$$Z_L = Z_0 \frac{1 + \Gamma_L}{1 - \Gamma_L} = 300 \frac{1 + \frac{1}{3} e^{j0.2\pi}}{1 - \frac{1}{3} e^{j0.2\pi}} = 509.57\angle 24.27°(\Omega)$$

(4) 电压幅度最小点为电压波节点,输入阻抗为一小于特性阻抗的纯电阻,为

$$Z_{\text{in}}\big|_{\text{波节}} = \frac{Z_0}{\rho} = 150(\Omega)$$

电压幅度最大点为电压波腹点,输入阻抗为一大于特性阻抗的纯电阻,为

$$Z_{\text{in}}\big|_{\text{波腹}} = \rho Z_0 = 600(\Omega)$$

2-16 长度为 8mm 的传输线终端短路,已知其特性阻抗 $Z_0 = 400\Omega$,当工作频率为 6GHz 和 10GHz 时,始端呈何特性?反之,若要求始端输入阻抗为 $Z_{\text{in}} = j200\Omega$,则以上两

种工作频率下的最短传输线长应为多少?(设沿传输线相波长等于自由空间波长)

解:(1) $f = 6\text{GHz}$ 时,沿传输线相波长 λ_1 为

$$\lambda_1 = \frac{c}{f} = \frac{3 \times 10^8}{6 \times 10^9}(\text{m}) = 0.05(\text{m}) = 5(\text{cm})$$

传输线终端短路时,始端输入阻抗为

$$Z_{\text{in}} = jZ_0 \tan\frac{2\pi z}{\lambda_1} = j630(\Omega)$$

故此时始端阻抗呈感性。

$f_2 = 10\text{GHz}$ 时,沿传输线相波长 λ_2 为

$$\lambda_2 = \frac{3 \times 10^8}{10000 \times 10^6}(\text{m}) = 0.03(\text{m}) = 3(\text{cm})$$

传输线终端短路时,始端输入阻抗为

$$Z_{\text{in2}} = jZ_0 \tan\frac{2\pi z}{\lambda_2} = -j3805(\Omega)$$

故此时始端阻抗呈容性。

(2) 若要求 $Z_{\text{in}} = j200\Omega$,由 $Z_{\text{in}} = jZ_0 \tan\frac{2\pi l}{\lambda}$ 可得

$$l = \arctan\left(\frac{Z_{\text{in}}}{jZ_0}\right)\frac{\lambda}{2\pi} = \arctan\left(\frac{Z_{\text{in}}}{jZ_0}\right)\frac{c}{2\pi f}$$

当 $f_1 = 6\text{GHz}$ 时,有

$$l_1 = \arctan\left(\frac{j200}{j400}\right) \cdot \frac{5}{2 \times 3.14} = 0.369(\text{cm})$$

当 $f_2 = 10\text{GHz}$ 时,有

$$l_2 = \arctan\left(\frac{j200}{j400}\right) \cdot \frac{3}{2 \times 3.14} = 0.221(\text{cm})$$

2-17 一根长度为 0.67m 的空气填充的均匀无耗传输线,$Z_0 = 50\Omega$,工作频率为 600MHz,终端负载 $Z_L = (40 + j30)(\Omega)$,求其始端输入阻抗。

解:根据题意,沿传输线相波长为

$$\lambda = \frac{c}{f} = 0.5(\text{m})$$

由输入阻抗公式

$$Z_{\text{in}} = Z_0 \frac{Z_L + jZ_0 \tan\frac{2\pi l}{\lambda}}{Z_0 + jZ_L \tan\frac{2\pi l}{\lambda}}$$

代入各数值可得

$$Z_{\text{in}} = (25.9253 - j8.2788)(\Omega)$$

2-18 试证明均匀无耗传输线的终端负载阻抗可以表示为 $Z_L = Z_0 \dfrac{\left(\dfrac{1}{\rho}\right) - j\tan\beta l_{\text{min}}}{1 - j\left(\dfrac{1}{\rho}\right)\tan\beta l_{\text{min}}}$,

其中, l_{min} 为靠近终端第一个电压波节点到终端的距离, ρ 为驻波比。

证明:已知长为 l 的传输线的始端输入阻抗为

$$Z_{in} = Z_0 \frac{Z_L + jZ_0 \tan \frac{2\pi l}{\lambda}}{Z_0 + jZ_L \tan \frac{2\pi l}{\lambda}}$$

则电压波节的阻抗值为

$$Z_{in}(l_{min}) = \frac{1}{\rho} Z_0 = Z_0 \frac{Z_L + jZ_0 \tan \frac{2\pi l_{min}}{\lambda}}{Z_0 + jZ_L \tan \frac{2\pi l_{min}}{\lambda}}$$

解得

$$Z_L = Z_0 \frac{(1/\rho) - j\tan\beta l_{min}}{1 - j(1/\rho)\tan\beta l_{min}}$$

2-19 如图 2.30 所示传输线电路,证明当电源内阻抗和传输线特性阻抗相等,即 $Z_g = Z_0$ 时,不管负载阻抗 Z_L 为何值,传输线有多长,入射波电压复振幅 $|\dot{U}_i| = \frac{|\dot{E}_g|}{2}$ 恒成立。

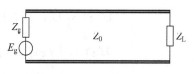

图 2.30 题 2-19 图

证明:设 $\dot{U}_{i1}$、$\dot{I}_{i1}$ 为传输线始端入射波电压、电流,则该处总电压、电流可以表示为

$$\dot{U}_1 = \dot{U}_{i1}(1 + \Gamma_2 e^{-j2\beta l}) \tag{1}$$

$$\dot{I}_1 = \frac{\dot{U}_{i1}}{Z_0}(1 - \Gamma_2 e^{-j2\beta l}) \tag{2}$$

又根据闭合电路欧姆定律,有

$$\dot{U}_1 = \dot{E}_g - Z_g \dot{I}_1 \tag{3}$$

已知

$$Z_g = Z_0 \tag{4}$$

将(1)、(2)、(4)式代入(3)式,则有

$$\dot{U}_{i1} = \frac{\dot{E}_g}{2} \tag{5}$$

取模得

$$|\dot{U}_{i1}| = \frac{|\dot{E}_g|}{2}$$

因为传输线无耗,则传输线上任意位置的入射波幅度为

$$|\dot{U}_i| = |\dot{U}_{i1}| = \frac{|\dot{E}_g|}{2}$$

2-20 一根无耗均匀传输线的特性阻抗 $Z_0 = 50\Omega$,终端负载 $Z_L = (50 - j50)(\Omega)$,求:(1)终端反射系数 Γ_2;(2)传输线任意位置的反射系数 $\Gamma(z)$;(3)若终端入射电压波为

$\dot{U}_{i2}$,写出沿线电压、电流复振幅的表达式;(4) 靠近终端第一个电压波节、波腹点到终端的距离 $l_{\min}$、$l_{\max}$。

解:(1) 终端反射系数为

$$\Gamma_2 = \frac{Z_L - Z_0}{Z_L + Z_0} = \frac{(50 - j50) - 50}{(50 - j50) + 50} = 0.2 - j0.4 = 0.447e^{-j1.107}$$

(2) 线上任意位置反射系数为

$$\Gamma(z) = \Gamma_2 \cdot e^{-j2\beta z} = 0.447e^{-j(1.107 + 2\beta z)}$$

(3) 无耗线上任意位置入射波 $\dot{U}_i(z)$ 相位超前于终端入射波 $\dot{U}_{i2}$ 的大小为 βz,据此可写出沿线入射波电压、电流表示式。

$$\dot{U}_i(z) = \dot{U}_{i2} e^{j\beta z}, \quad \dot{I}_i(z) = \frac{\dot{U}_i(z)}{Z_0} = \frac{\dot{U}_{i2}}{50} e^{j\beta z}$$

总电压、电流可以表示为

$$\dot{U}(z) = \dot{U}_i(z)[1 + \Gamma(z)] = \dot{U}_{i2} e^{j\beta z}[1 + 0.447e^{-j(1.107 + 2\beta z)}]$$

$$\dot{I}(z) = \dot{I}_i(z)[1 - \Gamma(z)] = \frac{\dot{U}_{i2}}{50} e^{j\beta z}[1 - 0.447e^{-j(1.107 + 2\beta z)}]$$

(4) 靠近终端的一个电压波节点满足

$$2\beta l_{\min} + 1.107 = \pi$$

故

$$l_{\min} = \frac{\pi - 1.107}{2\beta} = 0.1619\lambda$$

负载呈容性,故靠近终端第一个电压波腹点距离为

$$l_{\max} = l_{\min} + 0.25\lambda = 0.4119\lambda$$

2-21 已知传输线特性阻抗为 300Ω,驻波比为 $\rho = 3$,$l_{\min} = 0.125\lambda$,利用阻抗圆图作示意图,求:(1) 终端电压反射系数 Γ_2;(2) 负载阻抗 Z_L。

解:(1) 如图 2.31 所示,在阻抗圆图上,根据 $\overline{R} = \rho = 3$ 对应的等电阻圆,确定其与正实轴(电压波腹线)的交点为 A,为电压波腹点。A 点与圆心 O 连线 OA 长度即为等反射圆半径,可确定等反射系数圆。等反射系数圆与负实轴(电压波节线)交点为 B,为电压波节点,对应电标度为

$$\overline{l}_B = 0$$

根据 $l_{\min} = 0.125\lambda$,可知

$$\overline{l}_{\min} = 0.125$$

由 B 点开始沿等反射系数圆逆时针旋转到点 C,对应电标度为

$$\overline{l}_C = 0.125$$

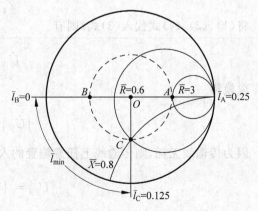

图 2.31 题 2-21 解答示意图

则点 C 即为终端负载位置,终端反射系数辐角为

$$\phi_2 = -\frac{\pi}{2}$$

由驻波比可以计算出终端反射系数模为

$$|\Gamma_2| = \frac{\rho-1}{\rho+1} = 0.5$$

故

$$\Gamma_2 = 0.5\mathrm{e}^{\mathrm{j}(-\pi/2)}$$

(2) 在阻抗圆图上读出过 C 点的归一化阻抗为

$$\overline{Z}_{\mathrm{L}} = 0.6 - \mathrm{j}0.8$$

故有

$$Z_{\mathrm{L}} = (180 - \mathrm{j}240)(\Omega)$$

2-22 设一特性阻抗为 50Ω 的均匀无耗传输线终端接负载 $R_{\mathrm{L}}=100\Omega$,利用阻抗圆图作示意图,求:(1)终端反射系数 Γ_2;(2)离负载 0.2λ、0.25λ 和 0.5λ 处的反射系数和输入阻抗(λ 为沿线相波长)。

解:(1)负载的归一化阻抗为

$$\overline{R}_{\mathrm{L}} = \frac{100}{50} = 2$$

如图 2.32 所示,在阻抗圆图上,找到负载位置为点 A,由 A 点可以确定等反射系数圆。沿线驻波比为

$$\rho = \overline{R}_{\mathrm{L}} = 2$$

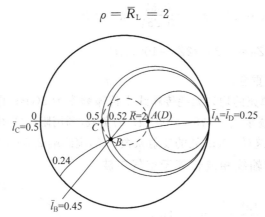

图 2.32 题 2-22 解答示意图

终端反射系数模为

$$|\Gamma_2| = \frac{\rho-1}{\rho+1} = \frac{1}{3}$$

终端反射系数辐角为

$$\phi_2 = 0$$

故终端反射系数为

$$\Gamma_2 = \frac{1}{3}$$

（2）到负载距离 $z = 0.2\lambda$ 时，归一化阻抗点应从 A 点沿等反射系数圆顺时针转动 0.2 电长度到 B 点，对应电标度为

$$\bar{l}_B = 0.45$$

对应角度为

$$\Phi_B = -\frac{0.2\lambda}{0.25\lambda} \cdot \pi = -0.8\pi$$

反射系数为

$$\Gamma_B = \frac{1}{3}e^{-j0.8\pi}$$

归一化阻抗为

$$\overline{Z}_B = 0.52 - j0.24$$

输入阻抗为

$$Z_B = Z_0(0.52 - j0.24) = (26 - j12)(\Omega)$$

同理，沿等反射系数圆顺时针转动 0.25、0.5 电长度，可得到离负载距离为 0.25λ、0.5λ 的归一化阻抗点 C、D，对应各参量如下。

C 点：$z = 0.25\lambda$，$\bar{l}_C = 0.5$，$\phi = -\frac{0.25\lambda}{0.25\lambda} \cdot \pi = -\pi$，

$\Gamma_C = \frac{1}{3}e^{-j\pi} = -\frac{1}{3}$，$\overline{Z}_C = 0.50$，$Z_C = 0.50Z_0 = 25(\Omega)$

D 点：$z = 0.5\lambda$，$\bar{l}_D = 0.25$，$\phi = -\frac{0.5\lambda}{0.25\lambda} \cdot \pi = -2\pi$，

$\Gamma_D = \frac{1}{3}e^{-j2\pi} = \frac{1}{3}$，$\overline{Z}_D = 2$，$Z_D = 2Z_0 = 100(\Omega)$

其中 D 点和 A 点重合。

2-23 在一空气填充的均匀无耗传输线中传输频率为 3GHz 的信号，已知传输线特性阻抗 $Z_0 = 100\Omega$，终端接 $Z_L = (75 + j100)(\Omega)$ 的负载，利用阻抗圆图作示意图，求：（1）传输线的驻波比；（2）离终端 10cm 处的反射系数；（3）离终端 2.5cm 处的输入阻抗。

解：根据题意，传输线相波长等于空气中波长，有

$$\lambda = \frac{c}{f} = \frac{3 \times 10^8}{3 \times 10^9}(m) = 0.1(m)$$

负载归一化阻抗为

$$\overline{Z}_L = \frac{Z_L}{Z_0} = 0.75 + j$$

（1）由图 2.33 所示，在阻抗圆图上，$\overline{Z}_L$ 可以确定负载位置 A，对应电标度为

$$\bar{l}_A = 0.146$$

由 A 点可以确定等反射系数圆。等反射系数圆与正实轴（电压波腹线）交点为 B，过 B 点等电阻圆

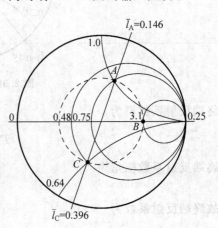

图 2.33　题 2-23 解答示意图

读数即为沿线驻波比,可读得

$$\rho = 3.1$$

（2）根据驻波比可以计算反射系数模为

$$|\Gamma_2| = \frac{\rho - 1}{\rho + 1} = 0.51$$

终端反射系数辐角为

$$\phi_2 = \frac{0.25\lambda - 0.146\lambda}{0.5\lambda} \cdot 2\pi = 0.416\pi$$

$10\text{cm} = \lambda$,故根据传输线参量的 $\frac{\lambda}{2}$ 重复性,离终端 10cm 处的反射系数和负载反射系数相同,即有

$$\Gamma(10\text{cm}) = \Gamma_2 = 0.51\text{e}^{\text{j}0.416\pi}$$

（3）$2.5\text{cm} = \frac{\lambda}{4}$,对应电长度为 0.25。$A$ 点沿等反射系数圆顺时针旋转 0.25 电长度,得到 C 点,对应电标度为

$$\overline{l}_C = 0.396$$

读出过 C 点的归一化阻抗为

$$\overline{Z}_C = 0.48 - \text{j}0.64$$

故 C 点的阻抗为

$$Z_C = 100(0.48 - \text{j}0.64)(\Omega) = (48 - \text{j}64)(\Omega)$$

2-24 利用阻抗圆图作示意图,求:长度为 8mm 的传输线终端短路,已知其特性阻抗 $Z_0 = 400\Omega$,当工作频率为 6GHz 和 10GHz 时,始端呈何特性? 若要求传输线始端提供输入阻抗为 $Z_{\text{in}} = \text{j}200\Omega$,则对应以上两种工作频率的最短传输线长应为多少?

解:假设传输线相波长和空气波长相等。当 $f = 6\text{GHz}$ 时,相波长为

$$\lambda = 5\text{(cm)}$$

传输线电长度为

$$\overline{l} = \frac{0.8}{5} = 0.16$$

如图 2.34 所示,在阻抗圆图中,A 为短路点,对应电标度为

$$\overline{l}_A = 0$$

从 A 点沿等反射系数圆(因为终端短路,等反射圆为纯电抗圆,即为单位圆)顺时针转 0.16 电长度,得到点 B,对应电标度为

$$\overline{l}_B = \overline{l}_A + 0.16 = 0.16$$

B 点即为传输线始端位置,位于阻抗圆图的上半平面,可知此时传输线始端呈感性。

当 $f = 10\text{GHz}$ 时,相波长为

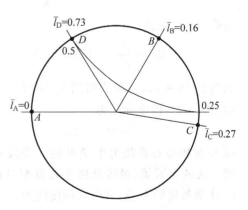

图 2.34 题 2-24 解答示意图

$$\lambda = 3 (\text{cm})$$

传输线电长度为

$$\overline{l} = \frac{0.8}{3} = 0.27$$

从 A 点沿单位圆顺时针转 0.27 电长度,得到点 C,对应电标度为

$$\overline{l}_C = \overline{l}_A + 0.27 = 0.27$$

C 点即为传输线始端位置,位于阻抗圆图的下半平面,可知此时传输线始端呈容性。

若要求 $Z_{in} = \text{j}200\Omega$,归一化阻抗为

$$\overline{Z} = \frac{\text{j}200}{400} = \text{j}0.5$$

由 $\overline{Z}$ 值在阻抗圆图上标出点 D,对应电标度为

$$\overline{l}_D = 0.073$$

传输线电长度应为

$$\overline{l} = \overline{l}_D - \overline{l}_A = 0.073$$

当 $f = 6\text{GHz}$ 时,对应传输线的几何长度应为

$$l = \overline{l}\lambda = 0.073 \times 5 = 0.365 (\text{cm})$$

$f = 10\text{GHz}$ 时,对应传输线的几何长度应为

$$l = \overline{l}\lambda = 0.073 \times 3 = 0.219 (\text{cm})$$

利用圆图进行计算时,存在一定由于读数不精确引起的计算误差。

2-25 一根长度为 0.67m 的空气填充的均匀无耗传输线,特性阻抗 $Z_0 = 50\Omega$,工作频率为 600MHz,终端负载 $Z_L = (40 + \text{j}30)(\Omega)$,利用阻抗圆图作示意图,求其始端输入阻抗。

解:根据题意,传输线相波长等于空气中的波长,有

$$\lambda = \frac{c}{f} = \frac{3 \times 10^8}{6 \times 10^8} (\text{m}) = 0.5 (\text{m})$$

长为 $l = 0.67\text{m}$ 的传输线对应的电长度为

$$\overline{l} = \frac{l}{\lambda} = 1.34 = 0.5 \times 2 + 0.34$$

负载归一化阻抗为

$$\overline{Z_L} = \frac{Z_L}{Z_0} = 0.8 + \text{j}0.6$$

如图 2.35 所示,在阻抗圆图上,根据 $\overline{Z_L}$ 可以确定点 A,对应的电标度为

$$\overline{l}_A = 0.125$$

以 A 点和圆心连线为半径可确定等反射系数圆。从 A 点开始,沿等反射系数圆顺时针旋转 0.34 电长度到 B 点,对应电标度应为

$$\overline{l}_B = 0.465$$

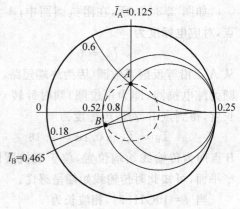

图 2.35 题 2-25 解答示意图

B 点即为传输线始端归一化输入阻抗的位置,读出该点归一化输入阻抗为

$$\overline{Z}_B = 0.52 - j0.18$$

传输线始端输入阻抗为

$$Z_{in} = \overline{Z}_B Z_0 = (0.52 - j0.18)Z_0 = (26 - j9)(\Omega)$$

2-26 一根无耗均匀传输线的特性阻抗 $Z_0 = 50\Omega$,终端负载 $Z_L = (50 - j50)(\Omega)$,利用阻抗圆图作示意图,求:(1)终端反射系数 Γ_2;(2)靠近终端的第一个电压波节、波腹点到终端的距离 l_{min}、l_{max}。

解:(1)归一化阻抗为

$$\overline{Z_L} = \frac{Z_L}{Z_0} = 1 - j1$$

如图 2.36 所示,可确定阻抗圆图上负载归一化阻抗的位置 A,对应的电标度为

$$\overline{l}_A = 0.338$$

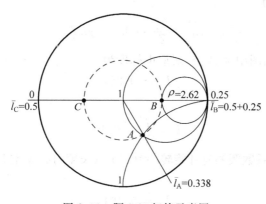

图 2.36 题 2-26 解答示意图

根据 A 点确定等反射系数圆,与正实轴交于点 B,为电压波腹点。读过 B 点的等电阻圆的归一化电阻值,即为沿线驻波比,可得

$$\rho = 2.62$$

终端反射系数模为

$$|\Gamma_2| = \frac{\rho - 1}{\rho + 1} = 0.45$$

终端反射系数辐角为

$$\phi_2 = \frac{0.25 - 0.338}{0.5} \cdot 2\pi = -0.352\pi$$

可得

$$\Gamma_2 = 0.45 e^{-j0.352\pi}$$

(2)等反射系数圆与负实轴交于点 C,为电压波节点。有

$$\overline{l}_{min} = \overline{l}_C - \overline{l}_A = 0.5 - 0.338 = 0.162, \quad l_{min} = \overline{l}_{min}\lambda = 0.162\lambda$$

$$\overline{l}_{max} = \overline{l}_B - \overline{l}_A = 0.5 + 0.25 - 0.338 = 0.412, \quad l_{max} = \overline{l}_{max}\lambda = 0.412\lambda$$

2-27 利用阻抗圆图作示意图,进行以下计算:

(1) 设负载阻抗 $Z_L = (20 - j40)(\Omega)$,特性阻抗 $Z_0 = 50\Omega$,传输电长度 $l/\lambda = 0.11$,求到终端距离为 l 处的输入阻抗 Z_{in}。

(2) 设传输线电长度 $l/\lambda = 0.31$,始端输入阻抗 $Z_{in} = (30 + j10)(\Omega)$,特性阻抗 $Z_0 = 50\Omega$,求负载阻抗 Z_L。

(3) 设负载阻抗 $Z_L = (0.4 + j0.8)Z_0$,求传输线上驻波比 ρ、靠近终端第一个电压波节点位置 l_{min}。

(4) 已知传输线电长度 $l/\lambda = 1.82$,线上 $|\dot{U}|_{max} = 50mV$,$|\dot{U}|_{min} = 13mV$,靠近负载第一个波腹点距负载 0.032λ,$Z_0 = 100\Omega$,求负载阻抗 Z_L、l 处的输入阻抗 Z_{in}。

(5) 已知负载阻抗 $Z_L = (100 - j600)(\Omega)$,特性阻抗 $Z_0 = 250\Omega$,求负载反射系数 Γ_L。

解:

(1) 归一化阻抗为

$$\overline{Z}_L = \frac{Z_L}{Z_0} = 0.4 - j0.8$$

参考图 2.37,在阻抗圆图中为 A 点,对应电标度为

$$\overline{l}_A = 0.384$$

传输线电长度为

$$\overline{l} = \frac{l}{\lambda} = 0.11$$

从 A 点开始沿等反射系数圆顺时针旋转 $\overline{l} = 0.11$ 电长度可得始端归一化输入阻抗点 B,对应电标度应为

$$\overline{l}_B = 0.494$$

读出 B 点的归一化阻抗值为

$$\overline{Z}_B = 0.23 - j0.03$$

传输线始端输入阻抗为

$$Z_{in} = (0.23 - j0.03)Z_0 = (11.5 - j1.5)(\Omega)$$

(2) 归一化输入阻抗为

$$\overline{Z}_{in} = \frac{Z_{in}}{Z_0} = 0.6 + j0.2$$

如图 2.38 所示,为阻抗圆图上点 A,对应电标度为

$$\overline{l}_A = 0.047$$

由 A 可确定等反射系数圆。传输线电长度为

$$\overline{l} = \frac{l}{\lambda} = 0.31$$

从 A 点沿等反射系数圆逆时针旋转 $\overline{l} = 0.31$ 可得点 B,对应电标度为

$$\overline{l}_B = 0.5 + (0.047 - 0.31) = 0.237$$

可读得 B 点归一化阻抗

$$\overline{Z}_B = 1.75 + j0.18$$

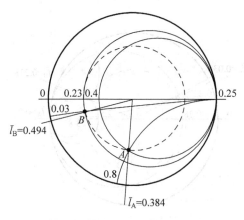

图 2.37　题 2-27(1)解答示意图

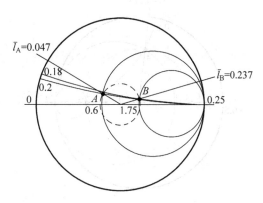

图 2.38　题 2-27(2)解答示意图

负载阻抗为

$$\overline{Z}_L = \overline{Z}_B Z_0 = (87.5 + j9)(\Omega)$$

（3）负载归一化阻抗为

$$\overline{Z_L} = \frac{Z_L}{Z_0} = 0.4 + j0.8$$

参考图 2.39,可在阻抗圆图上确定负载的位置为点 A,对应的电标度为

$$\overline{l}_A = 0.115$$

由 A 点确定等反射系数圆,与正实轴交于点 B,为电压波腹点,过 B 点等电阻圆归一化电
阻值即为沿线驻波比,可以读出为

$$\rho = \overline{R}_B = 4.3$$

等反射系数圆与负实轴交于点 C,为电压波节点。可以确定靠近终端第一个电压波节点
到终端的电长度为

$$\overline{l}_{min} = \overline{l}_C - \overline{l}_A = 0.385$$

靠近终端第一个电压波节点到终端的几何长度为

$$l_{min} = \overline{l}_{min}\lambda = 0.385\lambda$$

（4）驻波比为

$$\rho = \frac{|\dot{U}|_{max}}{|\dot{U}|_{min}} = 3.85$$

参考图 2.40,在正实轴上通过归一化电阻值为 $\overline{R} = \rho = 3.85$ 的等电阻圆可以确定电压波
腹点 A,对应电标度为

$$\overline{l}_A = 0.25$$

并通过点 A 确定等反射系数圆。靠近负载第一个波腹点距负载电长度为

$$\overline{l}_{max} = 0.032$$

从 A 点开始,沿等反射系数圆逆时针转到对应电标度为 $\overline{l}_A = \overline{l}_A - \overline{l}_{max} = 0.218$ 的 B 点,
即为负载归一化阻抗点。读出 B 点的归一化阻抗值为

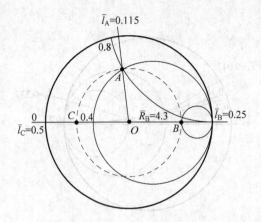

图 2.39　题 2-27(3)解答示意图

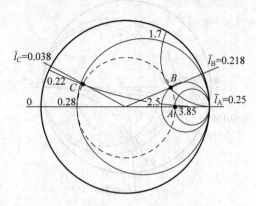

图 2.40　题 2-27(4)解答示意图

$$\overline{Z_L} = \overline{Z}_B = 2.50 + j1.7$$

负载阻抗为

$$Z_L = \overline{Z}_B Z_0 = (2.50 + j1.7) \times 100(\Omega) = (250 + j170)(\Omega)$$

传输线电长度为

$$\overline{l} = 1.82 = 0.5 \times 3 + 0.32$$

从 B 点开始,沿等反射系数圆顺时针旋转到电标度为

$$\overline{l}_C = 0.218 + 0.32 - 0.5 = 0.038$$

的 C 点,即为传输线始端位置,读出 C 点归一化输入阻抗值为

$$\overline{Z}_{in} = \overline{Z}_C = 0.28 + j0.22$$

传输线始端输入阻抗为

$$Z_{in} = \overline{Z}_C \cdot Z_0 = (0.28 + j0.22) \times 100(\Omega) = (28 + j22)(\Omega)$$

（5）负载归一化阻抗为

$$\overline{Z}_L = \frac{Z_L}{Z_0} = \frac{100 - j600}{250} = 0.4 - j2.4$$

如图 2.41 所示,在阻抗圆图上可确定阻抗位置
为点 A,电标度为

$$\overline{l}_A = 0.312$$

由 A 点可确定等反射系数圆,与正实轴交于点
B,为电压波腹点,对应电标度为

$$\overline{l}_B = 0.25$$

过 B 点等电阻圆的归一化电阻值即为沿线驻波
比,可读出

$$\rho = 18$$

可计算出反射系数 Γ_L 模为

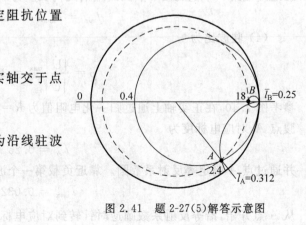

图 2.41　题 2-27(5)解答示意图

$$|\Gamma_L| = \frac{\rho-1}{\rho+1} = 0.89$$

反射系数 Γ_L 辐角为

$$\phi_L = -\frac{0.312-0.25}{0.5} \times 2\pi = -0.248\pi$$

反射系数 Γ_L 可以表示为

$$\Gamma_L = |\Gamma_L| e^{j\phi_L} = 0.89e^{-j0.248\pi}$$

2-28 利用导纳圆图作示意图,进行以下计算:

(1) 已知负载导纳 $Y_L = (0.03 - j0.01)S$,特性阻抗 $Z_0 = 60\Omega$,传输线电长度 $l/\lambda = 0.31$,求其始端输入导纳 Y_{in}。

(2) 一个短路支节,要求其始端提供归一化导纳值 $\overline{Y}_{in} = j\overline{B}_{in} = -j1.3$,求其电长度 l/λ。

(3) 一个短路支节,已知其电长度 $l/\lambda = 0.11$,求其始端归一化输入导纳 $\overline{Y}_{in}$。

(4) 一个开路支节,已知其电长度 $l/\lambda = 0.11$,求其始端归一化输入导纳 $\overline{Y}_{in}$。

(5) 设负载阻抗 $Z_L = (0.2 - j0.31)Z_0$,传输线电长度为 $\frac{d}{\lambda}$,欲使其始端归一化输入电导值为 1,试求 $\frac{d}{\lambda}$ 及该位置处的电纳值。

解:(1) 负载的归一化导纳为

$$\overline{Y}_L = Y_L \cdot Z_0 = 1.8 - j0.6$$

参考图 2.42,可在导纳圆图上标出负载归一化导纳位置为 A 点,对应电标度为

$$\overline{l}_A = 0.284$$

传输线长度对应的电长度为

$$\overline{l} = 0.31$$

从 A 点开始,沿等反射系数圆顺时针转到电标度为 $\overline{l}_B = \overline{l}_A + \overline{l} - 0.5 = 0.094$ 的 B 点,即为传输线始端归一化输入导纳位置。读出 B 点的归一化导纳值为

$$\overline{Y}_{in} = \overline{Y}_B = 0.64 + j0.47$$

传输线始端输入导纳为

$$Y_{in} = \overline{Y}_B \cdot \frac{1}{Z_0} = (0.011 + j0.0078)(S)$$

(2) 如图 2.43 所示,在导纳圆图上,对短路支节可以标定终端短路位置为 A 点,对应电标度为

$$\overline{l}_A = 0.25$$

根据 A 点可以确定等反射系数圆为单位圆。从 A 点开始,沿单位圆顺时针转动到归一化电纳值为 -1.3 的 B 点,对应电标度为

$$\overline{l}_B = 0.354$$

B 点即为短路线始端归一化导纳位置。传输线电长度应为

$$\overline{l} = \overline{l}_B - \overline{l}_A = 0.354 - 0.25 = 0.104$$

上面长度为满足要求的最短传输线电长度。考虑到传输线导纳的 $\frac{\lambda}{2}$ 周期性(对应电长度

为 0.5),满足电长度为 $\dfrac{l}{\lambda}=\bar{l}=0.104+0.5n$ 的传输线都满足题目要求,式中 $n=0,1,2,$
$3,\cdots$,为非负整数。

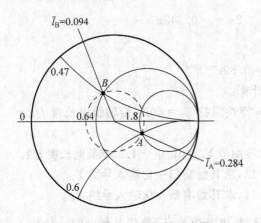

图 2.42　题 2-28(1)解答示意图

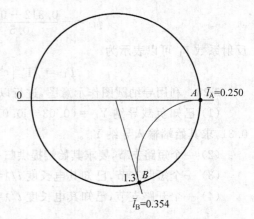

图 2.43　题 2-28(2)解答示意图

(3) 如图 2.44 所示,在导纳圆图上,短路位置为 A 点,对应电标度为

$$\bar{l}_A=0.25$$

等反射系数圆为全反射圆。短路支节电长度为

$$\bar{l}=0.11$$

从 A 点开始,沿全反射圆顺时针转到电标度为 $\bar{l}_B=\bar{l}_A+\bar{l}=0.36$ 的 B 点,B 点即为传输线始端归一化输入导纳位置。读出 B 点的归一化导纳为

$$\bar{Y}_{in}=\bar{Y}_B=-j1.2$$

(4) 如图 2.45 所示,在导纳圆图中,开路点为 A 点,对应电标度为

$$\bar{l}_A=0$$

传输线电长度为

$$\bar{l}=0.11$$

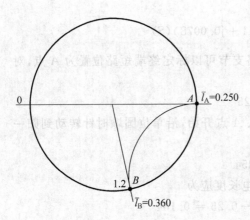

图 2.44　题 2-28(3)解答示意图

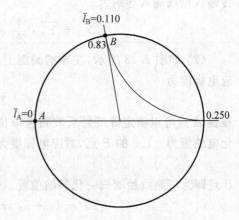

图 2.45　题 2-28(4)解答示意图

从 A 点开始,沿全反射圆顺时针转到电标度为 $\bar{l}_B = \bar{l}_A + \bar{l} = 0.11$ 的 B 点,B 点即为传输线始端归一化输入导纳位置。读出 B 点的归一化导纳为

$$\bar{Y}_{in} = \bar{Y}_B = j0.83$$

（5）负载归一化阻抗为

$$\bar{Z}_L = \frac{Z_L}{Z_0} = 0.2 - j0.31$$

如图 2.46 所示,当作阻抗圆图使用时,根据 $\bar{Z}_L$ 值可以确定负载位置为点 A,由 A 点可以确定等反射系数圆。

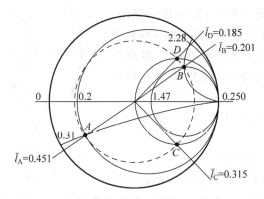

图 2.46　题 2-28(5)解答示意图

题目是求解导纳问题,故需用导纳圆图图解。在将图 2.46 当作导纳圆图使用时,从 A 点开始,沿等反射系数圆转 180°,得到 B 点,即为负载归一化导纳在导纳圆图中的位置。可读出 B 点的归一化导纳为

$$\bar{Y}_L = \bar{Y}_B = 1.47 + j2.28$$

B 点对应电标度为

$$\bar{l}_B = 0.201$$

为使传输线始端归一化导纳的电导值为 1,则应从 B 点开始,沿等反射系数圆顺时针转到与 $\bar{G} = 1$（可匹配圆）的交点 C 或 D。

对 C 点,对应电标度为

$$\bar{l}_C = 0.315$$

对应的满足条件的最短传输线长度 d 为

$$d = (\bar{l}_C - \bar{l}_B)\lambda = 0.114\lambda$$

考虑到传输线导纳具有 $\frac{\lambda}{2}$ 周期性,对于满足 $d = 0.114\lambda + 0.5n\lambda$ 长度的传输线始端归一化导纳都可以满足电导值为 1 的条件,式中 $n = 0,1,2,3,\cdots$,为非负整数。

对 D 点,对应电标度为

$$\bar{l}_D = 0.185$$

对应的满足条件的最短传输线长度 d 为

$$d = (\bar{l}_D + 0.5 - \bar{l}_B)\lambda = 0.484\lambda$$

同理,考虑到传输线导纳具有 $\frac{\lambda}{2}$ 周期性,对于满足 $d = 0.484\lambda + 0.5n\lambda$ 的传输线始端归一化导纳也都可以满足电导值为 1 的条件,式中 $n = 0,1,2,3,\cdots$,为非负整数。

2-29 已知负载归一化阻抗 $\bar{Z}_L = 0.5 - \mathrm{j}0.5$,沿传输线相波长为 λ,通过在离终端 l_1 处并联长度为 l_2 的短路线实现匹配,利用史密斯圆图作示意图,求 l_1、l_2 的长度。

解:如图 2.47 所示,作为阻抗圆图使用时,可以标出负载 $\bar{Z}_L$ 的位置点 A,由 A 点可确定等反射系数圆。

由于是并联短路支节问题,宜用导纳圆图。从 A 点开始,沿等反射系数圆旋转 $180°$,得到 B 点,此时图 2.47 可以当作导纳圆图使用,B 点即为负载归一化导纳的位置,可读出其归一化导纳为

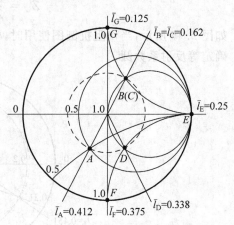

$$\bar{Y}_L = \bar{Y}_B = 1 + \mathrm{j}$$

B 点对应的电标度为

$$\bar{l}_B = 0.162$$

从 B 点开始,沿等反射系数圆顺时针转动到与可

图 2.47 题 2-29 解答示意图

匹配圆 $\bar{G} = 1$ 相交的位置,可以通过并联短路支节抵消掉电纳项而达到匹配。对本题,由于 $\bar{Y}_L = \bar{Y}_B$ 已经在 $\bar{G} = 1$ 圆上,所以第一组解对应的电标度为

$$\bar{l}_C = 0.162$$

到终端距离为

$$l_1 = (\bar{l}_C - \bar{l}_B)\lambda = 0$$

短路支节需提供的归一化电纳为

$$\bar{Y}_2 = 1 - \bar{Y}_B = -\mathrm{j}$$

在图 2.47 所示导纳圆图上标出短路点 E,对应电标度为

$$\bar{l}_E = 0.25$$

由 E 点可确定短路线所对应的等反射系数圆为单位圆。从 E 点开始,沿单位圆顺时针转动到电纳为 $\bar{Y}_2 = -\mathrm{j}$ 的 F 点,对应的电标度为

$$\bar{l}_F = 0.375$$

可得短路支节的长度为

$$l_2 = (\bar{l}_F - \bar{l}_E)\lambda = 0.125\lambda$$

另外一种情况:B 点沿等反射系数圆顺时针转动到 D 点,对应的归一化导纳值为

$$\bar{Y}_D = 1 - \mathrm{j}$$

对应的电标度为

$$\bar{l}_D = 0.338$$

到终端距离为

$$l = (\bar{l}_D - \bar{l}_B)\lambda = 0.176\lambda$$

在该位置并联的短路支节需提供的归一化电纳为

$$\overline{Y}_2 = 1 - \overline{Y}_D = +j$$

从短路点 E 开始,沿单位圆顺时针转到归一化电纳为 $\overline{Y}_2 = +j$ 的 G 点,对应的电标度为

$$\overline{l}_G = 0.125$$

短路支节长度为

$$l_2 = (\overline{l}_G + 0.5 - \overline{l}_B)\lambda = 0.375\lambda$$

需要注意,本题阻抗圆图中负载归一化阻抗 $\overline{Z}_L$ 所在点 A 对应的电标度 $\overline{l}_A$ 对计算无用。

2-30 一根均匀无耗传输线的特性阻抗为 $Z_0 = 50\Omega$,负载阻抗为 $Z_L = (30 + j25)\Omega$,沿传输线相波长为 $\lambda = 1\text{m}$,如果用长度为 $\lambda/4$ 的传输线来实现传输线与负载的匹配,用阻抗圆图作示意图,则 $\lambda/4$ 传输线应连接在什么位置?其特性阻抗应为多少?

解:负载归一化阻抗为

$$\overline{Z}_L = \frac{Z_L}{Z_0} = 0.6 + j0.5$$

如图 2.48 所示,在阻抗圆图上,可以标出 $\overline{Z}_L$ 的位置为点 A,以 OA 为半径可确定等反射系数圆。A 点对应的电标度为

$$\overline{l}_A = 0.095$$

传输线电压波腹点或波节点输入阻抗为纯电阻,可连接 $\dfrac{\lambda}{4}$ 传输线。因此,从 A 点开始沿等反射系数圆顺时针旋转至与正实轴和负实轴的交点 B、C。

对 B 点,可读出 B 点等电阻圆的归一化电阻值为

$$\overline{R}_B = 2.25$$

对应电标度为

$$\overline{l}_B = 0.25$$

可知 $\dfrac{\lambda}{4}$ 传输线应连接的位置到负载的距离为

$$l = (\overline{l}_B - \overline{l}_A)\lambda = 0.155(\text{m})$$

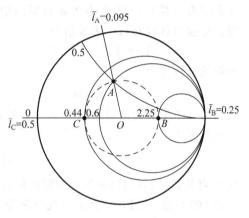

图 2.48　题 2-30 解答示意图

$\dfrac{\lambda}{4}$ 传输线的特性阻抗为

$$Z_{01} = \sqrt{Z_0 Z_{in}} = \sqrt{Z_0 \cdot Z_0 \overline{R}_B} = \sqrt{50 \times 112.5}(\Omega) = 75(\Omega)$$

对 C 点,有

$$\overline{R}_C = 0.44$$

对应电标度为

$$\overline{l}_C = 0.5$$

则
$$Z_{01} = \sqrt{Z_0 Z_{\text{in}}} = \sqrt{Z_0 \cdot Z_0 \overline{R}_C} = 33.2(\Omega)$$

2-31 无耗均匀传输线 $Z_0 = 600\,\Omega$,负载 $Z_L = (300 + j300)(\Omega)$,现用双并联短路支节进行匹配。已知第一个支节距离负载 0.1λ,两支节间距 $d = \lambda/8$,λ 为沿传输线相波长。利用史密斯圆图作示意图,求两支节线长 l_1 和 l_2。

解: 负载归一化阻抗为
$$\overline{Z}_L = \frac{Z_L}{Z_0} = 0.5 + j0.5$$

如图 2.49 所示,在当作阻抗圆图使用时,根据 $\overline{Z}_L$ 的数值可以标出负载的位置为 A 点,以 OA 为半径可以确定等反射系数圆。

因采用并联支节,所以需要用导纳圆图进行图解。因此,将图 2.49 当作导纳圆图使用,从 A 点开始沿等反射系数圆旋转 $180°$ 到 B 点,B 点即为负载归一化导纳在导纳圆图中的位置。可读出负载的归一化导纳为
$$\overline{Y}_L = \overline{Y}_B = 1 - j1$$

对应的电标度为
$$\overline{l}_B = 0.338$$

已知第一个支节到负载距离为 $d_1 = 0.1\lambda$,对应的电长度为

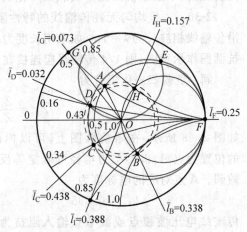

图 2.49 题 2-31 解答示意图

$$\overline{d}_1 = 0.1$$

从 B 点开始,沿等反射系数圆顺时针旋转至对应电标度为 $\overline{l}_C = \overline{l}_B + \overline{d}_1 = 0.338 + 0.1 = 0.438$ 的 C 点,可读出该点归一化导纳为
$$\overline{Y}_C = 0.43 - j0.34$$

在 C 点,并联第一个短路支节,通过改变 $\overline{Y}_C$ 的电纳项而使总的并联导纳落在辅助圆上。根据 $\overline{G}_C = 0.43$ 的圆和辅助圆的两个交点 D、E 可确定第一个并联支节需提供的电纳值。

对 D 点,可读出其归一化导纳值为
$$\overline{Y}_D = 0.43 + j0.16$$

对应的电标度为
$$\overline{l}_D = 0.032$$

第一个短路支节需提供的纯电纳应为
$$\overline{Y}_1 = \overline{Y}_D - \overline{Y}_C = j0.50$$

在图 2.49 中标出短路点 F,对应电标度为
$$\overline{l}_F = 0.25$$

从 F 点开始,沿单位圆(短路线所对应的等反射系数圆)顺时针转到导纳为 $\overline{Y}_1 = j0.50$ 的 G 点,对应的电标度为
$$\overline{l}_G = 0.073$$

第一个短路支节的长度为

$$l_1 = (\bar{l}_G + 0.5 - \bar{l}_F)\lambda = 0.323\lambda$$

已知两支节间距为 $d = \dfrac{\lambda}{8}$，对应的电长度为

$$\bar{d} = 0.125$$

以 OD 为半径可确定一等反射系数圆。从 D 点开始，沿该等反射系数圆顺时针转到电标度为 $\bar{l}_H = \bar{l}_D + \bar{d} = 0.157$ 的 H 点，根据辅助圆定义，H 点必然落在可匹配圆 $\bar{G} = 1$ 上。可读出 H 点的归一化导纳为

$$\bar{Y}_H = 1 + j0.85$$

在 H 处并联第二个短路支节，短路支节需提供的纯电纳为

$$\bar{Y}_2 = 1 - \bar{Y}_H = -j0.85$$

从短路点 F 开始，沿单位圆顺时针旋转到导纳为 $\bar{Y}_2 = -j0.85$ 的 I 点，对应的电标度为

$$\bar{l}_I = 0.388$$

从而可得第二个短路支节的长度为

$$\bar{l}_2 = (\bar{l}_I - \bar{l}_F)\lambda = 0.138\lambda$$

对另一种情况，即从 C 点到 E 点的情况，求解过程类似。

2-32　一段长为 20cm、特性阻抗 $Z_0 = 75\Omega$ 的均匀传输线，终端负载阻抗 $Z_L = (75 - j50)(\Omega)$。若传输线上始端入射波功率为 $P^+(z = 20\text{cm}) = 10\text{W}$，求：(1)传输线本身无损耗时，传输给负载的功率；(2)传输线本身有损耗，且衰减常数为 $\alpha = 0.01\text{dB/cm}$ 时，传输给负载的功率。

解：负载归一化阻抗为

$$\bar{Z}_L = \frac{Z_L}{Z_0} = 1 - j0.67$$

参考图 2.50，可以标出负载位置为点 A，由 OA 可确定等反射系数圆，与正实轴交点为 B，过 B 点等电阻圆归一化电阻值即为沿线驻波比，可读出

$$\rho = 1.95$$

故终端电压反射系数的模为

$$|\Gamma_2| = \frac{\rho - 1}{\rho + 1} = 0.32$$

（1）不考虑传输线本身损耗时，沿线入射波功率均保持为常数。入射波功率大小为

$$P^+(z) = 10(\text{W})$$

反射波功率大小为

$$P^-(z) = |\Gamma_2|^2 P^+(z) = 1.024(\text{W})$$

传送给负载的功率为

$$P(z = 0) = P(z) = P^+ - P^- = 8.976(\text{W})$$

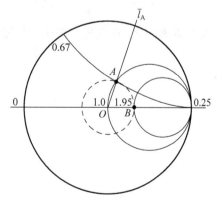

图 2.50　题 2-32 解答示意图

（2）传输线衰减常数为 $\alpha = 0.01(\mathrm{dB/cm})$ 时，经过 20cm 长度传输线后功率衰减量为

$$A = \alpha l = 0.01\mathrm{dB/cm} \times 20\mathrm{cm} = 0.2(\mathrm{dB}) \approx 0.023(\mathrm{Np})$$

故负载处的入射波功率为

$$P^+ (z = 0) = 10 \times \mathrm{e}^{-2 \times 0.023}(\mathrm{W}) = 9.550(\mathrm{W})$$

再考虑到负载本身失配，负载吸收的功率为

$$P = P^+ (z = 0) \times (1 - |\Gamma_2|^2) = 8.573(\mathrm{W})$$

上面两问也可直接根据公式计算，有

$$P(z = 0) = \frac{1}{2} \frac{|U_{i2}|^2}{Z_0}(1 - |\Gamma_2|^2) = \frac{1}{2}P^+ \mathrm{e}^{-2\alpha l}(1 - |\Gamma_2|^2)$$

2-33 一根无耗均匀传输线特性阻抗 $Z_0 = 50\Omega$，当终端接一个未知负载 Z_L 时，测出沿线驻波比 $\rho = 2.4$，如果将未知负载用一个已知电抗值为 $-\mathrm{j}50\Omega$ 的电容代替，可测出电压波节点向负载方向移动了 $\lambda/6$（λ 为沿传输线相波长）。请根据上述实验数据确定 Z_L。

解：参考图 2.51，在阻抗圆图中，归一化电阻值 $\bar{R}_A = \rho = 2.4$ 与正实轴交点 A 为沿线电压波腹点，对应电标度为

$$\bar{l}_A = 0.25$$

以 OA 为半径可以确定等反射系数圆。当 $Z_{L1} = -\mathrm{j}50\Omega$ 时，负载归一化阻抗为

$$\bar{Z}_{L1} = \frac{Z_L}{Z_0} = -\mathrm{j}1$$

在阻抗圆图中的位置为点 B，对应电标度为

$$\bar{l}_B = 0.125$$

根据题意，接未知负载 $\bar{Z}_L$ 对应电标度应为

$$\bar{l}_C = l_B + \frac{1}{6} = 0.292$$

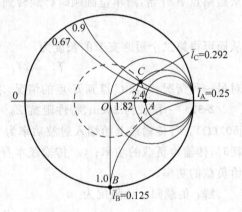

题 2-51　题 2-33 解答示意图

由此可以确定 $\bar{Z}_L$ 在阻抗圆图中的位置为点 C。读出点 C 的归一化阻抗值，可得

$$\bar{Z}_L = \bar{Z}_C = 1.82 + \mathrm{j}0.9$$

故有

$$Z_L = \bar{Z}_L \cdot Z_0 = (91 + \mathrm{j}45)(\Omega)$$

第3章

波导理论

3.1 基本概念、理论、公式

3.1.1 研究对象——导波与波导

导行波是相对于自由空间中的电磁波而言的,是指由微波传输线导引向一定方向传输的电磁波。广义来讲,所有能够传输导行波的物质结构都可称为波导。

在微波工程中,波导一般是特指横截面形状不变的"柱状"金属管。如图 3.1 所示,横截面是矩形的金属管称为矩形波导,横截面是圆形的金属管称为圆波导等。

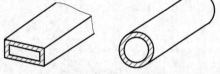

图 3.1 矩形波导和圆波导

3.1.2 分离变量——时空分离

在求解波导内的导波场时,需要把问题简化。第一步就是进行时空分离,即把场关于空间坐标变化的函数和关于时间变化的函数分离。对于时谐场(正弦律电磁场),有

$$
\begin{cases}
\vec{E}(\vec{r},t) = \mathrm{Re}[\dot{\vec{E}}(\vec{r})\mathrm{e}^{\mathrm{j}\omega t}] \\
\vec{H}(\vec{r},t) = \mathrm{Re}[\dot{\vec{H}}(\vec{r})\mathrm{e}^{\mathrm{j}\omega t}]
\end{cases}
\tag{3.1}
$$

$$
\begin{cases}
\vec{E}(u,v,z,t) = \mathrm{Re}[\dot{\vec{E}}(u,v,z)\mathrm{e}^{\mathrm{j}\omega t}] \\
\vec{H}(u,v,z,t) = \mathrm{Re}[\dot{\vec{H}}(u,v,z)\mathrm{e}^{\mathrm{j}\omega t}]
\end{cases}
\tag{3.2}
$$

从而在理想介质中,无外加源的场定律可以表示为

$$
\begin{cases}
\nabla \times \dot{\vec{E}} = -\mathrm{j}\omega\mu\, \dot{\vec{H}} \\
\nabla \times \dot{\vec{H}} = \mathrm{j}\omega\varepsilon\, \dot{\vec{E}} \\
\nabla \cdot \dot{\vec{E}} = 0 \\
\nabla \cdot \dot{\vec{H}} = 0
\end{cases}
\tag{3.3}
$$

根据式(3.3)可以导出只关于电场或磁场的矢量亥姆霍兹方程(矢量波动方程),有

$$
① \begin{cases}
\nabla^2 \dot{\vec{E}} + k^2\, \dot{\vec{E}} = 0 \\
\nabla \cdot \dot{\vec{E}} = 0 \\
\dot{\vec{H}} = \dfrac{\mathrm{j}}{\omega\mu}\nabla \times \dot{\vec{E}}
\end{cases}
\tag{3.4}
\qquad
② \begin{cases}
\nabla^2 \dot{\vec{H}} + k^2\, \dot{\vec{H}} = 0 \\
\nabla \cdot \dot{\vec{H}} = 0 \\
\dot{\vec{E}} = -\dfrac{\mathrm{j}}{\omega\varepsilon}\nabla \times \dot{\vec{H}}
\end{cases}
\tag{3.5}
$$

$$
③ \begin{cases}
\nabla^2 \dot{\vec{E}} + k^2\, \dot{\vec{E}} = 0 \\
\nabla \cdot \dot{\vec{E}} = 0 \\
\nabla^2 \dot{\vec{H}} + k^2\, \dot{\vec{H}} = 0 \\
\nabla \cdot \dot{\vec{H}} = 0
\end{cases}
\tag{3.6}
$$

3.1.3 矢量分解——纵横分离

简化求解波导内的导波场的第二步,是把场矢量和算符分离成纵向分量和横向分量之和,即有

$$
\begin{cases}
\dot{\vec{E}} = \hat{i}_z \dot{E}_z + \dot{\vec{E}}_{\mathrm{T}} \\
\dot{\vec{H}} = \hat{i}_z \dot{H}_z + \dot{\vec{H}}_{\mathrm{T}} \\
\nabla = \nabla_z + \nabla_{\mathrm{T}} \\
\nabla^2 = \nabla_z^2 + \nabla_{\mathrm{T}}^2
\end{cases}
\tag{3.7}
$$

3.1.4 分离变量——纵横分离

简化求解波导内的导波场的第三步,是把复矢量场函数分解成只关于横向坐标变化的函数和只关于纵向坐标变化的函数的乘积,即有

$$
\begin{cases}
\dot{\vec{E}}(u,v,z) = \vec{E}(u,v)Z(z) \xrightarrow{+z\,\text{行波}} \vec{E}(u,v)\mathrm{e}^{-\gamma z} \\
\dot{\vec{H}}(u,v,z) = \vec{H}(u,v)Z(z) \xrightarrow{+z\,\text{行波}} \vec{H}(u,v)\mathrm{e}^{-\gamma z}
\end{cases}
\tag{3.8}
$$

$$
\begin{cases}
\dot{E}_z(u,v,z) = E_z(u,v)\mathrm{e}^{-\gamma z} \\
\dot{H}_z(u,v,z) = H_z(u,v)\mathrm{e}^{-\gamma z}
\end{cases}
\tag{3.9}
$$

$$
\begin{cases}
\dot{\vec{E}}_{\mathrm{T}}(u,v,z) = \vec{E}_{\mathrm{T}}(u,v)\mathrm{e}^{-\gamma z} \\
\dot{\vec{H}}_{\mathrm{T}}(u,v,z) = \vec{H}_{\mathrm{T}}(u,v)\mathrm{e}^{-\gamma z}
\end{cases}
\tag{3.10}
$$

$\dot{\vec{E}}(u,v,z)$ 满足三维波动方程,$\vec{E}(u,v)$ 满足横向二维波动方程,$Z(z)$ 满足纵向一维波动方程,即有

$$\nabla^2 \dot{E}_z(u,v,z) + k^2 \dot{E}_z(u,v,z) = 0 \tag{3.11}$$

$$\nabla_{\mathrm{T}}^2 E_z(u,v) + k_c^2 E_z(u,v) = 0 \tag{3.12}$$

$$
\begin{cases}
\dfrac{\mathrm{d}^2 Z(z)}{\mathrm{d}z^2} - \gamma^2 Z(z) = 0 \\
\gamma^2 = k_c^2 - k^2
\end{cases}
\tag{3.13}
$$

或
$$
\begin{cases}
\dfrac{\mathrm{d}^2 Z(z)}{\mathrm{d}z^2} + \beta^2 Z(z) = 0 \\
\beta^2 = k^2 - k_c^2
\end{cases}
\tag{3.14}
$$

在分析波导内的导波场时,为简化计算,假设波导沿 z 向无限长,故 $Z(z)$ 函数一般只取 $\mathrm{e}^{-\gamma z}$ 或 $\mathrm{e}^{+\gamma z}$ 的形式,以表示向 $+z$ 或 $-z$ 方向的导行波。

3.1.5 分布函数和传播因子

如图 3.2 所示,导波场复矢量可以表示成分布函数与传播因子乘积的形式。分布函数只是关于横向坐标的函数,表示横向驻波分布;传播因子只是关于纵向坐标的函数,表示纵向传播特性(图中假设只存在 $+z$ 方向波)。

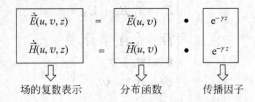

$$
\begin{array}{ccccc}
\dot{\vec{E}}(u, v, z) & = & \vec{E}(u, v) & \cdot & e^{-\gamma z} \\[2mm]
\dot{\vec{H}}(u, v, z) & = & \vec{H}(u, v) & \cdot & e^{-\gamma z}
\end{array}
$$

场的复数表示　　　　分布函数　　　　传播因子

图 3.2　复矢量、分布函数、传播因子

3.1.6 纵向场法——用纵向场分量表示全部横向场分量

纵向场法:通过先求解电磁场的纵向场分量 $\dot{E}_z$、$\dot{H}_z$,然后根据电磁场方程组,用它们表示其余全部横向场分量。根据纵向场法,导波场的横向电场和横向磁场可以表示为

$$
\dot{\vec{H}}_\mathrm{T} = \frac{1}{k_\mathrm{c}^2}\left(-\gamma\,\nabla_\mathrm{T}\dot{H}_z - \mathrm{j}\omega\boldsymbol{\varepsilon}\,\hat{i}_z \times \nabla_\mathrm{T}\dot{E}_z\right) \tag{3.15}
$$

$$
\dot{\vec{E}}_\mathrm{T} = \frac{1}{k_\mathrm{c}^2}\left(-\gamma\,\nabla_\mathrm{T}\dot{E}_z + \mathrm{j}\omega\mu\,\hat{i}_z \times \nabla_\mathrm{T}\dot{H}_z\right) \tag{3.16}
$$

对 TE 波,场量与传播方向关系如图 3.3 所示,表达式可简化为

$$
\dot{\vec{H}}_\mathrm{T} = -\frac{\gamma}{k_\mathrm{c}^2}\,\nabla_\mathrm{T}\dot{H}_z \tag{3.17}
$$

$$
\dot{\vec{E}}_\mathrm{T} = -\eta_\mathrm{TE}\,\hat{i}_z \times \dot{\vec{H}}_\mathrm{T} \tag{3.18}
$$

$$
\eta_\mathrm{TE} = \frac{\dot{E}_\mathrm{T}}{\dot{H}_\mathrm{T}} = \frac{\mathrm{j}\omega\mu}{\gamma} \underset{\gamma=\mathrm{j}\beta}{=\!=\!=} \frac{k}{\beta}\eta \tag{3.19}
$$

对 TM 波,场量与传播方向关系如图 3.4 所示,表达式可简化为

$$
\dot{\vec{E}}_\mathrm{T} = -\frac{\gamma}{k_\mathrm{c}^2}\,\nabla_\mathrm{T}\dot{E}_z \tag{3.20}
$$

$$
\dot{\vec{H}}_\mathrm{T} = \frac{1}{\eta_\mathrm{TM}}\,\hat{i}_z \times \dot{\vec{E}}_\mathrm{T} \tag{3.21}
$$

$$
\eta_\mathrm{TM} = \frac{\dot{E}_\mathrm{T}}{\dot{H}_\mathrm{T}} = \frac{\gamma}{\mathrm{j}\omega\boldsymbol{\varepsilon}} \underset{\gamma=\mathrm{j}\beta}{=\!=\!=} \frac{\beta}{k}\eta \tag{3.22}
$$

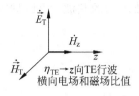

$\dot{E}_T$
$\dot{H}_z$
z
$\dot{H}_T$
η_{TE}→z向TE行波
横向电场和磁场比值

图 3.3　TE 波场量关系

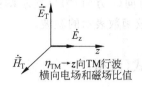

$\dot{E}_T$
$\dot{E}_z$
z
$\dot{H}_T$
η_{TM}→z向TM行波
横向电场和磁场比值

图 3.4　TM 波场量关系

对 TE 波和 TM 波的分布函数有类似的表达式

$$\vec{H}_T = -\frac{\gamma}{k_c^2}\nabla_T H_z \tag{3.23}$$

$$\vec{E}_T = -\eta_{TE}\,\hat{i}_z \times \vec{H}_T \tag{3.24}$$

$$\vec{E}_T = -\frac{\gamma}{k_c^2}\nabla_T E_z \tag{3.25}$$

$$\vec{H}_T = \frac{1}{\eta_{TM}}\hat{i}_z \times \vec{E}_T \tag{3.26}$$

需要注意，上述关系式都是基于 $Z(z)$ 函数取成 $e^{-\gamma z}$ 的条件导出的，此时导波场为沿 $+z$ 方向传播的导行波。

3.1.7　边界条件

对 TM 波，需要先求解 $\dot{E}_z$。根据理想导体表面切向电场为零的边界条件，$\dot{E}_z$ 在边界满足数学上的第一类边界条件，即有

$$\dot{E}_z\big|_{边界} = 0 \tag{3.27}$$

对 TE 波，需要先求解 $\dot{H}_z$。根据理想导体表面法向磁场为零的边界条件，$\dot{H}_z$ 在边界满足数学上的第二类边界条件，即有

$$\dot{H}_n = \hat{i}_n \cdot \dot{\vec{H}}_T = -\frac{j\beta}{k_c^2}\frac{\partial \dot{H}_z}{\partial n} = 0 \tag{3.28}$$

$$\frac{\partial \dot{H}_z}{\partial n}\bigg|_{边界} = 0 \tag{3.29}$$

3.1.8　分离变量——横向谐振原理

求解导波场要用到分离变量法，而分离变量法应用条件是：所求解目标几何形状（或边界）和正交坐标系坐标面共形。

横向谐振原理是：对可以导通的模式，必然在横向形成由分布函数所表示的稳定的驻波分布。反之，如果不能在横向形成稳定的驻波分布，则该模式不能导通。

对矩形波导：沿 x 和 y 方向均为由正弦或余弦函数表示的驻波。对圆波导和同轴

线：沿半径方向（r 方向）为贝塞尔函数或诺埃曼函数表示的驻波；沿圆周方向（φ 方向）为正弦或余弦函数表示的驻波。

3.1.9 模式（波型）

把能在传输系统中独立存在的电磁场结构称为"模式"，或者"波型"，从数学上讲，它是满足边界条件的波动方程的特解，相应物理意义是：能在传输系统中单独存在的基元电磁场。

1. 导波模式总分类

(1) 横电波：即 TE 波，又称 H 波 0，$\dot{E}_z = 0$，$\dot{H}_z \neq 0$。

(2) 横磁波：即 TM 波，又称 E 波，$\dot{H}_z = 0$，$\dot{E}_z \neq 0$。

(3) 横电磁波：即 TEM 波，$\dot{E}_z = 0$，$\dot{H}_z = 0$。

2. 矩形波导和圆波导

理论上，在矩形波导中能存在无穷多个 TE_{mn}（m、n 不能同时为零）、TM_{mn}（m、n 都不为零）模式。

理论上，在圆波导中能存在无穷多个 TE_{ni}°（$n = 0, 1, 2, \cdots$、$i = 1, 2, 3, \cdots$）、TM_{ni}°（$n = 0, 1, 2, \cdots$、$i = 1, 2, 3, \cdots$）模式。

3.1.10 矩形波导的模式

导通状态下的矩形波导中 TM 波（或 E 波）的通解为

$$
\begin{cases}
\dot{E}_x = -\dfrac{j\beta}{k_c^2}\left(\dfrac{m\pi}{a}\right)E_{mn}\cos\left(\dfrac{m\pi}{a}x\right)\sin\left(\dfrac{n\pi}{b}y\right)e^{-j\beta z} \\[2mm]
\dot{E}_y = -\dfrac{j\beta}{k_c^2}\left(\dfrac{n\pi}{b}\right)E_{mn}\sin\left(\dfrac{m\pi}{a}x\right)\cos\left(\dfrac{n\pi}{b}y\right)e^{-j\beta z} \\[2mm]
\dot{E}_z = E_{mn}\sin\left(\dfrac{m\pi}{a}x\right)\sin\left(\dfrac{n\pi}{b}y\right)e^{-j\beta z} \\[2mm]
\dot{H}_x = -\dfrac{1}{\eta_{TM}}\dot{E}_y \\[2mm]
\dot{H}_y = \dfrac{1}{\eta_{TM}}\dot{E}_x \\[2mm]
\dot{H}_z = 0
\end{cases}
\tag{3.30}
$$

对应于每一组 m、n 的取值（m、n 全不为零），都可求得导波场的一个特解，称为导行波的一个模式，记为 TM_{11} 模（E_{11} 模）、TM_{12} 模（E_{12} 模）等。m、n 称为模式指数（mode index）或波型指数。

导通状态下的矩形波导中 TE 波(或 H 波)的通解为

$$
\begin{cases}
\dot{H}_x = \dfrac{j\beta}{k_c^2}\left(\dfrac{m\pi}{a}\right)H_{mn}\sin\left(\dfrac{m\pi}{a}x\right)\cos\left(\dfrac{n\pi}{b}y\right)e^{-j\beta z} \\[2mm]
\dot{H}_y = \dfrac{j\beta}{k_c^2}\left(\dfrac{n\pi}{b}\right)H_{mn}\cos\left(\dfrac{m\pi}{a}x\right)\sin\left(\dfrac{n\pi}{b}y\right)e^{-j\beta z} \\[2mm]
\dot{H}_z = H_{mn}\cos\left(\dfrac{m\pi}{a}x\right)\cos\left(\dfrac{n\pi}{b}y\right)e^{-j\beta z} \\[2mm]
\dot{E}_x = \eta_{TE}\,\dot{H}_y \\[2mm]
\dot{E}_y = -\,\eta_{TE}\,\dot{H}_x \\[2mm]
\dot{E}_z = 0
\end{cases}
\tag{3.31}
$$

对应于每一组 m、n 的取值(m、n 不全为零),都可求得导波场的一个特解,称为导行波的一个模式,记为 TE$_{10}$ 模(H$_{10}$ 模)、TE$_{01}$ 模(H$_{01}$ 模)、TE$_{11}$ 模(H$_{11}$ 模)、TE$_{12}$ 模(H$_{12}$ 模)等。对各模式,有

$$
(k_c)_{mn} = \sqrt{\left(\dfrac{m\pi}{a}\right)^2 + \left(\dfrac{n\pi}{b}\right)^2}
\tag{3.32}
$$

$$
(\lambda_c)_{mn} = \dfrac{2\pi}{(k_c)_{mn}} = \dfrac{2}{\sqrt{\left(\dfrac{m}{a}\right)^2 + \left(\dfrac{n}{b}\right)^2}}
\tag{3.33}
$$

$$
(f_c)_{mn} = \dfrac{v}{\lambda_c} = \dfrac{vk_c}{2\pi} = \dfrac{v}{2}\sqrt{\left(\dfrac{m}{a}\right)^2 + \left(\dfrac{n}{b}\right)^2}
\tag{3.34}
$$

$$
\beta = \sqrt{k^2 - k_c^2}\,, \quad G = \dfrac{\beta}{k}
\tag{3.35}
$$

3.1.11　圆波导的模式

导通状态下的圆形波导中 TM 波的通解为

$$
\begin{cases}
\dot{E}_r = -j\dfrac{\beta}{k_c}E_{ni}J_n'(k_c r)\cos(n\varphi - \varphi_0)e^{-j\beta z} \\[2mm]
\dot{E}_\varphi = j\dfrac{\beta n}{k_c^2 r}E_{ni}J_n(k_c r)\sin(n\varphi - \varphi_0)e^{-j\beta z} \\[2mm]
\dot{E}_z = E_{ni}J_n(k_c r)\cos(n\varphi - \varphi_0)e^{-j\beta z} \\[2mm]
\dot{H}_r = -\dfrac{1}{\eta_{TM}}\dot{E}_\varphi \\[2mm]
\dot{H}_\varphi = \dfrac{1}{\eta_{TM}}\dot{E}_r \\[2mm]
\dot{H}_z = 0
\end{cases}
\tag{3.36}
$$

其中 $k_c = \dfrac{u_{ni}}{a}$,u_{ni} 为 n 阶贝塞尔函数 $J_n(u)$ 的第 i 个零点。一组标号 n,i 代表了一个

TM 波的模,称为 TM$_{ni}^{\circ}$ 模,或 E$_{ni}^{\circ}$ 模。

导通状态下的圆形波导中 TE 波的通解为

$$
\begin{cases}
\dot{H}_r = -\mathrm{j}\,\dfrac{\beta}{k_c}H_{ni}J'_n(k_c r)\cos(n\varphi - \varphi_0)\mathrm{e}^{-\mathrm{j}\beta z} \\[2mm]
\dot{H}_\varphi = \mathrm{j}\,\dfrac{\beta n}{k_c^2 r}H_{ni}J_n(k_c r)\sin(n\varphi - \varphi_0)\mathrm{e}^{-\mathrm{j}\beta z} \\[2mm]
\dot{H}_z = H_{ni}J_n(k_c r)\cos(n\varphi - \varphi_0)\mathrm{e}^{-\mathrm{j}\beta z} \\[2mm]
\dot{E}_r = \eta_{\mathrm{TE}}\,\dot{H}_\varphi \\[2mm]
\dot{E}_\varphi = -\eta_{\mathrm{TE}}\,\dot{H}_r \\[2mm]
\dot{E}_z = 0
\end{cases}
\tag{3.37}
$$

其中 $k_c = \dfrac{v_{ni}}{a}$,v_{ni} 为 n 阶贝塞尔函数导函数 $J'_n(u)$ 的第 i 个零点。一组标号 n,i 代表了一个 TE 波的模,称为 TE$_{ni}^{\circ}$ 模,或 H_{ni}° 模。

3.1.12 模式的导通和截止

根据波源频率,媒质电磁参量 μ、ε 可以确定媒质波数、媒质波长、媒质波速,即有

$$
f,\mu,\varepsilon \Rightarrow
\begin{cases}
k \rightarrow 媒质波数 \\
\lambda \rightarrow 媒质波长 \\
v \rightarrow 媒质波速 \\
f \rightarrow 波源频率
\end{cases}
\tag{3.38}
$$

$$
k = \omega\sqrt{\mu\varepsilon}
\tag{3.39}
$$

$$
\begin{cases}
k = \dfrac{2\pi}{\lambda},\ \lambda = \dfrac{2\pi}{k} \\[2mm]
\lambda = \dfrac{v}{f},\ f = \dfrac{v}{\lambda} = \dfrac{vk}{2\pi}
\end{cases}
\tag{3.40}
$$

根据导行波的具体波型,可以定义截止波数、截止波长、截止频率。需要注意截止频率和波导所填充介质电磁参数 μ、ε 有关,即有

$$
波型 \Rightarrow
\begin{cases}
k_c \rightarrow 截止波数 \\
\quad\ 或横向波数 \\
\lambda_c = 2\pi/k_c \rightarrow 截止波长 \\
\quad\ 或横向波长 \\
f_c = v/\lambda_c \rightarrow 截止频率 \\
\quad\ 或横向谐振频率
\end{cases}
\tag{3.41}
$$

导通条件可以表示为

$$
k > k_c \ 或 f > f_c \ 或 \lambda < \lambda_c
\tag{3.42}
$$

截止条件可以表示为

$$k < k_c \text{ 或 } f < f_c \text{ 或 } \lambda > \lambda_c \tag{3.43}$$

上述由波数、频率、波长所得的三个不等式完全是等效的。对导通模式,沿轴向传播特性参量可以表示为

$$\begin{cases} \beta = \sqrt{k^2 - k_c^2} = kG \to z \text{ 向相位常数} \\ \lambda_g = \dfrac{2\pi}{\beta} = \dfrac{\lambda}{G} \to \text{波导波长} \\ v_p = \dfrac{\omega}{\beta} = \dfrac{v}{G} \to z \text{ 向相速} \end{cases} \tag{3.44}$$

3.1.13 几种波长定义和关系

几种波长含义可以分别描述如下。

(1)媒质波长 λ,表示式为

$$\lambda = \frac{2\pi}{k} \tag{3.45}$$

定义为无界媒质空间均匀平面波的相波长。

(2)截止波长 λ_c,表示式为

$$\lambda_c = \frac{2\pi}{k_c} \tag{3.46}$$

定义为波导中某一模式能够导通的媒质波长的上限。

(3)波导波长 λ_g,表示式为

$$\lambda_g = \frac{2\pi}{\beta} \tag{3.47}$$

定义为波导中某一模式导通时沿轴向(z 向)传播的相波长。

根据 k、k_c、β 三者的关系:$k^2 = k_c^2 + \beta^2$,可以导出 λ、λ_c、λ_g 三者关系为

$$\left(\frac{2\pi}{\lambda}\right)^2 = \left(\frac{2\pi}{\lambda_c}\right)^2 + \left(\frac{2\pi}{\lambda_g}\right)^2 \tag{3.48}$$

即

$$\frac{1}{\lambda^2} = \frac{1}{\lambda_c^2} + \frac{1}{\lambda_g^2} \tag{3.49}$$

3.1.14 模式简并

截止波数 k_c(或截止波长 λ_c、截止频率 f_c)相同但场分布不同的模式称为"简并"模式。

对矩形波导的 TE 和 TM 波,$m \neq 0$ 且 $n \neq 0$ 的 TE_{mn} 模、TM_{mn} 模都是简并的,因为是不同 H 模和 E 模的简并,称为"E-H 简并"。

圆波导中,由于贝塞尔函数的性质:$J_0'(u) = -J_1(u)$,所以 $J_0'(u)$ 和 $J_1(u)$ 的零点相等,即 $v_{0i} = u_{1i}$,从而 $(\lambda_c)_{H_{0i}} = (\lambda_c)_{E_{1i}}$,因此 H_{0i} 波和 E_{1i} 波存在 E-H 简并。

在圆波导中,对 $n \neq 0$ 的模式,电磁场横向分布存在着 $\cos n\varphi$ 和 $\sin n\varphi$ 两种可能的线性无关的分布形式,它们具有相同的截止波长 λ_c,只是极化方向相互旋转 $90°$,这种简并称为"极化简并"(这里的极化方向通常是用中心对称面上电场线的方向来规定的)。所有 $n \neq 0$ 的模式都存在着极化简并。

3.1.15 传播特性参量

波导模式的传播特性参量均可以由对应无界媒质中的传播特性参量和波导因子相乘或相除得到。有如下关系:

$$G = \frac{\beta}{k} = \sqrt{1 - \left(\frac{k_c}{k}\right)^2} = \sqrt{1 - \left(\frac{f_c}{f}\right)^2} = \sqrt{1 - \left(\frac{\lambda}{\lambda_c}\right)^2} < 1 \tag{3.50}$$

$$\beta = \sqrt{k^2 - k_c^2} = kG < k \tag{3.51}$$

$$v_p = \frac{\omega}{\beta} = \frac{\omega}{kG} = \frac{v}{G} > v \tag{3.52}$$

$$\lambda_g = \frac{2\pi}{\beta} = v_p T = \frac{\lambda}{G} > \lambda \tag{3.53}$$

$$v_g = \frac{d\omega}{d\beta} = vG < v \tag{3.54}$$

$$\begin{cases} \eta_{TM} = \frac{\beta}{k}\eta = \eta G < \eta \\ \eta_{TE} = \frac{k}{\beta}\eta = \frac{\eta}{G} > \eta \end{cases} \tag{3.55}$$

3.1.16 各种传输线主模

在波导中,一般称截止波长最大(对应截止波数或截止频率最小)的模式为主模,也称基模或最低模式,而将其他模式称为高次模。各类传输线主模如表 3.1 所示。

表 3.1 各类传输线主模

传输线类型	主　模	截止波长 λ_c	单模传输条件
平行双线	TEM 模	∞	无截止特性
矩形波导	TE_{10} 模	$2a$	$\max\begin{Bmatrix} a \\ 2b \end{Bmatrix} < \lambda < 2a$
圆波导	TE_{11} 模	$3.41a$	$2.62a < \lambda < 3.41a$(有极化简并)
同轴线	TEM 模	∞	$\lambda > \pi(D+d)/2$
带状线	TEM 模	∞	$\lambda_{真空} > 2w\sqrt{\varepsilon_r}, \lambda_{真空} > 2h\sqrt{\varepsilon_r}$
微带线	TEM 模	∞	$\lambda_{真空} > 2w\sqrt{\varepsilon_r}, \lambda_{真空} > 2h\sqrt{\varepsilon_r}, \lambda_{真空} > 4h\sqrt{\varepsilon_r - 1}$

3.1.17 矩形波导主模

矩形波导主模是 TE_{10} 模（H_{10} 模）。

截止波数：$k_c=\sqrt{\left(\frac{m\pi}{a}\right)^2+\left(\frac{n\pi}{b}\right)^2}=\frac{\pi}{a}$ (3.56)

截止波长：$\lambda_c=\frac{2\pi}{k_c}=2a$ (3.57)

截止频率：$f_c=\frac{v}{\lambda_c}=\frac{v}{2a}$ (3.58)

$k_z{}^2=k^2-k_c^2=k^2-(k_x^2+k_y^2)=k^2-\left(\frac{\pi}{a}\right)^2$ (3.59)

Z 向相位常数：$\beta=k_z=\sqrt{k^2-\left(\frac{\pi}{a}\right)^2}=kG$ (3.60)

波导因子：$G-\sqrt{1-\left(\frac{\lambda}{2a}\right)^2}$ (3.61)

传播特性参量如下

1. (波导)相位常数

$$\beta=k_z=\sqrt{k^2-k_c^2}=\frac{2\pi}{\lambda}\sqrt{1-\left(\frac{\lambda}{2a}\right)^2}=\frac{2\pi}{\lambda_g} \tag{3.62}$$

2. 相速

$$v_p=\frac{\omega}{\beta}=\frac{\omega}{k_z}=\frac{v}{\sqrt{1-\left(\frac{\lambda}{2a}\right)^2}} \tag{3.63}$$

3. 群速

$$v_g=\frac{d\omega}{d\beta}=\frac{d\omega}{dk_z}=v\sqrt{1-\left(\frac{\lambda}{2a}\right)^2} \tag{3.64}$$

4. 波导波长

$$\lambda_g=v_pT=\frac{\lambda}{\sqrt{1-\left(\frac{\lambda}{2a}\right)^2}} \tag{3.65}$$

5. 波阻抗

$$\eta_{TE_{10}}=\frac{\omega\mu}{\beta}=\frac{\omega\mu}{k_z}=\frac{\eta}{\sqrt{1-\left(\frac{\lambda}{2a}\right)^2}} \tag{3.66}$$

图 3.5 是 H_{10} 模式横截面和纵截面瞬时波形分布。电磁场只有 E_y、H_x、H_z 三个分量，沿 y 方向均匀分布，沿 x 方向为半驻波分布，沿 z 方向为假设的行波。$x=0$、$x=a$ 位置为 E_y、H_x 的波节点，H_z 的波腹点。$x=\dfrac{a}{2}$ 位置为 E_y、H_x 的波腹点，H_z 的波节点。E_y 和 H_x 反相。沿 z 方向，H_x、H_z、E_y 相位依次滞后 $\dfrac{\pi}{2}$。

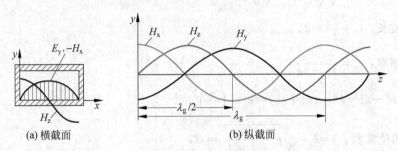

图 3.5　H_{10} 模式横截面和纵截面瞬时波形

图 3.6 给出了 H_{10} 模式横截面和纵截面瞬时电场线和磁场线的分布。由于假设波沿 $+z$ 方向传播，在任意时刻，横截面的电场线方向、磁场线方向、$+z$ 轴方向满足右手螺旋关系。

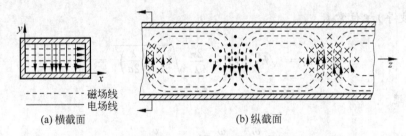

图 3.6　H_{10} 模式横截面和纵截面电场线和磁场线分布

图 3.7 给出了在传输 H_{10} 模式时，矩形波导内壁电流线分布，并标出强辐射缝和无辐射缝。

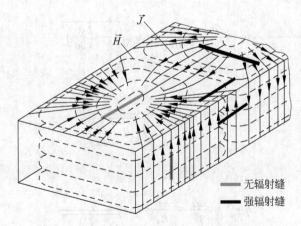

图 3.7　波导内壁电流线和强辐射缝、无辐射缝

3.1.18　圆波导的三种常用模式

和矩形波导不同,圆波导中除应用最低模式 TE_{11} 模外,还应用高次模。圆波导中常用的三个模式是 $TE_{11}(H_{11})$ 模、$TE_{01}(H_{01})$ 模、$TM_{01}(E_{01})$ 模。三者场结构和内壁电流有不同特点,应用场合也不同。截止波长分别为

$$(\lambda_c)_{H_{11}^\circ} = \frac{2\pi a}{v_{11}} = 3.41a \tag{3.67}$$

$$(\lambda_c)_{H_{01}^\circ} = \frac{2\pi a}{v_{01}} = 1.64a \tag{3.68}$$

$$(\lambda_c)_{E_{01}^\circ} = \frac{2\pi a}{u_{01}} = 2.62a \tag{3.69}$$

图 3.8、图 3.9、图 3.10 给出 H_{11}° 模式、H_{01}° 模式、E_{01}° 模式横截面和纵截面的瞬时电场线和磁场线分布。H_{01}° 模式电场强度只有圆周方向分量,又称为"圆电模式",对应波导内壁电流线只有圆周方向分量。E_{01}° 模式磁场强度只有圆周方向分量,又称为"圆磁模式",对应波导内壁电流线只有轴向分量。

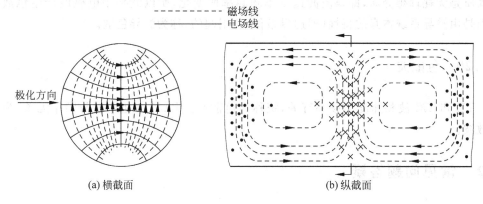

(a) 横截面　　　　　　　　　　(b) 纵截面

图 3.8　H_{11}° 模式横截面和纵截面电场线和磁场线分布

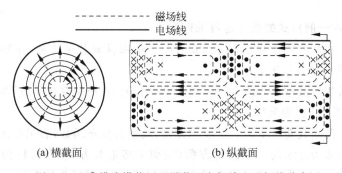

(a) 横截面　　　　　　　　　　(b) 纵截面

图 3.9　H_{01}° 模式横截面和纵截面电场线和磁场线分布

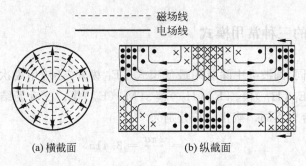

------------ 磁场线
———————— 电场线

(a) 横截面   (b) 纵截面

图 3.10   E$_{01}^{0}$ 模式横截面和纵截面电场线和磁场线分布

3.1.19   波导色散

在波导中,即使所填充媒质为非色散媒质,由于其本身边界条件的限制,在以 TE 波或 TM 波传输时,仍存在色散现象。

这里所说的波导色散现象与基于媒质特性产生的色散现象不同。此时已假定波导中媒质是无耗理想介质,即媒质波速 v 不随频率而变化,所以波导中电磁波产生色散的原因是由波导系统本身的特性(即边界条件)所引起的,称为波导色散。

3.1.20   色散波

TE 和 TM 波相速度与频率有关,统称为色散波。TEM 波相速度与频率无关,为无色散波。

3.2   常见问题答疑

3.2.1   导行波相关问题

1. 导行波的一般形式的推导过程难理解。

答:(1)该过程首先把场矢量表示成横向分量和纵向分量之和,并导出全部横向场分量都可以用纵向场分量来表示。

(2)将场函数的表达式分离成只与横向坐标有关的"横向变化函数"和只与纵向坐标有关的"纵向变化函数"的乘积。

(3)横向变化函数满足横向二维波动方程,其解为分布函数,表示横向稳定的驻波分布;纵向变化函数满足纵向一维波动方程(类似于传输线方程,有时称为广义传输线方程),在假设波导纵向无限长而只存在单一方向导行波时,其解为传播因子。

2. TE 波和 TM 波的边界条件。

答:(1)TM 波纵向电场分量在边界为零,即满足数学物理方程中所称的第一类边界条件。

(2) TE 波纵向磁场分量在边界对边界法向的导数为零,满足数学物理方程中所称的第二类边界条件。

3. 分离变量法求解通解过程中,k_c 的物理意义是什么?

答:(1) k_c 与 k_z 关系为 $k_c^2 + k_z^2 = k^2$,此方程可以表示出相速度 $v_p = \dfrac{\omega}{k_z}$ 和频率的关系,故又称为色散方程。

(2) 如果将波导内的波看成是无界空间均匀平面波的合成,k_c 可以看作是均匀平面波波矢量 $\vec{k}$ 的横向分量。

(3) 导通状态下 k_z 可以看作是 $\vec{k}$ 的纵向分量,即沿波导轴向传播的相位常数,所以一般又可以用 β 表示。

(4) $\vec{k}$ 的模为 k,即为媒质波数。

(5) 导通状态:相位常数为 $\beta = k_z = \sqrt{k^2 - k_c^2}$,假设波向 $+z$ 方向传播,则传播因子为 $e^{-j\beta z}$。

(6) 截止状态:衰减常数为 $\alpha = \sqrt{k_c^2 - k^2}$,假设波向 $+z$ 方向传播,则幅度衰减因子为 $e^{-\alpha z}$。

4. $v_p > c$ 的本质含义?

答:(1) 在波导中,v_p 是指导行波沿轴向传播的相速度,是一种表示横向合成驻波波形沿轴向变化的视在速度。

(2) 相速度不是能量或信号传播的速度,选择不同的观察方向,可以得到不同的相速度,在某些方向上观察到的相速度可能大于光速 c。

5. "模式"的意义是什么?

答:(1) 把能在传输系统中独立存在的电磁场结构称为"模式",或者"波型"。

(2) 从数学上讲,它是满足边界条件的波动方程的特解,相应物理意义是:能在传输系统中单独存在的基元电磁场。

(3) 在波导内,可以存在多个"模式"。

6. 对于相速有两个公式:(a)$v_p = \dfrac{c}{\sqrt{\mu_r \varepsilon_r}}$,(b) $v_p = \dfrac{c}{\sqrt{1 - \left(\dfrac{f_c}{f}\right)^2}}$,由(a)可知介质影响

v_p,而由(b)可知,光速 c、截止频率 f_c、频率 f 均不会随介质改变而改变,这与(a)似乎存在矛盾?

答:(1)(a)式表示无界空间或 TEM 波传输线(均填充介质,电磁参数为 μ_r,ε_r)相速度,(b)式表示空气填充波导内截止频率为 f_c 的波导模式沿轴线相速度。

(2) 如果波导内也填充 μ_r,ε_r 介质,则(b)式一般表达应为 $v_p = \dfrac{\dfrac{c}{\sqrt{\mu_r \varepsilon_r}}}{\sqrt{1 - \left(\dfrac{f_c'}{f}\right)^2}}$,介质同

样会影响 v_p，并且此时的 $f'_c = \dfrac{v}{\lambda'_c} = \dfrac{c}{\sqrt{\mu_r \varepsilon_r} \cdot \lambda_c}$，$\lambda_c$ 与介质无关，但 f'_c 也是与介质有关的。

7. $\lambda, \lambda_g, \lambda_c$ 之间有什么联系和区别？它们各自用于哪些分析及运算？

答：(1) λ 为媒质波长，即无界媒质空间中均匀平面波的相波长，如果无界空间是无界、线性、各向同性、均匀、理想介质，则 $\lambda = \dfrac{\lambda_0}{\sqrt{\mu_r \varepsilon_r}}$。如果无界空间为自由空间，则 $\lambda = \lambda_0$。

(2) λ_g 称为波导波长或导波波长，为波导所引导的导行波模式沿轴向（或纵向）的相波长。如果传输线为双导体，如平行双线或同轴线，所导引的是 TEM 波，则 $\lambda_g = \lambda$。

(3) λ_c 为截止波长，对应某一模式，是电磁波可以以该模式在波导内导通传播的媒质波长的上限。λ_c 也可以认为电磁波沿横向驻波的相波长，由横向尺寸和模式指数确定。

(4) 根据媒质波数 k、截止波数 k_c、相位常数 β 三者的关系为 $k^2 = k_c^2 + \beta^2$，可以导出 λ、λ_c、λ_g 三者的关系为 $\dfrac{1}{\lambda^2} = \dfrac{1}{\lambda_c^2} + \dfrac{1}{\lambda_g^2}$。

8. k, λ, Z_0 等的物理意义是什么？

答：(1) k 为媒质波数，也是等于同一媒质填充的 TEM 波传输线的轴向相位常数。

(2) λ 为媒质波长，即在无界媒质空间传播的均匀平面波的相波长，也等于同一媒质填充的 TEM 传输线的导波相波长。

(3) Z_0 为特性阻抗，与传输线的横向结构参数和填充媒质参数有关系。对传输 TEM 波的双导体传输线，Z_0 通常有确定的表示；在将单模波导等效为双导线时，可根据一定的规则确定等效的 Z_0。

9. 规则金属波导的分析方法及其与双线传输线有何异同？

答：(1) 规则金属波导如矩形波导、圆波导等，不能传播 TEM 波，只能传播 TE 波或 TM 波，适合用纵横分离的场的方法分析。

(2) 双导体传输线可以导引 TEM 波，为其主模，可以用静态场的方法分析其导引的 TEM 波。

(3) 在微波电路分析中，可以对单一模式工作的金属波导引入等效电压、等效电流、等效阻抗等概念，从而将单模波导等效成双导线，应用传输线理论研究其纵向传输问题。

10. 波导中填充介质有何影响？

答：(1) 如果在波导内填充均匀理想介质，则对应的媒质波长 λ 会减小（相对于自由空间波长 λ_0 而言，因为 $\lambda = \dfrac{\lambda_0}{\sqrt{\mu_r \varepsilon_r}}$），由于波导内各模式截止波长不变，波导内可导通的模式可能会增加。

(2) 对于导通的模式，沿轴向相位常数为 $\beta = \sqrt{k^2 - k_c^2} = \sqrt{\omega^2 \mu \varepsilon - k_c^2}$，与媒质参数 μ, ε 有关，故沿轴向的传播特性参量也随填充介质的不同而发生变化。

11. 波导中填充介质后哪些参数变化？哪些参数不变？

答：(1) 与介质无关的参数为频率 f、截止波数 k_c、截止波长 λ_c。

(2) 与介质有关的参数为介质波阻抗 η、波速 v、介质波长 λ、介质波数 k、截止频率

f_c、波导中沿轴向相位常数 $k_z(\beta)$、相速 v_p、群速 v_g、波导波长 λ_g、模式波阻抗 η_w。

12. η_{TE}，η_{TEM}、η_{TM} 在电磁理论中有何应用？

答：(1) 三者分别为 TE 波、TEM 波、TM 波的波阻抗，为导行波横向电场和横向磁场的比值。根据右手螺旋定则及波阻抗，可以很容易地表示出导行波横向电场和磁场关系，用其中一个量可以表示出另一个量。

(2) 波阻抗的概念有很多应用，如在电磁场理论中，用来分析无限大平面的反射和折射问题。

13. 波导为何有色散现象？有损双导线有没有？

答：(1) 波导所引导的 TE 波或 TM 波的相速度是与频率有关的，所以存在色散现象。这种色散是由波导本身结构引起的，与波导内媒质特性无关。TE 波和 TM 波都是色散波。

(2) 无损耗双导线的主模 TEM 波不存在色散现象。

(3) 在一定条件下，低损耗双导线可近似视为无耗双导线；另外，满足条件 $\dfrac{L_0}{C_0} = \dfrac{R_0}{G_0}$ 的有耗双导线也不存在色散。

(4) 在一般情况下，有耗双导线相位常数 β 可能不是频率的线性函数，也可能存在色散现象。

14. 微波在波导中传输时，是信号源产生的波在波导内传播，还是电压、电流在波导壁上传导？

答：(1) 在波导内，电压、电流已无实际物理意义，应理解为信号源产生的波在波导所限定的空间中传播。

(2) 在某些情况下，可以通过引入波导模式的等效电压、电流，从而将单模波导等效为双导线，用传输线理论来研究波导模式所表示的导行波在纵向的传输问题。

3.2.2 矩形波导相关问题

1. 如何无遗漏地判断矩形波导中可导通哪些模式？

答：对矩形波导，判断特定波长电磁波是否能够导通的公式为

$$\sqrt{k_x^2 + k_y^2} = \sqrt{\left(\frac{m\pi}{a}\right)^2 + \left(\frac{n\pi}{b}\right)^2} = k_c < k = w\sqrt{\mu\omega} = \frac{2\pi}{\lambda_0}\sqrt{\mu_r\varepsilon_r} = \frac{2\pi}{\lambda}$$

所有满足此不等式的模式都可以导通。应用上式需要注意以下几点。

(1) $k_c = k$ 时亦不能传播。

(2) m、n 均不为零时有 E-H 简并现象，即对同一组 m，n 确定的满足该不等式的同一 $k_c(\lambda_c)$，同时对应 H_{mn} 和 E_{mn} 两种可导通的模式。

2. 矩形波导中存在 TE$_{0n}$ 或 TE$_{m0}$ 模式，为什么没有相应的 TM$_{0n}$ 或 TM$_{m0}$ 与之简并？

答：对于 TM 波，m、n 值均不能为 0，否则会导致场解为零。因为矩形波导中不存在 TM$_{0n}$ 和 TM$_{m0}$ 模，所以不存在此种简并。

3. 矩形波导中的截止状态场沿轴向衰减,此时波导所传输能量去了哪里?

答:(1)对于截止模式,可证明复数坡印亭矢量的各个分量均为纯虚数,故在截止状态下,沿横向和轴向传输的平均功率均为零。

(2)模式截止状态下的衰减并不伴随着电磁波能量的损耗,而是由于电磁波不满足传播条件而引起的所谓电抗性衰减,此时能量实际上是被全反射了。

(3)从定量关系看,在模式截止状态下,通过计算可得模式波阻抗为纯虚数。若将该波阻抗定义为传输线特性阻抗,则其与具有实数波阻抗的前段传输线相连接时,反射系数模为1,即连接处全反射。

4. 在已知波导尺寸的情况下,如何获得更宽的单模工作带宽?

答:(1)波导尺寸 a、b 已知时,主模的单模工作带宽即确定,上限为主模(对矩形波导为 H_{10} 模)截止频率,下限为次高模(对矩形波导为 H_{20} 模或 H_{01} 模)截止频率。

(2)在 $b < \dfrac{a}{2}$ 时,可获得最大的单模工作带宽。

(3)根据公式 $f_c = \dfrac{v}{\lambda_c} = \dfrac{1}{\sqrt{\mu_r \varepsilon_r}} \dfrac{c}{\lambda_c}$,在波导内填充媒质时,单模工作带宽减小为空气填充时的 $\dfrac{1}{\sqrt{\mu_r \varepsilon_r}}$。

5. 在矩形波导中,对电磁波进行研究时,是应用其相波长还是真空中波长?

答:(1)若研究纵向的传输、反射等问题,应该应用其相波长,即波导波长 λ_g。对波导等效为双导线应用圆图时,也应该用 λ_g 计算电长度。

(2)当然,波导波长 λ_g 要根据媒质波长 λ 及所传播模式截止波长 λ_c 计算,而媒质波长又要根据媒质电磁参数和真空中波长计算。

6. 矩形波导 H_{22} 模式的场分布中为何电场线闭合?与电磁场理论中学的"磁场线闭合"似乎不同?

答:(1)在静态场中,磁场没有通量源,电流是磁场的涡旋源,所以磁场线闭合;电场没有涡旋源,只有通量源,所以电场线由正电荷出发,终止于负电荷。

(2)在无外加源的时变场中,变化的电场是磁场的涡旋源,变化的磁场是电场的涡旋源,所以其瞬时电场线、磁场线都有可能闭合。

7. 注意到矩形波导中任何模式在横截面上的场分布有一共同规律,即电场的对称面一定是磁场的反称面,反之亦然。这是为什么?能一般地证明此规律吗?

答:根据导行波的横向电场、磁场满足的关系:$\dot{H}_T = \dfrac{1}{\eta_w} \hat{i}_z \times \dot{E}_T$,横截面上电场线和磁场线互相垂直,可以根据这一关系式推导电场和磁场对称和反称关系。

8. 矩形波导尺寸设计问题需遵循哪些原则?

答:应遵循以下几点。

(1)一般保证矩形波导单模工作,矩形波导单模工作时,其对应无界空间波长应该小于主模的截止波长,而大于次高模的截止波长。主模为 H_{10} 模,$(\lambda_c)_{H_{10}} = 2a$,所以 $\lambda < 2a$;次高模或者为 H_{20} 模或者 H_{01} 模,二者截止波长分别为 $(\lambda_c)_{H_{20}} = a$,$(\lambda_c)_{H_{01}} = 2b$,对应媒质

波长取值范围为 $\max(a,2b)<\lambda<2a$。

（2）功率损耗尽量小，以保证具有较高的传输效率。

（3）考虑功率容量，使功率容量尽量大。

（4）考虑色散问题，为避免信号失真，尽量使波导色散尽量小。

3.2.3　圆波导相关问题

1. 圆波导 $u_{ni}(v_{ni})$ 的标号 n、i 的意义如何解释？

答：标号 n 表示贝塞尔函数 $J_n(u)$ 阶数，标号 i 表示 u_{ni}（或 v_{ni}）为 n 阶贝塞尔函数 $J_n(u)$（或导函数 $J_n'(v)$）的第 i 个零点。

2. 圆波导中两种简并方式的区别，及与矩形波导简并的区别。

答：（1）不同场分布的两种模式截止波数 k_c 相同的现象，称为简并。

（2）对圆波导，极化简并是"两种"模式电磁场空间指向角度不同。之所以"两种"用引号，是因为这"两种"模式除了电场线、磁场线角向指向不同外，其它没有任何区别。从这一意义来说，极化简并的"两种"模式中的一种对应的场分布沿圆周方向旋转某一角度后，就可以得到另一种模式场分布。如 H_{11} 模式，可以进一步分为中心电场线平行于地面的水平极化的 H_{11} 模式和中心电场线垂直于地面的垂直极化的 H_{11} 模式，其中一种模式场分布沿角向旋转 90° 后就得到另一种模式。在圆波导中，所有 n 不等于零的模式都存在极化简并。

（3）E-H 简并是指两种模式分别属于 TM 模式（E 波）和 TE 模式（H 波），它们的场结构显然不同，但对应着相同的 k_c。在矩形波导仅存在 E-H 简并，在圆波导中两种简并方式均存在。

3. 为什么矩形波导、圆波导不能存在 TEM 波（理论上怎么证明）？

答：（1）已经证明如果传输线可传输 TEM 波，则其场关于横向坐标变化的函数（即分布函数）需满足拉普拉斯方程，这与二维静态场所满足方程相同。

（2）矩形波导、圆波导等单根导体传输线为等位体，在其内部并不能建立起沿横向的非零静态场。故单根波导不能传输 TEM 波。

4. 圆波导求解中，贝塞尔函数只是一种数学求解的方法吗？与分析过程有关系吗？

答：（1）贝塞尔函数是一种柱面波函数，在柱面坐标系下，描述径向的柱面波分布。

（2）只要是在柱坐标系下用分离变量法求解波动方程，其关于径向坐标变化的函数一定是柱面波函数的一种（包括贝塞尔函数、诺埃曼函数和两种汉克尔函数）。

3.3　例题详解

【例题 3-1】　空气填充的矩形波导尺寸为 $a=22.86\text{mm}$，$b=10.16\text{mm}$。若分别接入对应自由空间波长分别为 2cm、3cm、5cm 的微波信号源，问这三种微波信号是否能被传输？可能出现哪些导通模式？

【解题分析】 求解此类问题的要点在于记住表示波导模式导通或截止关系的不等式。波导模式导通条件为 $k_c < k$ 或 $f_c < f$ 或 $\lambda_c > \lambda$，式中 k_c、f_c、λ_c 为波导模式的截止波数、截止频率、截止波长。对矩形波导，三者的表示式分别为 $k_c = \sqrt{\left(\dfrac{m\pi}{a}\right)^2 + \left(\dfrac{n\pi}{b}\right)^2}$、$f_c = \dfrac{k_c}{2\pi\sqrt{\mu\varepsilon}}$、$\lambda_c = \dfrac{2\pi}{k_c} = \dfrac{2}{\sqrt{\left(\dfrac{m}{a}\right)^2 + \left(\dfrac{n}{b}\right)^2}}$。本题属于基础题，记住导通条件，直接套用公式即可。

解： 根据矩形波导截止波长计算公式

$$(\lambda_c)_{mn} = \frac{2}{\sqrt{\left(\dfrac{m}{a}\right)^2 + \left(\dfrac{n}{b}\right)^2}}$$

可知

$$(\lambda_c)_{H_{10}} = \frac{2}{\sqrt{\left(\dfrac{1}{a}\right)^2}} = 2a = 4.572(\text{cm})$$

$$(\lambda_c)_{H_{20}} = \frac{2}{\sqrt{\left(\dfrac{2}{a}\right)^2}} = a = 2.286(\text{cm})$$

$$(\lambda_c)_{H_{01}} = \frac{2}{\sqrt{\left(\dfrac{1}{b}\right)^2}} = 2b = 2.032(\text{cm})$$

$$(\lambda_c)_{E_{11}} = (\lambda_c)_{H_{11}} = \frac{2}{\sqrt{\left(\dfrac{1}{b}\right)^2 + \left(\dfrac{1}{a}\right)^2}} = 2b = 1.857(\text{cm})$$

已知自由空间波长 $\lambda_0 = 2\text{cm}$、3cm、5cm，波导填充空气，则对应媒质波长 $\lambda = \lambda_0$。根据波导模式的导通条件 $\lambda < \lambda_c$，可知

在 $\lambda_0 = 2\text{cm}$ 时，波导内可导通 H_{01}、H_{10}、H_{20} 模式；

在 $\lambda_0 = 3\text{cm}$ 时，波导内可导通 H_{10} 模式；

在 $\lambda_0 = 5\text{cm}$ 时，$\lambda > (\lambda_c)_{H_{10}}$，波导内全部模式均截止。

【例题 3-2】 矩形波导的宽边和窄边尺寸满足关系 $a = 2b$，并且已知 H_{40} 模式是可以导通的最高次模式，根据上述条件判断矩形波导中还可以导通哪些模式？

【解题分析】 本题在上一道题的基础上将具体数值符号化，增加了不等式讨论环节，基本思路同上题。

解： 根据截止波长表达式，H_{40} 模式的截止波长为

$$(\lambda_c)_{H_{40}} = \frac{2\pi}{\sqrt{\left(\dfrac{m\pi}{a}\right)^2 + \left(\dfrac{n\pi}{b}\right)^2}} = \frac{1}{2}a$$

因为 $a = 2b$，故有

$$(\lambda_c)_{H_{40}} = b$$

根据题意,并根据波导模式导通判断公式,可导通的模式的截止波长与媒质波长应满足如下关系。

$$\lambda < (\lambda_c)_{H_{40}} \leqslant \lambda_c = \frac{2\pi}{\sqrt{\left(\frac{m\pi}{a}\right)^2 + \left(\frac{n\pi}{b}\right)^2}}$$

即有

$$\left(\frac{m}{2b}\right)^2 + \left(\frac{n}{b}\right)^2 \leqslant \left(\frac{2}{b}\right)^2 \Rightarrow \left(\frac{m}{2}\right)^2 + n^2 \leqslant 4$$

解得

$$\begin{cases} m=0 \\ n=1 \end{cases}, \begin{cases} m=0 \\ n=2 \end{cases}, \begin{cases} m=1 \\ n=0 \end{cases}, \begin{cases} m=2 \\ n=0 \end{cases}, \begin{cases} m=3 \\ n=0 \end{cases}, \begin{cases} m=1 \\ n=1 \end{cases}, \begin{cases} m=2 \\ n=1 \end{cases}, \begin{cases} m=3 \\ n=1 \end{cases}, \begin{cases} m=4 \\ n=0 \end{cases}$$

故除 H_{40} 模式以外,还可导通 H_{01}、H_{02}、H_{10}、H_{20}、H_{30}、H_{11}、E_{11}、H_{21}、E_{21}、H_{31}、E_{31} 模式。

【例题 3-3】 矩形波导的尺寸为 $2.5 \times 1.5 \text{cm}^2$,工作在 7.5GHz。假设:(1)波导是空气填充的;(2)波导内填充 $\varepsilon_r = 2$,$\mu_r = 1$,$\sigma = 0$ 的理想介质。求上述两种情况下波导内导通的波型并计算主模的传播特性参量。

【解题分析】 本题也是矩形波导求解中的常见问题。首先需要注意,判断在波导中模式是导通还是截止,应该是将该模式的截止波长与媒质波长进行比较。在波导内填充的媒质性质不同时,媒质波长不同,所以在波导中可导通的模式也可能不同。其次,在求解某导通模式的传播特性参量时,需要首先计算出该模式对应的相位常数 β,其与媒质波数及截止波数的关系为:$\beta = \sqrt{k^2 - k_c^2} = \sqrt{\varepsilon_r \mu_r \left(\frac{2\pi f}{c}\right)^2 - k_c^2} = \sqrt{\varepsilon_r \mu_r \left(\frac{2\pi}{\lambda_0}\right)^2 - \left(\frac{2\pi}{\lambda_c}\right)^2}$,可知波导内填充媒质的电磁参数 μ、ε 或 μ_r、ε_r 变化时,对应模式的 β 相应变化,其他传播特性参量也变化。相应的表达式如下。

媒质波长 λ 和自由空间波长 λ_0 关系为

$$\lambda = \frac{\lambda_0}{\sqrt{\mu_r \varepsilon_r}} = \frac{c}{\sqrt{\mu_r \varepsilon_r}\, f}$$

截止波长 λ_c 为

$$(\lambda_c)_{mn} = \frac{2}{\sqrt{\left(\frac{m}{a}\right)^2 + \left(\frac{n}{b}\right)^2}}$$

波导因子 G 为

$$G = \frac{\beta}{k} = \sqrt{1 - \left(\frac{k_c}{k}\right)^2} = \sqrt{1 - \left(\frac{f_c}{f}\right)^2} = \sqrt{1 - \left(\frac{\lambda}{\lambda_c}\right)^2}$$

波导模式的传播特性参量为

相位常数:$\beta = kG$

相波长:$\lambda_g = \frac{2\pi}{\beta} = \frac{\lambda}{G}$

相速度：$v_p = \dfrac{\omega}{\beta} = \dfrac{v}{G}$

群速度：$v_g = \dfrac{\mathrm{d}\omega}{\mathrm{d}\beta} = vG$

主模 H_{10} 模式的波阻抗：$\eta_{H_{10}} = \dfrac{\eta}{G}$

解：

(1) $\lambda = \dfrac{c}{f} = 4(\mathrm{cm})$

$(\lambda_c)_{H_{10}} = 2a = 5(\mathrm{cm})$，$(\lambda_c)_{H_{01}} = 2b = 3(\mathrm{cm})$，$(\lambda_c)_{H_{20}} = a = 2.5(\mathrm{cm})$。

此时只有主模 H_{10} 模的 λ_c 大于 λ，根据波导模式导通条件 $\lambda < \lambda_c$，故只有主模可以导通。对于主模 H_{10} 模，计算其传播特性参量为

$$G = \sqrt{1 - \left(\frac{\lambda}{2a}\right)^2} = 0.6$$

$$\beta = kG = \frac{2\pi}{\lambda} \cdot G = 0.9425(\mathrm{rad/cm})$$

$$\lambda_g = \frac{2\pi}{\beta} = 6.67(\mathrm{cm})$$

$$v_p = \frac{v}{G} = \frac{c}{G} = 5.0 \times 10^8(\mathrm{m/s})$$

$$v_g = vG = c \cdot G = 1.8 \times 10^8(\mathrm{m/s})$$

$$\eta_{H_{10}} = \frac{\eta}{G} = \frac{120\pi}{G} = 628(\Omega)$$

(2) $\lambda = \dfrac{c}{\sqrt{\mu_r \varepsilon_r} \cdot f} = 2.8284(\mathrm{cm})$

$(\lambda_c)_{H_{10}} = 2a = 5(\mathrm{cm})$，$(\lambda_c)_{H_{01}} = 2b = 3(\mathrm{cm})$，$(\lambda_c)_{H_{20}} = a = 2.5(\mathrm{cm})$。

此时 $(\lambda_c)_{H_{10}} > \lambda$，$(\lambda_c)_{H_{01}} > \lambda$，其他模式的 λ_c 均小于 λ。根据波导模式导通条件 $\lambda < \lambda_c$，故只有 H_{10} 模式、H_{01} 模式可以导通。对于主模 H_{10} 模，计算其传播特性参量为

$$G = \sqrt{1 - \left(\frac{\lambda}{2a}\right)^2} = 0.8246$$

$$\beta = kG = \frac{2\pi}{\lambda}G = 1.8318(\mathrm{rad/cm})$$

$$\lambda_g = \frac{2\pi}{\beta} = 3.43(\mathrm{cm})$$

$$v_p = \frac{v}{G} = \frac{\frac{c}{\sqrt{\mu_r \varepsilon_r}}}{G} = 2.5725 \times 10^8(\mathrm{m/s})$$

$$v_g = vG = \frac{c}{\sqrt{\mu_r \varepsilon_r}} \cdot G = 1.7493 \times 10^8(\mathrm{m/s})$$

$$\eta_{H_{10}} = \frac{\eta}{G} = \frac{120\pi \cdot \sqrt{\dfrac{\mu_r}{\varepsilon_r}}}{G} = 323(\Omega)$$

本题要求在理解的基础上记清原始公式,再根据已知条件进行变形或者推导。

【例题 3-4】 一个空气填充的圆波导中传输 H_{11}° 模式,已知电磁波自由空间波长为 $\lambda_0 = 0.9\lambda_c$,频率 $f_0 = 10\text{GHz}$,试求:(1)H_{11}° 模式的波导长 λ_g、相位常数 β;(2)若波导半径扩大为原来的 2 倍,H_{11}° 模式的 λ_g、β 为多少? 此时能否保持 H_{11}° 模式单模传输? 为什么?

【解题分析】 根据截止波长和媒质波长关系 $\lambda_0 = 0.9\lambda_c$ 可确定波导因子 $G = \sqrt{1 - \left(\dfrac{\lambda_0}{\lambda_c}\right)^2}$,再根据波导波长和媒质波长关系 $\lambda_g = \dfrac{\lambda_0}{G}$ 可确定波导波长 λ_g,根据 $\beta = \dfrac{2\pi}{\lambda_g}$ 可以确定相位常数 β。

解:(1) $\lambda_g = \dfrac{\lambda_0}{\sqrt{1 - \left(\dfrac{\lambda_0}{\lambda_c}\right)^2}} = 2.29\lambda_0$,

$$\lambda_0 = \frac{c}{f_0} = 3(\text{cm})$$

$$\lambda_g = 2.29 \times 3 = 6.87(\text{cm})$$

$$\beta = \frac{2\pi}{\lambda_g} = 0.91(\text{rad/cm})$$

(2) 若波导半径扩大一倍,即 $a' = 2a$ $\lambda_c' = 2\lambda_c$ $\lambda_0 = 0.45\lambda_c'$,

$$\text{对于主模} \lambda_g = \frac{\lambda_0}{\sqrt{1 - \left(\dfrac{\lambda_0}{\lambda_c}\right)^2}} = 3.36(\text{cm})$$

$$\beta = \frac{2\pi}{\lambda_g} = 1.87(\text{rad/cm})$$

此时 $\lambda_0 = 0.45\lambda_c'$,计算得 $0.45\lambda_c' = 0.45 \times 3.41a' = 1.53a'$,故还可能存在 H_{01}°,H_{21}°,E_{01}°,E_{11}° 模式,故不能保持 H_{11}° 模式单模传输。

本题应注意圆波导半径变化后,哪些量发生改变,不要代错变量。

3.4 习题解答

3-1 在直角坐标系下,判断 $\vec{\dot{E}} = \hat{i}_x \dot{E}_x = \hat{i}_x E_0 e^{-j\beta z}$,及 $\vec{\dot{E}} = \hat{i}_z \dot{E}_z = \hat{i}_z E_0 e^{-j\beta z}$ 是否是可能存在的电磁波,说明理由。

解:$\dot{E}_x = E_0 e^{-j\beta z}$ 满足波动方程 $\nabla^2 \dot{E}_x + \beta^2 \dot{E}_x = 0$,且 $\nabla \cdot \hat{i}_x \dot{E}_x = 0$,所以它是一种可能存在的电磁波。

$\dot{E}_z = E_0 e^{-j\beta z}$ 虽满足波动方程,但不满足 $\nabla \cdot \hat{i}_z \dot{E}_z = 0$,所以它不是一种可能存在的电磁波。

3-2 理想无耗同轴线存在纯驻波,如果始端及终端边界条件满足:(1)同为电压波节点;(2)同为电压波腹点;(3)一端为电压波腹点,一端为电压波节点。已知同轴线长为 l,写出每种情况下同轴线电压幅度分布函数,并求出每种情况下相位常数 β 的可能值及对应的波源频率 f,β 和 f 是否是连续变化的?说明什么问题?对频率低端和高端是否有限制?

解:(1)设终端到始端为 z 轴正方向,终端处 $z=0$,终端短路时电压入射波表达式为

$$\dot{U}(z) = \mathrm{j}2\dot{U}_{i2}\sin\beta z \quad (0 \leqslant z \leqslant l)$$

因为始端终端均为电压波节点,故有

$$\sin\beta l = 0 \Rightarrow \beta l = k\pi(k=1,2,3,\cdots) \Rightarrow \beta = \frac{k}{l}\pi(k=1,2,3,\cdots)$$

$f = \dfrac{v}{2\pi}\beta = \dfrac{k}{2l}v(k=1,2,3,\cdots)$,$v$ 为电磁波在传输线中的相速度,对于空气填充的同

轴线 $v=c$,则 $f=\dfrac{k}{2l}c(k=1,2,3,\cdots)$。

(2)设终端到始端为 z 轴正方向,终端处 $z=0$,终端开路电压入射波表达式为

$$\dot{U}(z) = 2\dot{U}_{i2}\cos\beta z \quad (0 \leqslant z \leqslant l)$$

因为始端终端均为电压波腹点,故有

$$|\cos\beta l| = 1 \Rightarrow \beta l = k\pi(k=1,2,3,\cdots) \Rightarrow \beta = \frac{k}{l}\pi(k=1,2,3,\cdots)$$

$$f = \frac{v}{2\pi}\beta = \frac{k}{2l}v(k=1,2,3,\cdots)$$

对于空气填充的同轴线有 $v=c$,则 $f=\dfrac{k}{2l}c(k=1,2,3,\cdots)$。

(3)设终端到始端为 z 轴正方向,终端处 $z=0$,

若终端为电压波腹点,则有 $\dot{U}(z)=2\dot{U}_{i2}\cos\beta z$,始端应为电压波节点;

若终端为电压波节点,则有 $\dot{U}(z)=\mathrm{j}2\dot{U}_{i2}\sin\beta z$,始端应为电压波腹点。

两种情况下均应有 $\beta l=k\pi+\dfrac{1}{2}\pi(k=0,1,2,\cdots) \Rightarrow \beta=\dfrac{k+\dfrac{1}{2}}{l}\pi(k=0,1,2,\cdots)$,

$$f = \frac{v}{2\pi}\beta = \frac{k+\dfrac{1}{2}}{2l}v(k=0,1,2,3,\cdots)。$$

对于空气填充的同轴线有 $v=c$,则 $f=\dfrac{k+\dfrac{1}{2}}{2l}c(k=0,1,2,3,\cdots)$。

β、f 不是连续变化的,说明对于确定长度的传输线,只能在某些特定频点上产生(1)、(2)、(3)情况的稳定驻波分布(产生谐振)。

每种情况均有一个最低谐振频率,当频率低于此值时,传输线上不能产生稳定驻波分布。对谐振频率上限没有限制。

3-3 对按正弦规律变化的时谐电磁波,在直角坐标系下,从麦克斯韦方程组出发,在无源情况下推导用 z 分量 $\dot{E}_z$、$\dot{H}_z$ 表示的其他场分量 $\dot{E}_x$、$\dot{E}_y$、$\dot{H}_x$、$\dot{H}_y$,并写出相对于 z 向

的 TE 波和 TM 波场量表示。

解：根据频域麦克斯韦方程

$$
\begin{cases}
\nabla \times \dot{\vec{E}} = -\,\mathrm{j}\omega\mu\,\dot{\vec{H}} \\[4pt]
\nabla \times \dot{\vec{H}} = \mathrm{j}\omega\varepsilon\,\dot{\vec{E}} \\[4pt]
\nabla \cdot \dot{\vec{E}} = 0 \\[4pt]
\nabla \cdot \dot{\vec{H}} = 0
\end{cases}
$$

将电场$\dot{\vec{E}}$、磁场$\dot{\vec{H}}$、∇算子分解成纵向分量和横向分量之和，即

$$
\begin{cases}
\dot{\vec{E}} = \hat{i}_z\,\dot{E}_z + \dot{\vec{E}}_{\mathrm{T}} \\[4pt]
\dot{\vec{H}} = \hat{i}_z\,\dot{H}_z + \dot{\vec{H}}_{\mathrm{T}} \\[4pt]
\nabla = \nabla_z + \nabla_{\mathrm{T}}
\end{cases}
$$

并假设波导内只存在$+z$方向导波，即电场$\dot{\vec{E}}$、磁场$\dot{\vec{H}}$可以写成分布函数和传播因子乘积的形式，有

$$
\begin{cases}
\dot{\vec{E}}(u,v,z) = \vec{E}(u,v)\mathrm{e}^{-\mathrm{j}\beta z} \\[6pt]
\dot{\vec{H}}(u,v,z) = \vec{H}(u,v)\mathrm{e}^{-\mathrm{j}\beta z}
\end{cases}
$$

可导出

$$
\dot{\vec{H}}_{\mathrm{T}} = \frac{1}{k_{\mathrm{c}}^2}(-\,\mathrm{j}\beta\,\nabla_{\mathrm{T}}\dot{H}_z - \mathrm{j}\omega\varepsilon\,\hat{i}_z \times \nabla_{\mathrm{T}}\dot{E}_z)
$$

$$
\dot{\vec{E}}_{\mathrm{T}} = \frac{1}{k_{\mathrm{c}}^2}(-\,\mathrm{j}\beta\,\nabla_{\mathrm{T}}\dot{E}_z + \mathrm{j}\omega\mu\,\hat{i}_z \times \nabla_{\mathrm{T}}\dot{H}_z)
$$

引入 TE 波和 TM 波的波阻抗

$$
\begin{cases}
\eta_{\mathrm{TE}} = \dfrac{k}{\beta}\eta \\[10pt]
\eta_{\mathrm{TM}} = \dfrac{\beta}{k}\eta
\end{cases}
$$

对 TE 波有

$$
\begin{cases}
\dot{\vec{H}}_{\mathrm{T}} = -\dfrac{\mathrm{j}\beta}{k_{\mathrm{c}}^2}\,\nabla_{\mathrm{T}}\dot{H}_z \\[10pt]
\dot{\vec{E}}_{\mathrm{T}} = -\,\eta_{\mathrm{TE}}\,\hat{i}_z \times \dot{\vec{H}}_{\mathrm{T}}
\end{cases}
$$

对 TM 波有

$$
\begin{cases}
\dot{\vec{E}}_{\mathrm{T}} = -\dfrac{\mathrm{j}\beta}{k_{\mathrm{c}}^2}\,\nabla_{\mathrm{T}}\dot{E}_z \\[10pt]
\dot{\vec{H}}_{\mathrm{T}} = \dfrac{1}{\eta_{\mathrm{TM}}}\,\hat{i}_z \times \dot{\vec{E}}_{\mathrm{T}}
\end{cases}
$$

上述表达式在直角坐标系下展开，即得到直角坐标系下的具体形式。

3-4 试比较在无限、均匀、理想介质中传播的均匀平面波和沿双导体传输线传输的 TEM 波两者之间的相同之处和不同之处,两者的传播特性参量(相位常数、波阻抗、相速度、相波长)有何关系?

解: 相同之处:在无限大均匀、理想介质中传播的均匀平面波是一种 TEM 波,和沿传输线传输的 TEM 波一样,电场和磁场都是正交的,且场量和传播方向互相垂直(横电磁波),在截面上的场分布满足拉普拉斯方程,并且具有相同的传播参数(波阻抗、相位常数等)。

不同之处:沿传输线传输的 TEM 波一般不是均匀平面波,即其在等相面上电场的幅度分布不是均匀的。

3-5 对于一沿着传输线向 +z 方向传输的 TEM 波,其电场和磁场分布函数可能同时包含 x 向和 y 向分量,此两分量可能都是 x 和 y 的函数。(1)试找出 $E_x(x,y)$、$E_y(x,y)$、$H_x(x,y)$、$H_y(x,y)$,彼此间的关系;(2)证明(1)中四个分量,在稳态状态下,均满足二维的拉普拉斯方程。

解: (1)根据理想介质电磁场基本方程,有

$$\nabla \times \dot{E} = -j\omega\mu \dot{H}$$

$$\nabla \cdot \dot{E} = 0$$

将 $\dot{E}_z = \dot{H}_z = 0$ 代入电场旋度方程,可得

$$\frac{\partial \dot{E}_x}{\partial y} = \frac{\partial \dot{E}_y}{\partial x}(1), \quad \frac{\partial \dot{E}_y}{\partial z} = j\omega\mu \dot{H}_x(2), \quad \frac{\partial \dot{E}_x}{\partial z} = -j\omega\mu \dot{H}_y(3)$$

同理由磁场方程可得

$$\frac{\partial \dot{H}_x}{\partial y} = \frac{\partial \dot{H}_y}{\partial x}(4), \quad \frac{\partial \dot{H}_y}{\partial z} = -j\omega\varepsilon \dot{E}_x(5), \quad \frac{\partial \dot{H}_x}{\partial z} = j\omega\varepsilon \dot{E}_y(6)$$

对于沿 +z 方向传播的 TEM 波,其电场分量可写为分布函数与传播因子的乘积,即有

$\dot{E}_x = E_x(x,y) \cdot e^{-\gamma z}, \dot{E}_y = E_y(x,y) \cdot e^{-\gamma z}$ 代入上述各式得

$$\frac{\partial E_x(x,y)}{\partial y} = \frac{\partial E_y(x,y)}{\partial x}, E_y(x,y) = -\frac{j\omega\mu}{\gamma}H_x(x,y), E_x(x,y) = \frac{j\omega\mu}{\gamma}\dot{H}_y(x,y)$$

$$\frac{\partial H_x(x,y)}{\partial y} = \frac{\partial H_y(x,y)}{\partial x}, H_y(x,y) = \frac{j\omega\varepsilon}{\gamma}E_x(x,y), H_x(x,y) = -\frac{j\omega\varepsilon}{\gamma}E_y(x,y)$$

即

$$\frac{E_y(x,y)}{H_x(x,y)} = -\frac{j\omega\mu}{\gamma} = -\frac{\gamma}{j\omega\varepsilon}, \frac{E_x(x,y)}{H_y(x,y)} = \frac{j\omega\mu}{\gamma} = \frac{\gamma}{j\omega\varepsilon}$$

以上即为电场磁场各分量横向分布函数之间关系。可导出

$$\gamma^2 = -\omega^2\mu\varepsilon, \gamma = j\omega\sqrt{\mu\varepsilon}$$

将 $\dot{E}_z = \dot{H}_z = 0$ 代入电场散度方程,可得

$$\frac{\partial \dot{E}_x}{\partial x} + \frac{\partial \dot{E}_y}{\partial y} = 0$$

将上式两端对 x,y 求偏导数得

$$\frac{\partial^2 \dot{E}_x}{\partial x^2}+\frac{\partial^2 \dot{E}_y}{\partial x\partial y}=0, \frac{\partial^2 \dot{E}_x}{\partial x\partial y}+\frac{\partial^2 \dot{E}_y}{\partial y^2}=0$$

即

$$\frac{\partial^2 \dot{E}_x}{\partial x^2}+\frac{\partial}{\partial y}\left(\frac{\partial \dot{E}_y}{\partial x}\right)=0 \text{ 或 } \frac{\partial}{\partial x}\left(\frac{\partial \dot{E}_x}{\partial y}\right)+\frac{\partial^2 \dot{E}_y}{\partial y^2}=0$$

把前面(1)式代入以上两式得

$$\frac{\partial^2 \dot{E}_x}{\partial x^2}+\frac{\partial^2 \dot{E}_x}{\partial y^2}=0, \text{即} \nabla_T^2 \dot{E}_x=0(7);$$

$$\frac{\partial^2 \dot{E}_y}{\partial x^2}+\frac{\partial^2 \dot{E}_y}{\partial y^2}=0, \text{即} \nabla_T^2 \dot{E}_y=0(8);$$

考虑到

$$\dot{E}_x=E_x(x,y)\cdot e^{-\gamma z}, \qquad \dot{E}_y=E_y(x,y)\cdot e^{-\gamma z}$$

代入(7)、(8)得

$$\nabla_T^2 E_x(x,y)=0, \qquad \nabla_T^2 E_y(x,y)=0$$

同理,用磁场旋度及散度方程可证明

$$\nabla_T^2 H_x(x,y)=0, \qquad \nabla_T^2 H_y(x,y)=0$$

上述结果说明,$E_x(x,y),E_y(x,y),H_x(x,y),H_y(x,y)$ 在稳态情况下,均满足二维拉普拉斯方程。

本题的结果表明,双导体传输线导引的 TEM 波在垂直于传输线轴向的任一横截面内的电场和磁场分布都与相同边界条件下的静态场分布相似,因此传输线的分布参量计算可以应用静态场的计算结果。

3-6 垂直于 x 轴放置的两块平行的无限大理想导体板,相距为 a,已知其中传输的电磁波的分布函数的电、磁场纵向分量是 $H_z=A\cos k_c x+B\sin k_c x, E_z=0$。试求:(1)电磁场的其余分量;(2)用边界条件确定常数 A(或者 $B,A、B$ 有一个决定于波源)、k_c;(3)说明是什么模式,求相应截止波长 λ_c。

解:(1)已知 $E_z=0$,故此波为 TE 波。设传播方向为 $+z$ 方向,根据电磁场基本方程组,可以推导出电磁场的其余分量分别为

$$H_x=-\frac{\gamma}{k_c^2}\frac{\partial H_z}{\partial x}=-\frac{\gamma}{k_c}(-A\sin k_c x+B\cos k_c x)$$

$$H_y=-\frac{\gamma}{k_c^2}\frac{\partial H_z}{\partial y}=0$$

$$E_x=\eta_{TE}H_y=0$$

$$E_y=-\eta_{TE}H_x=\eta_{TE}\frac{\gamma}{k_c}(-A\sin k_c x+B\cos k_c x)$$

上述各式中波阻抗 $\eta_{TE}=\frac{j\omega\mu}{\gamma}$。

（2）设金属板为理想导体，所以边界切向电场 $E_{1t} = E_{2t} = 0$。场量的边界条件为

$$E_y \big|_{x=0} = E_y \big|_{x=a} = 0$$

代入(1)中求出的 E_y 表达式，得

$$E_y \big|_{x=0} = j \frac{\omega\mu}{k_c} B = 0$$

解得 $B = 0$，

$$E_y \big|_{x=a} = -j \frac{\omega\mu}{k_c} A \sin k_c a = 0$$

解得 $k_c = \dfrac{n\pi}{a}, n = 1, 2, 3, \cdots$。

（3）由于在传播方向上没有电场分量，故为 TE 模式。相应的截止波长 λ_c 为

$$\lambda_c = \frac{2\pi}{k_c} = \frac{2\pi}{n\pi/a} = \frac{2a}{n}, n = 1, 2, 3, \cdots$$

3-7 矩形波导中某模式的 v_g、v_p、λ_c、λ_g 有何区别和联系？它们分别与哪些因素有关？

解：

（1）群速度 $v_g = \dfrac{d\omega}{d\beta} = v\sqrt{1 - \left(\dfrac{\lambda}{\lambda_c}\right)^2}$，和媒质波速 v、媒质波长 λ、模式的截止波长 λ_c 有关系。

（2）相速度 $v_p = \dfrac{\omega}{\beta} = \dfrac{v}{\sqrt{1 - \left(\dfrac{\lambda}{\lambda_c}\right)^2}}$，和媒质波速 v、媒质波长 λ、模式的截止波长 λ_c 有关系。

（3）λ_c 为截止波长，$(\lambda_c)_{mn} = \dfrac{2}{\sqrt{\left(\dfrac{m}{a}\right)^2 + \left(\dfrac{n}{b}\right)^2}}$，和矩形波导宽边尺寸 a、窄边尺寸 b、模式的模序数 m 和 n 有关系，和矩形波导填充的媒质无关。

（4）λ_g 为相波长，$\lambda_g = \dfrac{\lambda}{\sqrt{1 - \left(\dfrac{\lambda}{\lambda_c}\right)^2}}$，和媒质波长 λ、模式的截止波长 λ_c 有关系。

综上可知，v_g，v_p，λ_g 有如下关系。

① $v_g \cdot v_p = v^2$，　　② $v_g \cdot \lambda_g = v\lambda$，　　③ $v_p \cdot \lambda = v \cdot \lambda_g$。

3-8 已知矩形波导内填充相对介电常数 $\varepsilon_r = 9$，相对磁导率 $\mu_r = 1$ 的介质，宽边尺寸 $a = 7$cm，窄边尺寸 $b = 3.5$cm，在其中传输 TE_{10} 模式，求：（1）它的截止频率；（2）当 $f = 2$GHz 时，相速度和波导波长各是多少？

解：（1）$(\lambda_c)_{H_{10}} = \dfrac{2\pi}{(k_c)_{H_{10}}} = \dfrac{2}{\sqrt{\left(\dfrac{1}{a}\right)^2 + 0}} = 14$(cm)，

$$f_c = \frac{v}{\lambda_c} = \frac{c}{\sqrt{\varepsilon_r \mu_r} \cdot \lambda_c} = \frac{3 \times 10^8}{3 \times 0.14} = 0.714\text{(GHz)}$$

（2）波导波长（即相波长）为

$$\lambda_g = \frac{\lambda}{\sqrt{1-\left(\frac{\lambda}{\lambda_c}\right)^2}} = \frac{c}{\sqrt{\varepsilon_r\mu_r}\cdot f\sqrt{1-\left(\frac{f_c}{f}\right)^2}} = 5.35(cm)$$

根据相波长和相速度关系，可知相速度为

$$v_p = \lambda_g \cdot f = 1.07 \times 10^8 (m/s)$$

3-9 在矩形波导中，某 TM 模式的纵向电场 $\dot{E}_z$ 的分布函数为 $E_z = E\sin\left(\frac{\pi x}{30}\right)\sin\left(\frac{\pi y}{30}\right)$，式中 x,y 的单位是 mm，求该模式的截止波长 λ_c。如果该模式为 TM$_{32}$ 模式，求此矩形波导的宽边尺寸 a 和窄边尺寸 b。

解：根据表达式 $E_z = E\sin\left(\frac{\pi x}{30}\right)\sin\left(\frac{\pi y}{30}\right)$ 可知

$$k_x = \frac{m\pi}{a} = \frac{\pi}{30}, k_y = \frac{n\pi}{b} = \frac{\pi}{30}, k_c = \sqrt{k_x^2 + k_y^2} = \sqrt{\left(\frac{m\pi}{a}\right)^2 + \left(\frac{n\pi}{b}\right)^2} = \frac{\sqrt{2}\pi}{30}$$

故有

$$\lambda_c = \frac{2\pi}{k_c} = \frac{2\pi}{\sqrt{\left(\frac{m\pi}{a}\right)^2 + \left(\frac{n\pi}{b}\right)^2}} = 30\sqrt{2} \approx 42.4(mm)$$

若是 TM$_{32}$ 模，则有

$$\begin{cases} \dfrac{3}{a} = \dfrac{1}{30} \\ \dfrac{2}{b} = \dfrac{1}{30} \end{cases} \Rightarrow \begin{cases} a = 90(mm) \\ b = 60(mm) \end{cases}$$

3-10 空气填充的矩形波导宽边尺寸为 $a=22.86$mm、窄边尺寸为 $b=10.16$mm，传输频率为 10GHz 的 TE$_{10}$ 模式，求它的相速度 v_p、群速度 v_g、波阻抗 $\eta_{TE_{10}}$。若 a,b 发生变化，则上述参量如何变化？

解：TE$_{10}$ 模式截止波长为

$$(\lambda_c)_{H_{10}} = 2a = 2 \times 22.86(mm) = 4.572(cm)$$

截止频率为

$$f_c = \frac{v}{\lambda_c} = \frac{c}{\lambda_c} = \frac{3 \times 10^8}{4.572 \times 10^{-2}} = 6.56(GHz)$$

相速度为

$$v_p = \frac{v}{\sqrt{1-\left(\frac{f_c}{f}\right)^2}} = \frac{c}{\sqrt{1-\left(\frac{f_c}{f}\right)^2}} = 3.97 \times 10^8 (m/s)$$

群速度为

$$v_g = v \cdot \sqrt{1-\left(\frac{f_c}{f}\right)^2} = c \cdot \sqrt{1-\left(\frac{f_c}{f}\right)^2} = 2.27 \times 10^8 (m/s)$$

波阻抗为

$$\eta_{H_{10}} = \frac{\eta}{G} = \frac{120\pi}{\sqrt{1-\left(\frac{f_c}{f}\right)^2}} = 498(\Omega)$$

若 a 变大，λ_c 变大，f_c 变小，v_p 变小，v_g 变大，$\eta_{TE_{10}}$ 变小。

若 b 变化，上述参量不发生变化。

3-11 若波导用相对介电常数为 ε_r 相对磁导率为 $\mu_r = 1$ 的介质所填充，则其所传输的波导模式的截止波长 λ_c 和传输特性将如何变化？

解：截止波长 $\lambda_c = \dfrac{2\pi}{\sqrt{\left(\dfrac{m\pi}{a}\right)^2+\left(\dfrac{n\pi}{b}\right)^2}}$ 与 ε_r、μ_r 无关。

所以 λ_c 无变化。

$$f_c = \frac{v}{\lambda_c} = \frac{c}{\sqrt{\varepsilon_r\mu_r}\cdot\lambda_c} = \frac{c}{\sqrt{\varepsilon_r}\cdot\lambda_c} \Rightarrow f_c \text{ 变小}.$$

$$v_p = \frac{c}{\sqrt{\varepsilon_r\mu_r}\sqrt{1-\left(\frac{f_c}{f}\right)^2}} = \frac{c}{\sqrt{\varepsilon_r}\sqrt{1-\left(\frac{f_c}{f}\right)^2}} \Rightarrow v_p \text{ 变小}.$$

$$v_g = \frac{c}{\sqrt{\varepsilon_r\mu_r}}\cdot\sqrt{1-\left(\frac{f_c}{f}\right)^2} = \frac{c}{\sqrt{\varepsilon_r}}\cdot\sqrt{1-\left(\frac{f_c}{f}\right)^2} \Rightarrow v_g \text{ 变化情况视 } \varepsilon_r \text{ 取值而定}.$$

$$\eta_{TE} = \frac{120\pi\sqrt{\mu_r}}{\sqrt{\varepsilon_r}}\cdot\frac{1}{\sqrt{1-\left(\frac{f_c}{f}\right)^2}} = \frac{120\pi}{\sqrt{\varepsilon_r}}\cdot\frac{1}{\sqrt{1-\left(\frac{f_c}{f}\right)^2}} \Rightarrow \eta_{TE} \text{ 变小}.$$

$$\eta_{TM} = \frac{120\pi\sqrt{\mu_r}}{\sqrt{\varepsilon_r}}\cdot\sqrt{1-\left(\frac{f_c}{f}\right)^2} = \frac{120\pi}{\sqrt{\varepsilon_r}}\cdot\sqrt{1-\left(\frac{f_c}{f}\right)^2} \Rightarrow \eta_{TM} \text{ 变化情况视 } \varepsilon_r \text{ 取值而定}.$$

3-12 如果用空气填充的 BJ-32 型波导作为传输线，λ_0 为自由空间波长，问：(1)若 $\lambda_0 = 6\text{cm}$，波导中能导通哪些模式？(2)若测得波导中传输 H_{10} 模式时，沿轴向两个相邻波节点之间的距离为 10.9cm。求 λ_g、λ_0。(3)若 $\lambda_0 = 10\text{cm}$，波导中能导通哪些模式？求导通模式的 v_p、v_g、λ_g、λ_c。

解：对 BJ-32 型波导有：$a = 72.14(\text{mm})$，$b = 34.04(\text{mm})$。

由截止波长表达式 $\lambda_c = \dfrac{2}{\sqrt{\left(\dfrac{m}{a}\right)^2+\left(\dfrac{n}{b}\right)^2}}$ 计算可得

$$\begin{cases} (\lambda_c)_{H_{10}} = 14.428(\text{cm}),\ (\lambda_c)_{H_{20}} = 7.214(\text{cm}) \\ (\lambda_c)_{E_{01}} = 6.808(\text{cm}),\ (\lambda_c)_{H_{11},E_{11}} = 6.157(\text{cm}) \end{cases}$$ ，其余模式截止波长均小于6cm。

(1) $\lambda = 6\text{cm}$ 时，波导中可能的传输模式为 H_{10} 模，H_{20} 模，H_{01} 模，H_{11} 模，E_{11} 模。

(2) 由题意，可知波导波长 $\lambda_g = 2\times10.9(\text{cm}) = 21.8(\text{cm})$，波导波长可以表示为

$$\lambda_g = \frac{\lambda_0}{\sqrt{1-\left(\frac{\lambda_0}{\lambda_c}\right)^2}}$$

故有

$$\left(\frac{\lambda_0}{\lambda_g}\right)^2 = 1 - \left(\frac{\lambda_0}{\lambda_c}\right)^2 \Rightarrow \lambda_0 = \sqrt{\frac{1}{\left(\frac{1}{\lambda_g^2} + \frac{1}{\lambda_c^2}\right)}} = \sqrt{\frac{1}{\left(\frac{1}{21.8^2} + \frac{1}{14.4^2}\right)}} \approx 12.02(\text{cm})$$

（3）若 $\lambda_0 = 10\text{cm}$，只有 H_{10} 模式截止波长满足 $(\lambda_c)_{H_{10}} > \lambda_0$，故只有 H_{10} 模式导通。可求出波导因子 G 为

$$G = \sqrt{1 - \left(\frac{\lambda_0}{\lambda_c}\right)^2} = 0.7208$$

从而有

$$\lambda_g = \frac{\lambda_0}{G} = 13.90(\text{cm})$$

$$v_p = \frac{c}{G} = 4.17 \times 10^8 (\text{m/s})$$

$$v_g = c \cdot G = 2.16 \times 10^8 (\text{m/s})$$

3-13　已知在空气填充的 BJ-100 型矩形波导中，传输 TE_{10} 模式，自由空间波长 $\lambda_0 =$ 3cm，求：（1）截止波长 λ_c，波导波长 λ_g，相位常数 β，波阻抗 $\eta_{TE_{10}}$。（2）若波导宽边尺寸增大为原来的二倍，上述参量如何变化？还能导通什么模式？（3）若波导窄边尺寸增大为原来的二倍，上述参量如何变化？还能导通什么模式？（4）若波导尺寸不变，当电磁波频率改为 $f_0 = 15\text{GHz}$ 时，上述参量如何变化？还能导通什么模式？

解：对 BJ-100 型波导有：$a = 22.86\text{mm}$，$b = 10.16\text{mm}$。

（1）已知传输 H_{10} 模式，其截止波长为

$$\lambda_c = 2a = 4.572(\text{cm})$$

$$\lambda_g = \frac{\lambda_0}{\sqrt{1 - \left(\frac{\lambda_0}{\lambda_c}\right)^2}} = 3.976(\text{cm})$$

相位常数 β 为

$$\beta = \frac{2\pi}{\lambda_g} = 1.58(\text{rad/cm})$$

波阻抗为

$$\eta_{TE_{10}} = \frac{\eta_0}{\sqrt{1 - \left(\frac{\lambda_0}{\lambda_c}\right)^2}} = \frac{120\pi}{\sqrt{1 - \left(\frac{\lambda_0}{\lambda_c}\right)^2}} = 500(\Omega)$$

（2）若波导宽边增大到原来的二倍，则 $a' = 4.572(\text{cm})$，

传输 H_{10} 模式，$\lambda_c' = 2a' = 9.144(\text{cm})$，

$$\lambda_g' = \frac{\lambda_0}{\sqrt{1 - \left(\frac{\lambda_0}{\lambda_c'}\right)^2}} = 3.176(\text{cm})$$

$$\beta' = \frac{2\pi}{\lambda_g'} = 1.98(\text{rad/cm})$$

$$\eta'_{TE_{10}} = \frac{120\pi}{\sqrt{1 - \left(\frac{\lambda_0}{\lambda'_c}\right)^2}} = 399(\Omega)$$

根据波导模式导通条件,有

$$3 = \lambda_0 < \lambda_c = \frac{2}{\sqrt{\left(\frac{m}{a}\right)^2 + \left(\frac{n}{b}\right)^2}} \Rightarrow \left(\frac{m}{a}\right)^2 + \left(\frac{n}{b}\right)^2 < \left(\frac{2}{3}\right)^2 \Rightarrow \begin{cases} m=1 \\ n=0 \end{cases}, \begin{cases} m=2 \\ n=0 \end{cases}, \begin{cases} m=3 \\ n=0 \end{cases}$$

故还可以传输 H_{20} 模式和 H_{30} 模式。

(3) 若波导窄边增大到原来的二倍,则 $b' = 2b = 2.032(cm)$。

传输 H_{10} 模则 $\lambda''_c = 2a = 4.572(cm)$,

$$\lambda''_g = \frac{\lambda_0}{\sqrt{1 - \left(\frac{\lambda_0}{\lambda''_c}\right)^2}} = 3.976(cm)$$

$$\beta'' = \frac{2\pi}{\lambda''_g} = 1.58(rad/cm)$$

$$\eta''_{TE_{10}} = \frac{120\pi}{\sqrt{1 - \left(\frac{\lambda_0}{\lambda''_c}\right)^2}} = 500(\Omega)$$

结果与(1)相同。

根据波导模式导通条件,有

$$3 = \lambda_0 < \lambda_c = \frac{2}{\sqrt{\left(\frac{m}{a}\right)^2 + \left(\frac{n}{b}\right)^2}} \Rightarrow \left(\frac{m}{2.286}\right)^2 + \left(\frac{n}{2.032}\right)^2 < \left(\frac{2}{3}\right)^2$$

$$\Rightarrow \begin{cases} m=1 \\ n=0 \end{cases}, \begin{cases} m=1 \\ n=1 \end{cases}, \begin{cases} m=0 \\ n=1 \end{cases}$$

故还可以传输 H_{01} 模式、H_{11} 模式、E_{11} 模式。

(4) 若 $f_0 = 15GHz$,则 $\lambda_0 = \frac{c}{f_0} = 2(cm)$,

$$\lambda_c = 2a = 4.572(cm)$$

$$\lambda_g = \frac{\lambda_0}{\sqrt{1 - \left(\frac{\lambda_0}{\lambda_c}\right)^2}} = 2.224(cm)$$

$$\beta = \frac{2\pi}{\lambda_g} = 2.82(rad/cm)$$

$$\eta_{TE_{10}} = \frac{120\pi}{\sqrt{1 - \left(\frac{\lambda_0}{\lambda_c}\right)^2}} = 419(\Omega)$$

根据波导模式导通条件,有

$$2 = \lambda_0 < \lambda_c = \frac{2}{\sqrt{\left(\frac{m}{a}\right)^2 + \left(\frac{n}{b}\right)^2}} \Rightarrow \left(\frac{m}{2.286}\right)^2 + \left(\frac{n}{1.016}\right)^2 < \left(\frac{2}{2}\right)^2$$

$$\Rightarrow \begin{cases} m = 1 \\ n = 0 \end{cases}, \begin{cases} m = 2 \\ n = 0 \end{cases}, \begin{cases} m = 0 \\ n = 1 \end{cases}$$

故还可以传输 H_{20}、H_{01} 模式。

3-14　频率为 30GHz 的 H_{10} 模式在 BJ-320 型（$a=7.112\text{mm}, b=3.556\text{mm}$）矩形波导中传输,波导的轴向长度为 10cm。试求:(1)当波导中填充空气时,电磁波经过该波导后的相移是多少?(2)当波导中充以相对介电常数 $\varepsilon_r = 4$、相对磁导率 $\mu_r = 1$ 的介质时,电磁波经过该波导后的相移是多少? 此时,波导内还可能出现哪些导通模式?

解：(1)填充空气时的媒质波长即等于真空中波长,有

$$\lambda = \lambda_0 = \frac{c}{f_0} = 1(\text{cm})$$

H_{10} 模式截止波长为

$$\lambda_c = 2a = 1.4224(\text{cm})$$

其波导波长为

$$\lambda_g = \frac{\lambda_0}{\sqrt{1 - \left(\frac{\lambda_0}{\lambda_c}\right)^2}} = 1.406(\text{cm})$$

经过波导的相移为

$$\phi = \beta l = \frac{2\pi}{\lambda_g} l = 44.67(\text{rad})$$

(2)波导填充介质后,媒质波长为

$$\lambda = \frac{\lambda_0}{\sqrt{\varepsilon_r \mu_r}} = \frac{c}{\sqrt{\varepsilon_r} f_0} = 0.5(\text{cm})$$

H_{10} 模式截止波长保持不变,为

$$\lambda_c = 2a = 1.4224(\text{cm})$$

此时波导波长为

$$\lambda_g = \frac{\lambda_0}{\sqrt{1 - \left(\frac{\lambda_0}{\lambda_c}\right)^2}} = 0.534(\text{cm})$$

经过波导的相移为

$$\phi = \beta l = \frac{2\pi}{\lambda_g} l = 117.6(\text{rad})$$

根据波导模式的导通条件,有

$$0.5 = \lambda < \lambda_c = \frac{2}{\sqrt{\left(\frac{m}{a}\right)^2 + \left(\frac{n}{b}\right)^2}} \Rightarrow \left(\frac{m}{0.7112}\right)^2 + \left(\frac{n}{0.3556}\right)^2 < \left(\frac{2}{0.5}\right)^2$$

$$\Rightarrow \begin{cases} m=0 \\ n=1 \end{cases}, \begin{cases} m=1 \\ n=0 \end{cases}, \begin{cases} m=1 \\ n=1 \end{cases}, \begin{cases} m=2 \\ n=0 \end{cases}, \begin{cases} m=2 \\ n=1 \end{cases}$$

故此时还可导通 H_{01}、H_{20}、H_{11}、E_{11}、H_{21}、E_{21} 模式。

3-15 已知 BJ-100 型波导尺寸为 $a=22.86$mm、$b=10.16$mm,所传输的电磁波的自由空间波长为 $\lambda_0=3.2$cm,终端接一个天线。用测量线测出靠近终端的第一个电压波节点位置 $l_{min}=13.44$mm,线上驻波比 $\rho=3.0$,(1) 求该天线的归一化阻抗 $\overline{Z}_L$;(2) 若用一个电感膜片(可提供并联纯感性电纳)对该天线进行调配,求该膜片插入的位置及归一化电纳值。

解:(1) 对 BJ-100 型波导,其宽边和窄边尺寸分别为

$$a=22.86(\text{mm}), \quad b=10.16(\text{mm})$$

波导内填充媒质为空气,媒质波长为

$$\lambda_0=32(\text{mm})$$

满足条件

$$20.32(\text{mm})=2b=(\lambda_c)_{H_{01}} < 22.86(\text{mm})=a=(\lambda_c)_{H_{20}} < \lambda_0 < (\lambda_c)_{H_{10}}$$
$$=2a=45.72(\text{mm})$$

故波导中只能导通 H_{10} 模式,其对应的波导波长为

$$\lambda_g=\frac{\lambda_0}{\sqrt{1-\left(\frac{\lambda_0}{\lambda_c}\right)^2}} \approx 44.8(\text{mm}),$$

靠近终端第一个波节点到终端的电长度为

$$\overline{l}_{min}=\frac{l_{min}}{\lambda_g} \approx 0.30$$

如图 3.11 所示,根据驻波比 $\rho=3.0$,可在阻抗圆图上确定波腹点 A,并由波腹点确定等反射系数圆,交负实轴一点为波节点 B。从波节点沿等反射系数圆逆时针转 0.30 电长度,对应位置即为负载归一化阻抗位置 C,可读出负载归一化阻抗值为

$$\overline{Z}_L=\overline{Z}_C=1.70+j1.30$$

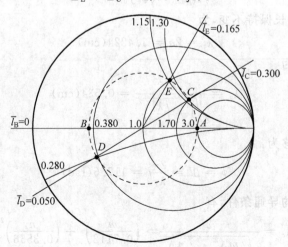

图 3.11 题 3-15 解答示意图

（2）在同一张圆图上，将阻抗点沿等反射系数圆顺时针或逆时针转 0.25 电长度，可得到导纳圆图上的导纳点 D，可读出负载归一化导纳值为

$$\overline{Y}_L = \overline{Y}_D = 0.380 - j0.280$$

可读出对应的电标度为

$$\overline{l}_D = 0.050$$

将该导纳点沿等反射系数圆顺时针转动与可匹配圆 $\overline{G}=1$ 在上半平面相交于一点 E，该点的归一化导纳值为

$$\overline{Y}_1 = \overline{Y}_E = 1 + j1.15$$

对应的电标度为

$$\overline{l}_E = 0.165$$

在该位置，电纳呈容性，通过并联由电感膜片提供的纯感性电纳，其归一化值为

$$\overline{Y}_2 = -j1.15$$

可将传输线的电纳项抵消掉而实现匹配。该位置到终端的电长度为

$$\overline{d} = \overline{l}_D + \overline{l}_E = 0.215$$

对应的几何长度为

$$d = \overline{d} \cdot \lambda_g \approx 9.6 \text{(mm)}$$

（并联电感膜片的导纳值为 $Y_2 = \overline{Y}_2 Y_0 = -j1.15 Y_0$，$Y_0$ 为其等效特性导纳，假设与波导模式等效特性导纳相同）

3-16 根据矩形波导 TE_{mn} 模式和 TM_{mn} 模式的场解表达式，证明对任意可能的模式，在导通状态下，对应复数坡印亭矢量 $\vec{S}$ 沿 z 轴的分量为实数，沿 x 轴或 y 轴的分量为虚数。这说明什么问题？

证明： 复数坡印廷矢量表示式为

$$\vec{S} = \frac{1}{2} \vec{E} \times \vec{H}^* = \hat{i}_x \dot{S}_x + \hat{i}_y \dot{S}_y + \hat{i}_z \dot{S}_z$$

对矩形波导 TE_{mn} 模，其场解表示式为

$$\begin{cases}
\dot{H}_x = \frac{j\beta}{k_c^2}\left(\frac{m\pi}{a}\right) H_{mn} \sin\left(\frac{m\pi}{a}x\right)\cos\left(\frac{n\pi}{b}y\right) e^{-j\beta z} \\
\dot{H}_y = \frac{j\beta}{k_c^2}\left(\frac{n\pi}{b}\right) H_{mn} \cos\left(\frac{m\pi}{a}x\right)\sin\left(\frac{n\pi}{b}y\right) e^{-j\beta z} \\
\dot{H}_z = H_{mn} \cos\left(\frac{m\pi}{a}x\right)\cos\left(\frac{n\pi}{b}y\right) e^{-j\beta z} \\
\dot{E}_x = \eta_{TE} \dot{H}_y \\
\dot{E}_y = -\eta_{TE} \dot{H}_x \\
\dot{E}_z = 0
\end{cases}$$

计算可知

$$\dot{S}_x = \frac{1}{2}\dot{E}_y \dot{H}_z^* = -\frac{1}{2}\eta_{TE}\frac{j\beta}{k_c^2}\left(\frac{m\pi}{a}\right)|H_{mn}|^2 \sin\left(\frac{m\pi}{a}x\right)\cos\left(\frac{m\pi}{a}x\right)\cos^2\left(\frac{n\pi}{b}y\right)$$

$$\dot{S}_y = -\frac{1}{2} \dot{E}_x \dot{H}_z^* = -\frac{1}{2} \eta_{TE} \frac{j\beta}{k_c^2} \left(\frac{n\pi}{b}\right) |H_{mn}|^2 \cos^2\left(\frac{m\pi}{a}x\right) \sin\left(\frac{n\pi}{b}y\right) \cos\left(\frac{n\pi}{b}y\right)$$

$$\dot{S}_z = \frac{1}{2} \dot{E}_x \dot{H}_y^* - \frac{1}{2} \dot{E}_y \dot{H}_x^* = \frac{1}{2} \eta_{TE} |\dot{H}_y|^2 + \frac{1}{2} \eta_{TE} |\dot{H}_x|^2$$

由上述表达式容易看出，$\dot{S}_x$、$\dot{S}_y$ 为虚数，$\dot{S}_z$ 为实数。

对 TM_{mn} 模，同理可证。

上述结果说明，在波导内，沿横向无有功功率传输，沿 z 向有有功功率传输。

3-17 已知空气填充的矩形波导的尺寸为 $a=22.86\text{mm}$、$b=10.16\text{mm}$，传输 TE_{10} 模式，工作频率 $f=9.375\text{GHz}$。若空气的击穿电场强度为 30kV/cm，求该波导在行波状态下能够传输的最大功率。

解： 波导填充空气，媒质波长即为自由空间波长，有

$$\lambda = \lambda_0 = \frac{c}{f} = \frac{3 \times 10^8}{9.375 \times 10^9} = 0.032(\text{m})$$

矩形波导 TE_{10} 模式传输的最大功率为

$$P_{\max} = \frac{ab}{480\pi} E_b^2 \cdot \sqrt{1 - \left(\frac{\lambda}{2a}\right)^2} = 9.98 \times 10^5(\text{W})$$

3-18 一空气填充的矩形波导尺寸为 $a=60\text{mm}$、$b=40\text{mm}$，所传输的电磁波频率为 3GHz，试计算 TE_{10}、TE_{01}、TE_{11} 和 TM_{11} 四种模式的截止波长，并求出可导通模式的波导波长、相位常数、相速度、群速度及波阻抗。

解： 对于 TE_{10} 模式，截止波长为

$$(\lambda_c)_{TE_{10}} = \frac{2}{\sqrt{\left(\frac{1}{a}\right)^2 + 0}} = 2a = 12(\text{cm})$$

对于 TE_{01} 模式，截止波长为

$$(\lambda_c)_{TE_{01}} = \frac{2}{\sqrt{0 + \left(\frac{1}{b}\right)^2}} = 2b = 8(\text{cm})$$

对于 TE_{11} 和 TM_{11} 模式，截止波长为

$$(\lambda_c)_{TE_{11}} = (\lambda_c)_{TM_{11}} = \frac{2}{\sqrt{\left(\frac{1}{a}\right)^2 + \left(\frac{1}{b}\right)^2}} = 6.656(\text{cm})$$

波导填充空气，媒质波长等于自由空间波长，有

$$\lambda = \lambda_0 = \frac{c}{f} = \frac{3 \times 10^8}{3 \times 10^9}(\text{m}) = 0.1(\text{m}) = 10(\text{cm})$$

比较可知

$$\lambda < (\lambda_c)_{TE_{10}}, \lambda > (\lambda_c)_{TE_{01}}, \lambda > (\lambda_c)_{TE_{11}} = (\lambda_c)_{TM_{11}}$$

故只有 TE_{10} 模式可以导通。将 $\lambda_c = (\lambda_c)_{TE_{10}}$ 代入下列各式，可得 TE_{10} 模式的各参量为

$$\lambda_{g} = \frac{\lambda_{0}}{\sqrt{1 - \left(\frac{\lambda_{0}}{\lambda_{c}}\right)^{2}}} = 18.09(\text{cm})$$

$$\beta = \frac{2\pi}{\lambda_{g}} = 0.347(\text{rad/cm})$$

$$v_{p} = \frac{c}{\sqrt{1 - \left(\frac{\lambda_{0}}{\lambda_{c}}\right)^{2}}} = 5.43 \times 10^{8}(\text{m/s})$$

$$v_{g} = c \cdot \sqrt{1 - \left(\frac{\lambda_{0}}{\lambda_{c}}\right)^{2}} = 1.66 \times 10^{8}(\text{m/s})$$

$$\eta_{\text{TE}_{10}} = 120\pi \cdot \frac{1}{\sqrt{1 - \left(\frac{\lambda_{0}}{\lambda_{c}}\right)^{2}}} = 682\ (\Omega)$$

3-19 空气填充的矩形波导宽边尺寸为 $a = 23\text{mm}$，窄边尺寸为 $b = 10\text{mm}$。(1) 若电磁波频率 $f = 20\text{GHz}$，求 TE_{11} 模式的截止频率 f_{c}、相位常数 β、波导波长 λ_{g}、相速度 v_{p} 及波阻抗 $\eta_{\text{TE}_{11}}$；(2) 若 $f = 10\text{GHz}$，TE_{11} 模式是导通还是截止？此时传播常数 γ 为多少？

解：(1) 波导空气填充，媒质波长等于自由空间波长，有

$$\lambda = \lambda_{0} = \frac{c}{f} = \frac{3 \times 10^{8}}{20 \times 10^{9}}(\text{m}) = 0.015(\text{m}) = 15(\text{mm})$$

对 TE_{11} 模式，截止波长为

$$\lambda_{c} = \frac{2}{\sqrt{\left(\frac{1}{a}\right)^{2} + \left(\frac{1}{b}\right)^{2}}} = 18.34(\text{mm})$$

截止频率为

$$f_{c} = \frac{c}{\lambda_{c}} = 16.36(\text{GHz})$$

相位常数为

$$\beta = \frac{2\pi}{\lambda_{0}} \cdot \sqrt{1 - \left(\frac{\lambda_{0}}{\lambda_{c}}\right)^{2}} = 0.241(\text{rad/mm})$$

波导波长为

$$\lambda_{g} = \frac{2\pi}{\beta} = 26.1(\text{mm})$$

相速度为

$$v_{p} = \frac{c}{\sqrt{1 - \left(\frac{\lambda_{0}}{\lambda_{c}}\right)^{2}}} = 5.21 \times 10^{8}(\text{m/s})$$

波阻抗为

$$\eta_{\text{TE}_{11}} = 120\pi \Big/ \sqrt{1 - \left(\frac{\lambda_{0}}{\lambda_{c}}\right)^{2}} = 655(\Omega)$$

(2) $f = 10\text{GHz}$ 时，媒质波长为

$$\lambda = \lambda_0 = \frac{c}{f} = \frac{3 \times 10^8}{10 \times 10^9}(\text{m}) = 0.03(\text{m}) = 30(\text{mm})$$

$$\lambda_c = (\lambda_c)_{\text{TE}_{11}} < \lambda$$

故此时 TE_{11} 模式截止，传播常数为

$$\gamma = \alpha = \frac{2\pi}{\lambda_0} \cdot \sqrt{\left(\frac{\lambda_0}{\lambda_c}\right)^2 - 1} = 0.271(\text{Np/mm})$$

3-20 空气填充的矩形波导中，当波的工作频率接近导通模式的截止频率时，该模式将出现极大的衰减，故有时取工作频率的下限为导通模式截止频率的 1.25 倍。设空气填充的矩形波导中可实现单模传输，工作频率范围是 $4.8\sim 7.2\text{GHz}$。求：(1) 该矩形波导的尺寸(设 $a = 2b$)；(2) 若电磁波自由空间波长为 $\lambda_0 = 5\text{cm}$，该电磁波在此波导中以主模传输时的相位常数 β、波导波长 λ_g 和相速度 v_p。

解：(1) 根据题意，工作频率下限为 4.8GHz，故截止频率为

$$f_c = \frac{4.8}{1.25} = 3.84(\text{GHz})$$

已知波导空气填充，则截止波长为

$$\lambda_c = \frac{c}{f_c} = 0.078(\text{m}) = 7.8(\text{cm})$$

为保证主模单模传输，则

$$\lambda_c = 2a \Rightarrow a = 3.9(\text{cm})$$

$$a = 2b \Rightarrow b = 1.95(\text{cm})$$

计算可得此时矩形波导以主模单模工作时的频率上限为 $f = \frac{c}{(\lambda_c)_{H_{10}}} = \frac{c}{a} = 7.69\text{GHz}$，大于题目所给频率范围的最高频率，故所得解符合题目要求。

(2) 主模波导因子 G 为

$$G = \sqrt{1 - \left(\frac{\lambda_0}{2a}\right)^2} = 0.7675$$

则相位常数 β 为

$$\beta = kG = \frac{2\pi}{\lambda_0}G = 0.9645(\text{rad/cm})$$

波导波长 λ_g 为

$$\lambda_g = \frac{\lambda_0}{G} = 6.5145(\text{cm})$$

相速度 v_p 为

$$v_p = \frac{c}{G} = 3.91 \times 10^8(\text{m/s})$$

3-21 已知空气填充的矩形波导的尺寸为 $a = 22.86\text{mm}$、$b = 10.16\text{mm}$，电磁波自由空间波长为 32mm，当波导终端接某负载时，测得沿线驻波比 $\rho = 3.0$，第一个电压波节点距终端 9.0mm，求：(1) 波导中可导通的模式；(2) 终端负载的归一化导纳值；(3) 若用单螺调配器(其螺钉可提供并联纯容性电纳)进行调配，求螺钉距负载的距离及螺钉提供的

电纳。

解：

（1）波导内填充媒质为空气，媒质波长为

$$\lambda_0 = 32(\text{mm})$$

满足条件

$$20.32(\text{mm}) = 2b = (\lambda_c)_{H_{01}} < 22.86(\text{mm}) = a = (\lambda_c)_{H_{20}} < \lambda_0 < (\lambda_c)_{H_{10}}$$
$$= 2a = 45.72(\text{mm})$$

故波导中只能导通 H_{10} 模式。

（2）H_{10} 模式对应的波导波长为

$$\lambda_g = \frac{\lambda_0}{\sqrt{1-\left(\frac{\lambda_0}{\lambda_c}\right)^2}} \approx 44.8(\text{mm})$$

根据题意，靠近终端第一个波节点到终端的电长度为

$$\bar{l}_{\min} = \frac{l_{\min}}{\lambda_g} \approx 0.20$$

如图 3.12 所示，根据驻波比 $\rho = 3.0$，可在导纳圆图上确定波节点 A，并由波节点确定等反射系数圆。从波节点沿等反射系数圆逆时针转 0.20 电长度，对应位置即为负载归一化导纳位置 B，可读出负载归一化导纳值为

$$\bar{Y}_L = \bar{Y}_B = 0.380 + j0.280$$

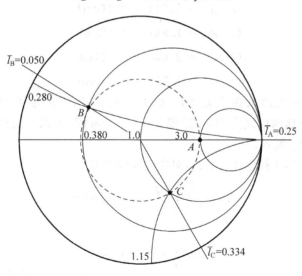

图 3.12　题 3-21 解答示意图

可读出对应的电标度为

$$\bar{l}_B = 0.050$$

将该导纳点沿等反射系数圆顺时针转动与可匹配圆 $\bar{G} = 1$ 在下半平面相交于一点 C，该点的归一化导纳呈感性，其值为

$$\overline{Y}_1 = \overline{Y}_C = 1 - j1.15$$

对应的电标度为

$$\overline{l}_C = 0.334$$

在该位置,通过并联由单螺调配器提供的归一化纯容性电纳为

$$\overline{Y}_2 = +j1.15$$

可将传输线的电纳项抵消掉而实现匹配。该位置到终端的电长度为

$$\overline{d} = \overline{l}_C - \overline{l}_A = 0.284$$

对应的几何长度为

$$d = \overline{d} \cdot \lambda_g \approx 12.7 \text{(mm)}$$

(单螺调配器螺钉提供的并联导纳值为 $Y_2 = \overline{Y}_2 Y_0 = j1.15 Y_0$,$Y_0$ 为其等效特性导纳,假设与波导模式等效特性导纳相同)

3-22 已知空气填充的圆波导的直径为 5cm,求:(1) H_{11}°、H_{01}°、E_{01}°、E_{11}° 模式的 λ_c。(2)当电磁波自由空间波长分别为 $\lambda_0 = 7$cm、6cm、3cm 时,波导中可导通哪些模式?(3)若 $\lambda_0 = 7$cm,求圆波导主模的波导波长 λ_g。

解: 由圆波导直径 $d = 5$cm,可知其半径为 $a = 2.5$cm。

(1)各模式截止波长为

$$(\lambda_c)_{H_{11}^\circ} = 3.41a = 8.525 \text{(cm)}$$

$$(\lambda_c)_{E_{01}^\circ} = 2.62a = 6.55 \text{(cm)}$$

$$(\lambda_c)_{H_{01}^\circ} = 1.64a = 4.1 \text{(cm)}$$

$$(\lambda_c)_{E_{11}^\circ} = 1.64a = 4.1 \text{(cm)}$$

$$(\lambda_c)_{H_{21}^\circ} = 2.06a = 5.15 \text{(cm)}$$

$$(\lambda_c)_{E_{21}^\circ} = 1.22a = 3.05 \text{(cm)}$$

(2)波导模式导通的条件为 $\lambda_c > \lambda_0$,故 $\lambda_0 = 7$cm 时,可以导通的模式为 H_{11}° 模式;$\lambda_0 = 6$cm 时,可以导通的模式为 H_{11}°、E_{01}° 模式;$\lambda_0 = 3$cm 时,可以导通的模式为 H_{11}°、H_{01}°、H_{31}°、E_{01}°、E_{11}°、H_{21}°、E_{21}° 模式。

(3)对于圆波导,主模为 H_{11}° 模式,对应波导因子 G 为

$$G = \sqrt{1 - \left(\frac{\lambda_0}{\lambda_c}\right)^2} = 0.5708$$

波导波长为

$$\lambda_g = \frac{\lambda_0}{G} = 12.26 \text{(cm)}$$

3-23 如图 3.13 所示的矩形波导,电磁波自由空间波长 $\lambda_0 = 5$cm,在窄壁开有一个直径 $d = 5$mm 的小孔,并为防止微波能量泄漏,接上一段内径为 5mm 的铜管。试求:为使辐射功率减少到不加铜管的 10^{-6},铜管的长度 L 应该为多少(将铜管视为圆波导,只考虑主模)?

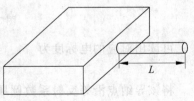

图 3.13 题 3-23 图

解：比较铜管构成的圆波导 $H_{11}^{\bigcirc}$ 模式截止波长和自由空间波长有

$$(\lambda_c)_{H_{11}^{\bigcirc}} = 3.41a = 8.525(\text{mm}) < \lambda_0 = 5(\text{cm})$$

可知 $H_{11}^{\bigcirc}$ 模式截止，衰减常数为

$$\alpha = \frac{2\pi}{\lambda_0} \cdot \sqrt{\left(\frac{\lambda_0}{\lambda_c}\right)^2 - 1} = 7.26(\text{Np/cm})$$

经过长度 L 后，功率衰减为原来的 10^{-6}，即有

$$\text{e}^{-2\alpha L} = 10^{-6}$$

可以导出

$$2\alpha L = 6\ln 10$$
$$L = 0.95(\text{cm})$$

3-24 已知各阶第一类贝塞尔函数及其导数的根如表 3.2 和表 3.3 所示，分析圆波导的前十个基本模式的可能顺序；假定自由空间波长为 3cm 的电磁波能在某圆波导中单模传输（不考虑极化简并），试估计此圆波导的大致半径。

表 3.2　各阶贝塞尔函数的根（u_{ni}）

i \ n	0	1	2	3	4	5
1	2.405	3.832	5.136	6.379	7.588	8.771
2	5.520	7.016	8.417	9.760	11.065	12.339
3	8.654	10.173	11.620	13.015	14.373	15.800
4	11.792	13.324	14.796	16.220	17.616	18.982

表 3.3　各阶贝塞尔函数导函数的根（v_{ni}）

i \ n	0	1	2	3	4	5
1	3.832	1.841	3.054	4.201	5.317	6.416
2	7.016	5.331	6.706	8.015	9.282	10.520
3	10.173	8.536	9.965	11.846	12.682	13.987

解：（1）$(\lambda_c)_{E_{ni}^{\bigcirc}} = \dfrac{2\pi a}{u_{ni}}$，　$(\lambda_c)_{H_{ni}^{\bigcirc}} = \dfrac{2\pi a}{v_{ni}}$，

计算得前十个模式的截止波长为

$$(\lambda_c)_{E_{01}^{\bigcirc}} = 2.62a, \quad (\lambda_c)_{E_{11}^{\bigcirc}} = 1.64a, \quad (\lambda_c)_{E_{21}^{\bigcirc}} = 1.22a$$
$$(\lambda_c)_{E_{02}^{\bigcirc}} = 1.14a, \quad (\lambda_c)_{H_{01}^{\bigcirc}} = 1.64a, \quad (\lambda_c)_{H_{11}^{\bigcirc}} = 3.41a$$
$$(\lambda_c)_{H_{21}^{\bigcirc}} = 2.06a, \quad (\lambda_c)_{H_{31}^{\bigcirc}} = 1.49a, \quad (\lambda_c)_{H_{41}^{\bigcirc}} = 1.182a$$
$$(\lambda_c)_{H_{12}^{\bigcirc}} = 1.178a$$

从大到小顺序为 $H_{11}^{\bigcirc}, E_{01}^{\bigcirc}, H_{21}^{\bigcirc}, E_{11}^{\bigcirc}, H_{01}^{\bigcirc}, H_{31}^{\bigcirc}, E_{21}^{\bigcirc}, H_{41}^{\bigcirc}, H_{12}^{\bigcirc}, E_{02}^{\bigcirc}$。

（2）单模传输需保证

$$(\lambda_c)_{E_{01}^{\bigcirc}} = 2.62a < \lambda < (\lambda_c)_{H_{11}^{\bigcirc}} = 3.41a$$

可得

$$2.62a < 3cm < 3.41a$$

从而圆波导半径范围为

$$0.88cm < a < 1.145cm$$

3-25 自由空间波长为 8mm 的电磁波用 BJ-320 型($a=7.112mm, b=3.556mm$)矩形波导过渡到传输 TE_{01} 模的圆波导,并要求两者的相速度相同,试估算此圆波导的直径;若过渡到圆波导后要求能够传输 TE_{11} 模并且相速度一样,此圆波导的直径为多少?

解: 自由空间波长 $\lambda_0 = 8mm$。

矩形波导主模 H_{10} 模式截止波长为

$$(\lambda_c)_{H_{10}} = 2a = (2 \times 7.112)(mm) = 14.224(mm)$$

若要求过渡到传输直径为 d 的圆波导的 TE_{01} 模式,且相速度相同,则应有

$$(\lambda_c)_{H_{01}^\bigcirc} = 1.64 \times \frac{d}{2} = (\lambda_c)_{H_{10}}$$

圆波导直径 d 为

$$d = 17.36(mm)$$

若要求过渡到传输圆波导的 $TE_{11}^\bigcirc$ 模式,且相速度相同,则应有

$$(\lambda_c)_{H_{11}^\bigcirc} = 3.41 \times \frac{d}{2} = (\lambda_c)_{H_{10}}$$

圆波导直径 d 为

$$d = 8.34(mm)$$

3-26 已知同轴线内导体外径 $d=1.37mm$,外导体内径 $D=4.6mm$,内外导体之间填充聚苯乙烯材料,其相对介电常数 $\varepsilon_r = 2.1$、相对磁导率为 $\mu_r = 1$,则此同轴线的特性阻抗和其主模传播相速度为多少?

解:

$$Z_0 = \frac{60}{\sqrt{\varepsilon_r}} \ln\left(\frac{D}{d}\right) = 50.15(\Omega)$$

$$v = \frac{c}{\sqrt{\varepsilon_r}} = 2.07 \times 10^8 (m/s)$$

3-27 设空气填充的铜制硬同轴线内导体外径 $d=7mm$,外导体内径 $D=16mm$,求其最大通过功率 P_{max}(已知空气的击穿电场强度 $E_{br}=30kV/cm$,并且终端匹配)。

解: $P_{max} = \dfrac{E_{br}^2 d^2 \ln\left(\dfrac{D}{d}\right)}{480} = \dfrac{(3000 \times 10^3)^2 \times (7 \times 10^{-3})^2 \ln\left(\dfrac{1.6}{0.7}\right)}{480} = 7.60 \times 10^5 (W)$。

第4章

微波网络

4.1 基本概念、理论、公式

4.1.1 研究对象——微波结

本章的研究对象示例如图 4.1(a)所示。该器件由理想导体封闭,在三个端口上分别连接矩形波导、同轴线、微带线,与外界的功率交换只能通过这些传输线进行。该器件构成微波系统中的"不均匀区"(称为微波结),在只考虑其外特性时,可以用图 4.1(b)所示的等效微波网络模型来研究。

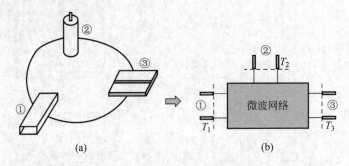

(a)   (b)

图 4.1   连接矩形波导、同轴线、微带线的"不均匀区"等效为三端口网络

4.1.2 微波等效电路原理

参考图 4.1(a)、图 4.1(b),微波等效电路的基本等效关系如下。

(1) 将单模波导(如传输 TEM 模的同轴线、传输准 TEM 模的微带线、传输 H_{10} 模的矩形波导等)等效为双导线,从而利用传输线理论研究其轴向传输特性。

(2) 将各种微波元件等效为微波网络,从而利用微波网络理论研究其外特性。

4.1.3 单模波导等效为双导线

单模波导等效为双导线,实际上是将波导模式的电磁场等效用双导线的电压和电流表示。此时要考虑等效双导线的传输复功率 $\dot{P}$、等效特性阻抗 Z_0、相位常数 β 表示。

1. 传输复功率 $\dot{P}$ 相等

$$\dot{P} = \frac{1}{2}\int_{s}(\vec{\dot{E}}_{\mathrm{T}} \times \vec{\dot{H}}_{\mathrm{T}}^{*}) \cdot \hat{i}_z \mathrm{d}S = \frac{1}{2}\dot{U}\dot{I}^{*} \tag{4.1}$$

波导模式横向电场 $\vec{\dot{E}}_{\mathrm{T}}(u,v,z)$、横向磁场 $\vec{\dot{H}}_{\mathrm{T}}(u,v,z)$ 与等效电压 $\dot{U}(z)$、$\dot{I}(z)$ 的关系为

$$\vec{\dot{E}}_{\mathrm{T}}(u,v,z) = \vec{e}_{\mathrm{T}}(u,v) \cdot \dot{U}(z) \tag{4.2a}$$

$$\dot{H}_\mathrm{T}(u,v,z) = \vec{h}_\mathrm{T}(u,v) \cdot \dot{I}(z) \tag{4.2b}$$

矢量模式函数 $\vec{e}_\mathrm{T}$、$\vec{h}_\mathrm{T}$ 满足条件

$$\int_S (\vec{e}_\mathrm{T} \times \vec{h}_\mathrm{T}) \cdot \hat{i}_z \mathrm{d}S = 1 \tag{4.3}$$

2. 等效特性阻抗 Z_0

设波导等效特性阻抗为 Z_0，被等效的波导模式的波阻抗为 η_w，则矢量模式函数应满足如下条件。

$$\frac{|\vec{e}_\mathrm{T}|}{|\vec{h}_\mathrm{T}|} = \frac{\eta_\mathrm{w}}{Z_0} \tag{4.4}$$

根据传输功率相等原则和等效特性阻抗 Z_0，可以唯一地确定等效电压和电流。

3. 相位常数 β

等效双导线的相位常数取为被等效的波导模式沿轴向的相位常数。

4.1.4 微波元件等效为网络

参考图 4.2，将微波元件（构成微波结）等效为微波网络，依据以下原则。

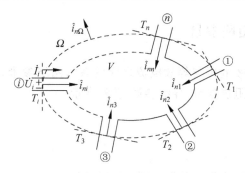

图 4.2 微波结

（1）使各端口等效电压、等效电流表示的进入网络复功率与各端口波导模式电场、磁场表示的进入网络的复功率相等。

$$\frac{1}{2} \sum_i \int_{S_i} (\dot{\vec{E}}_{T_i} \times \dot{\vec{H}}_{T_i}^*) \cdot \mathrm{d}\vec{S}_i = \mathrm{j}2\omega(W_\mathrm{m} - W_\mathrm{e}) + P = \frac{1}{2} \sum_i \dot{U}_i \cdot \dot{I}_i^* \tag{4.5}$$

$\dot{\vec{E}}_{T_i}$、$\dot{\vec{H}}_{T_i}$ 为 T_i 参考面的波导模式的切向电场和磁场，与端口等效电压和等效电流关系为

$$\begin{cases} \dot{\vec{E}}_{T_i} = \vec{e}_{T_i} \dot{U}_i \\ \dot{\vec{H}}_{T_i} = \vec{h}_{T_i} \dot{I}_i \end{cases} \tag{4.6}$$

端口矢量模式函数应满足归一化条件

$$\int_{S_i} (\vec{e}_{T_i} \times \vec{h}_{T_i}) \cdot \mathrm{d}\vec{S}_i = 1 \qquad\qquad (4.7)$$

网络的等效电压、等效电流方向应选为对网络内部的关联参考方向,如图 4.3 所示。当平均功率 $P_i = \mathrm{Re}(\dot{P}_i) = \dfrac{1}{2}\mathrm{Re}(\dot{U}_i \dot{I}_i^*)$ 为正值时表示网络在该端口吸收功率,为负值时表示网络在该端口释放功率。

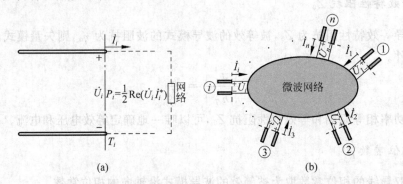

图 4.3　网络端口电路量选为对网络内部的关联参考方向

(2) 确定各端口波导模式的等效特性阻抗。通常将等效特性阻抗选为 1,将等效电压和等效电流进行归一化处理,即选为归一化电压和归一化电流,从而得到归一化的网络参量。此时实际上是将传输线特性阻抗的影响归于等效网络内部。

4.1.5　网络参量之电路参量

反映参考面上的等效电压与等效电流之间关系的网络参量,称为网络的电路参量。常用的网络电路参量有阻抗参量、导纳参量、转移参量。

4.1.6　阻抗参量

用网络各端口等效电流表示各端口等效电压,即有

$$\dot{U}_i = \sum_{j=1}^{n} Z_{ij} \dot{I}_j, (i = 1, 2, \cdots, n) \qquad\qquad (4.8)$$

写成矩阵形式有

$$[\dot{U}] = [Z][\dot{I}] \qquad\qquad (4.9)$$

其中 $Z_{ij}(i, j = 1, 2, \cdots, n)$ 是比例系数,称为阻抗。$i = j$ 时称为自阻抗,$i \neq j$ 时称为互阻抗。

4.1.7　导纳参量

用网络各端口等效电流表示等效电压,即有

$$\dot{I}_i = \sum_{j=1}^{n} Y_{ij} \dot{U}_j, (i = 1, 2, \cdots, n) \tag{4.10}$$

写成矩阵形式有

$$[\dot{I}] = [Y][\dot{U}] \tag{4.11}$$

其中 $Y_{ij}(i, j = 1, 2, \cdots, n)$ 是比例系数,称为导纳。$i = j$ 时称为自导纳,$i \neq j$ 时称为互导纳。

4.1.8 转移参量

转移参量通常对二端口网络有定义。如图 4.4 所示,是以输出端口的电压 $\dot{U}_2$ 和电流 $\dot{I}_2$ 的负值来表示输入端口的电压 $\dot{U}_1$、电流 $\dot{I}_1$,可得

$$\begin{bmatrix} \dot{U}_1 \\ \dot{I}_1 \end{bmatrix} = \begin{bmatrix} a & b \\ c & d \end{bmatrix} \begin{bmatrix} \dot{U}_2 \\ -\dot{I}_2 \end{bmatrix} = [A] \begin{bmatrix} \dot{U}_2 \\ -\dot{I}_2 \end{bmatrix} \tag{4.12}$$

矩阵 $[A]$ 称为转移矩阵,矩阵各元素为转移参量。

图 4.4 二端口网络

4.1.9 电路参量的归一化

在微波网络中,为了理论分析的普遍性,常把各端口的电压、电流对各端口传输线的特性阻抗加以归一化。归一化电压、电流为

$$\overline{U}_i = \frac{\dot{U}_i}{\sqrt{Z_{0i}}}, \quad \overline{I}_i = \dot{I}_i \sqrt{Z_{0i}} \tag{4.13}$$

归一化阻抗参量有

$$\overline{Z}_{ii} = \frac{Z_{ii}}{Z_{0i}}, \quad \overline{Z}_{ij} = \frac{Z_{ij}}{\sqrt{Z_{0i}Z_{0j}}} \tag{4.14}$$

归一化导纳参量有

$$\overline{Y}_{ii} = \frac{Y_{ii}}{Y_{0i}}, \quad \overline{Y}_{ij} = \frac{Y_{ij}}{\sqrt{Y_{0i}Y_{0j}}} \tag{4.15}$$

归一化转移参量有

$$\overline{a} = a\sqrt{\frac{Z_{02}}{Z_{01}}}, \quad \overline{b} = \frac{b}{\sqrt{Z_{01}Z_{02}}}, \quad \overline{c} = c\sqrt{Z_{01}Z_{02}}, \quad \overline{d} = d\sqrt{\frac{Z_{01}}{Z_{02}}} \tag{4.16}$$

归一化电压、归一化电流也是等效电压、等效电流的一种形式。此时在保证用它们表示进入网络的复功率不变的情况下,而将各端口波导模式等效特性阻抗取为1。

4.1.10　网络参量之波参量

微波网络端口的信号量为进波(内向波)a 和出波(外向波)b 时,建立起的端口信号量间关系的矩阵,称为波矩阵,矩阵中的元素为波参量。常用的波矩阵有散射矩阵和传输矩阵。

4.1.11　进波和出波

以波进入网络的方向为"+"方向,以波从网络流出的方向为"−"方向,则第 i 端口进波和出波定义为

$$\begin{cases} a_i = \overline{U}_i^+ = \dfrac{\dot{U}_i^+}{\sqrt{Z_{0i}}} \\ b_i = \overline{U}_i^- = \dfrac{\dot{U}_i^-}{\sqrt{Z_{0i}}} \end{cases} \tag{4.17}$$

4.1.12　散射参量

用各端口的进波表示出波,可以表示为

$$b_i = \sum_{j=1}^{n} S_{ij} a_j \quad (i = 1, 2\cdots, n) \tag{4.18}$$

或简写成矩阵形式有

$$[\boldsymbol{b}] = [\boldsymbol{S}][\boldsymbol{a}] \tag{4.19}$$

$[\boldsymbol{S}]$ 是散射矩阵,其元素为散射参量。

散射参量物理意义:在除波源所在的第 j 端口以外,其余各端口均接匹配负载的条件下,散射矩阵的非对角元 $S_{ij}(i \neq j)$ 是第 j 口到第 i 口的电压传输系数;其对角元 S_{jj} 是波源所在的第 j 端口的电压反射系数。

4.1.13　传输参量

传输参量通常对二端口网络有定义。对二端口网络,如图 4.4 所示,如果用输出端口(端口 2)的出波和进波表示输入端口(端口 1)的进波和出波,可得到如下关系。

$$\begin{bmatrix} a_1 \\ b_1 \end{bmatrix} = \begin{bmatrix} T_{11} & T_{12} \\ T_{21} & T_{22} \end{bmatrix} \begin{bmatrix} b_2 \\ a_2 \end{bmatrix} = [\boldsymbol{T}] \begin{bmatrix} b_2 \\ a_2 \end{bmatrix} \tag{4.20}$$

其中 $[\boldsymbol{T}] = \begin{bmatrix} T_{11} & T_{12} \\ T_{21} & T_{22} \end{bmatrix}$ 称为二端口网络的传输矩阵,其元素称为传输参量。

4.1.14　各种网络参量的转换关系

由于同一个网络可以用各种网络参量来描述,因此这些参量之间是可以互相转换的。根据端口上的信号对的情况,可分为电路参量间的转换、波参量间的转换,以及电路参量与波参量之间的转换。

需要注意的是,波参量是根据归一化的电路量定义的,因而只能在**归一化电路参量**之间进行转换。

4.1.15　互易性(可逆性)

如果网络某两个端口分别接负载和波源,其传输特性与将两个端口的负载和波源对换时的传输特性相同,则称网络这两个端口具有互易性。互易性又称可逆性。如果网络所有端口都互易或可逆,则称网络为互易网络或可逆网络。对于互易网络,各网络参量满足如下条件。

1. 阻抗参量(Z 参量)

$$\overline{Z}_{ij} = \overline{Z}_{ji} \quad \text{或} \quad [\overline{\boldsymbol{Z}}]^{\mathrm{T}} = [\overline{\boldsymbol{Z}}] \tag{4.21}$$

对二端口网络,有

$$\overline{Z}_{12} = \overline{Z}_{21} \tag{4.22}$$

2. 导纳参量(Y 参量)

$$\overline{Y}_{ij} = \overline{Y}_{ji} \quad \text{或} \quad [\overline{\boldsymbol{Y}}]^{\mathrm{T}} = [\overline{\boldsymbol{Y}}] \tag{4.23}$$

对二端口网络,有

$$\overline{Y}_{12} = \overline{Y}_{21} \tag{4.24}$$

3. 转移参量(A 参量)

$$|\overline{A}| = \overline{a}\,\overline{d} - \overline{b}\,\overline{c} = 1 \tag{4.25}$$

4. 散射参量(S 参量)

$$S_{ij} = S_{ji} \quad \text{或} \quad [\boldsymbol{S}]^{\mathrm{T}} = [\boldsymbol{S}] \tag{4.26}$$

对二端口网络,有

$$S_{12} = S_{21} \tag{4.27}$$

5. 传输参量(T 参量)

$$T_{11}T_{22} - T_{12}T_{21} = 1 \tag{4.28}$$

上述由网络参量定义的互易性是指电性能的互易。

4.1.16 对称性

如果微波元件的结构具有对称性,其等效网络就称为对称微波网络。由于对称通常是针对网络某两个端口而言的,因而可以通过二端口网络说明这种性质。如果仅考虑网络本身而不考虑外接传输线,则对二端口对称网络应满足如下条件。

1. 阻抗参量(Z 参量)

$$Z_{11} = Z_{22}, \quad Z_{12} = Z_{21} \tag{4.29}$$

2. 导纳参量(Y 参量)

$$Y_{11} = Y_{22}, \quad Y_{12} = Y_{21} \tag{4.30}$$

3. 转移参量(A 参量)

$$a = d, \quad |A| = ad - bc = 1 \tag{4.31}$$

如果考虑网络外接传输线特性阻抗的影响,用归一化网络参量表示对称性,则有如下性质。

1. 阻抗参量(Z 参量)

$$\bar{Z}_{11} = \bar{Z}_{22}, \quad \bar{Z}_{12} = \bar{Z}_{21} \tag{4.32}$$

2. 导纳参量(Y 参量)

$$\bar{Y}_{11} = \bar{Y}_{22}, \quad \bar{Y}_{12} = \bar{Y}_{21} \tag{4.33}$$

3. 转移参量(A 参量)

$$\bar{a} = \bar{d}, \quad |\bar{A}| = \bar{a}\bar{d} - \bar{b}\bar{c} = 1 \tag{4.34}$$

4. 散射参量(S 参量)

$$S_{11} = S_{22}, \quad S_{12} = S_{21} \tag{4.35}$$

5. 传输参量(T 参量)

$$T_{11}T_{22} - T_{12}T_{21} = 1, \quad T_{12} = -T_{21} \tag{4.36}$$

需要注意以下几点。

(1) 式(4.29)、式(4.30)、式(4.31)表示的是网络本身的对称性,式(4.32)、式(4.33)、式(4.34)表示的是网络与端口传输线整体(考虑其特性阻抗)的对称性,二者是不同的。

(2) 通常具有几何对称性的微波网络的网络参量满足上述各式关系,但满足上述各式关系的微波网络却不一定具有几何对称性。这种由微波网络参量描述的对称性是一种电性能的对称。

(3) 根据式(4.29)、式(4.30)、式(4.31)和式(4.32)、式(4.33)、式(4.34)定义的对称性同时满足互易性。在微波网络学习中,通常认为具有对称性的两个端口一定具有互易性,反之则不一定成立。

4.1.17 无耗性

如果在网络内部没有任何功率的消耗,则这种网络称为无耗网络。网络的无耗性用网络参量可以表示为如下关系。

1. 阻抗参量

$$[\mathbf{Z}]^+ = -[\mathbf{Z}] \quad 或 [\bar{\mathbf{Z}}]^+ = -[\bar{\mathbf{Z}}] \tag{4.37}$$

2. 导纳参量

$$[\mathbf{Y}]^+ = -[\mathbf{Y}] \quad 或 [\bar{\mathbf{Y}}]^+ = -[\bar{\mathbf{Y}}] \tag{4.38}$$

3. 散射参量

$$[\mathbf{S}]^+ [\mathbf{S}] = [1] \tag{4.39}$$

4.1.18 互易无耗网络

互易网络的无耗性质用网络参量可以表示为如下关系。

1. 阻抗参量

$$[\mathbf{Z}]^* = -[\mathbf{Z}] \quad 或 \quad [\bar{\mathbf{Z}}]^* = -[\bar{\mathbf{Z}}] \tag{4.40}$$

此时矩阵中各元素为纯虚数(或零)。

2. 导纳参量

$$[\mathbf{Y}]^* = -[\mathbf{Y}] \quad 或 [\bar{\mathbf{Y}}]^* = -[\bar{\mathbf{Y}}] \tag{4.41}$$

此时矩阵中各元素为纯虚数(或零)。

3. 转移参量

a 和 d 为实数,b 和 c 为虚数,结论对归一化参量也成立。

4. 散射参量

$$[\mathbf{S}]^* [\mathbf{S}] = [1] \tag{4.42}$$

4.1.19　网络外特性参量

微波元件在系统中的作用常用"工作特性参量"表示,有时也称它们为网络的"外特性参量"。对于二端口网络,常用的外特性参量有电压传输系数、插入衰减、插入相移和输入驻波比等。这些外特性参量也适用于 n 端口网络的任意两个端口。

4.1.20　电压传输系数

电压传输系数的定义为网络输出端接匹配负载时,输出端参考面上出波电压 b_2 与输入端参考面上入波电压 a_1 的比值,记为 T。

$$T = \left.\frac{b_2}{a_1}\right|_{a_2=0} = S_{21} = \frac{2}{\bar{a}+\bar{b}+\bar{c}+\bar{d}} \tag{4.43}$$

4.1.21　插入衰减

插入衰减的定义为网络输出端接匹配负载时,网络输入端入射波功率 P_1 与负载吸收功率 P_2 之比,记为 L。

用倍数关系表示有: $L = \left.\frac{P_1}{P_2}\right|_{a_2=0} = \left.\frac{|a_1|^2}{|b_2|^2}\right|_{a_2=0} = \frac{1}{|T|^2} \tag{4.44}$

用 dB 表示有: $\quad L = 10\lg\frac{1}{|S_{21}|^2}(\text{dB}) \tag{4.45}$

4.1.22　插入相移

插入相移的定义为在网络输出口接匹配负载时,输出端参考面上的出波电压 b_2 与输入端参考面上的进波电压 a_1 的相位差,也就是网络电压传输系数的相角。

$$\phi = \arg(T) = \arg(S_{21}) = \theta_{21} \tag{4.46}$$

4.1.23　输入驻波比

输入驻波比的定义为网络输出端接匹配负载时网络输入端传输线的驻波比,有

$$\rho = \frac{1+|S_{11}|}{1-|S_{11}|} \tag{4.47}$$

$$|S_{11}| = \frac{\rho-1}{\rho+1} \tag{4.48}$$

4.1.24 参考面移动对网络参量的影响

对二端口网络,设两端口传输线相位常数为 β。两参考面外移 l_1、l_2 长度时,有

$$[\boldsymbol{S}'] = \begin{bmatrix} S'_{11} & S'_{12} \\ S'_{21} & S'_{22} \end{bmatrix} = [\boldsymbol{p}][\boldsymbol{S}][\boldsymbol{p}] \tag{4.49}$$

$$[\boldsymbol{p}] = \begin{bmatrix} e^{-j\theta_1} & 0 \\ 0 & e^{-j\theta_2} \end{bmatrix} = \begin{bmatrix} e^{-j\beta l_1} & 0 \\ 0 & e^{-j\beta l_2} \end{bmatrix} \tag{4.50}$$

两参考面内移 l_1、l_2 长度时,有

$$[\boldsymbol{S}'] = \begin{bmatrix} S'_{11} & S'_{12} \\ S'_{21} & S'_{22} \end{bmatrix} = [\boldsymbol{p}'][\boldsymbol{S}][\boldsymbol{p}'] \tag{4.51}$$

$$[\boldsymbol{p}'] = \begin{bmatrix} e^{j\theta_1} & 0 \\ 0 & e^{j\theta_2} \end{bmatrix} = \begin{bmatrix} e^{j\beta l_1} & 0 \\ 0 & e^{j\beta l_2} \end{bmatrix} \tag{4.52}$$

对 n 端口网络散射参量矩阵的每一个元素,有

外移: $\qquad\qquad\qquad S'_{ij} = S_{ij}\,e^{-j(\theta_i+\theta_j)} \tag{4.53}$

内移: $\qquad\qquad\qquad S'_{ij} = S_{ij}\,e^{j(\theta_i+\theta_j)} \tag{4.54}$

式中 θ_i,θ_j 分别为第 i 端口、第 j 端口参考面外移或内移所引起的波的相移。

4.2 常见问题答疑

4.2.1 等效特性阻抗相关问题

1. 微波网络等效特性阻抗具体含义是什么?

答:(1)对矩形波导等单一模式波导,根据传输功率相等的原则,将其等效用双导线表示时,对应引入等效电压、等效电流、等效特性阻抗。

(2)等效特性阻抗不是唯一的,可以引入不同的特性阻抗,对应不同的等效电压、等效电流。

(3)合理引入的等效特性阻抗可以和双导体传输线所定义的特性阻抗一样,用来描述传输线的匹配和失配问题,但此时分析通常都是近似的。

(4)在微波网络分析中,一般都对电路量进行归一化处理,等效特性阻抗选为1,对应的等效电压和等效电流为归一化电压、归一化电流。这种分析方法是严格的,此时实际上是将传输线特性阻抗的作用归于微波网络内部。

2. $\bar{U}=\bar{U}^{+}+\bar{U}^{-}$,$\bar{I}=\bar{U}^{+}-\bar{U}^{-}$ 与 $\bar{U}_i=a_i+b_i$,$\bar{I}_i=a_i-b_i$ 是否等价?

答:是等价的。前者多应用在长线理论中,因为在选定坐标轴下,很容易定义统一的正向和负向;后者多应用在微波网络中,因为存在多个端口,不方便对所有端口都定义统一的"正向"和"负向",但可以根据进入和流出网络的关系定义统一的"进"和"出"。

4.2.2 S 参量相关问题

1. 二端口网络的进波、出波是否仅指电压参量?

答:可以这样认为。

(1) a 表示进波,即进入网络的归一化电压行波,b 表示出波,即流出网络的归一化电压行波。但是需要注意,此时的"归一化电压"已经不具备通常"电压"的物理含义,"归一化电压"和通常"电压"的量纲并不相同。

(2) 由于归一化网络各端口传输线特性阻抗选为 1,所以归一化电流和归一化电压有简单的关系,进入网络的归一化电流行波也等于 a,而从网络流出的归一化电流行波等于 $-b$。可以看到,"归一化电压"和"归一化电流"量纲是相同的。

2. S 散射参量的物理意义是什么?

答:(1) 对角线元素 $S_{ij}(i=j)$,$S_{jj}=\left.\dfrac{b_j}{a_j}\right|_{a_i=0(i\neq j)}$ $(i,j=1,2,\cdots,n)$:除第 j 端口接波源外,其余 $n-1$ 个端口均接匹配负载时,第 j 端口的电压反射系数 Γ_j。

(2) 非对角线元素 $S_{ij}(i\neq j)$,$S_{ij}=\left.\dfrac{b_i}{a_j}\right|_{a_i=0(i\neq j)}$ $(i,j=1,2,\cdots,n)$:除第 j 端口接波源外,其余 $n-1$ 个端口均接匹配负载时,第 j 端口到第 i 端口的电压传输系数 T_{ij}。

需要注意划线部分条件,叙述时必须写出。

3. 学习微波网络时,知道每一个网络的某一种参数,比如 S 参数,是该网络的固有特性,不会随着网络外接不同的负载而改变。S 参量的定义又是在一定的条件下定义的。既然它是网络固有的一个属性,为什么 S 参量的定义还要限定条件?并且应用时,若外接负载变化,S 参量矩阵中各元素仍不变?

答:(1) S 参量定义限定条件是因为只有在其他端口均接匹配负载的条件下才能利用进波和出波关系求出反映网络固有特性的 S 参量值。

(2) S 参量反映网络本身的性质,并不随外接负载变化,与外接负载无关。根据网络的线性可叠加性质,当外界负载变化时,端口出波仍可用 S 参量和端口进波表示出来,即 $b_i=\sum\limits_{j=1}^{n}S_{ij}a_j(i=1,2,\cdots,n)$,网络出波将随进波变化而变化。

4. 如图 4.5 所示二端口网络的 S 参量矩阵考虑了网络周围传输线特性阻抗的影响,问:(1)若两端传输线的特性阻抗不一样,一定导致 $[S]$ 的不对称吗?(2)对称网络参考面的选择一定要关于网络本身对称吗?(3)如图 4.5 所示,两端传输线的特性阻抗相等,T_1 和 T_2 为两参考面,已知网络为无耗对称网络,若 T_1 不动,T_2 移动的距离 Δl 只要不为 λ_g 的整数倍,则必然导致网络不对称吗?(4)因为 Γ 可以为负,S 参量是否可以为负?(5)S 参量的正负值是取决于相移吗?

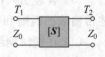

图 4.5 二端口网络

答:(1) 不一定。S 参量反映了网络和外接传输线(考虑其特性阻抗)整体的对称性。这种对称性指的是电性能的对称性,是否对称需要依据网络 S 参量表示判断。

（2）不一定。研究网络性质时，其对称性是指电性能的对称，是否对称应根据网络参量判断。对归一化的网络，对称性还应考虑外接传输线特性阻抗的影响。

（3）不一定。若 T_1 不动，T_2 移动 Δl 距离（假设为外移），新的散射矩阵为 $[S'] = \begin{bmatrix} 1 & 0 \\ 0 & e^{-\beta\Delta l} \end{bmatrix} [S] \begin{bmatrix} 1 & 0 \\ 0 & e^{-\beta\Delta l} \end{bmatrix}$，$S'_{11} = S_{11}$，$S'_{22} = S_{22} \cdot e^{-j2\beta \cdot \Delta l}$，据此判断，若 $[S]$ 对称，即 $S_{11} = S_{22}$，则移动参考面的距离 Δl 若不是半波长 $\frac{\lambda_g}{2}$ 的整数倍，则可能会导致 $S'_{11} \neq S'_{22}$，即 $[S']$ 不对称。注意上述对称性还是指电性能的对称。

（4）S 参量一般为复数，也可能为负值。对网络 S 参量的理解可以类比为传输线的反射系数和传输系数，但需要注意二者并不等同。

（5）有关系。参考面改变后，会导致 S 参量变化，其模不变，但由于相角改变，可能导致其由正值变为负值。

5. 有一对称、互易网络，输入驻波比为 1。若在网络终端接一失配负载，如图 4.6 所示，测得 T_2 面上的反射系数为 Γ_2，T_1 面上的反射系数为 Γ_1，求此网络的插入衰减。此题如何求解？

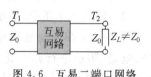

图 4.6 互易二端口网络

答：根据定义，欲求插入衰减，则需求 $|S_{21}|^2$，已知在互易网络时，入端反射系数 $\Gamma_1 = \dfrac{b_1}{a_1}$ 和出端反射系数 $\Gamma_2 = \dfrac{a_2}{b_2}$ 的关系为

$$\Gamma_1 = S_{11} + \frac{S_{12}^2}{\dfrac{1}{\Gamma_2} - S_{22}}$$

可见，为了根据输入特性解出互易网络的各 S 参量（共三个），需要三个方程。

由输入驻波比为 1 可知 $S_{11} = 0$，根据网络对称性，则 $S_{22} = S_{11} = 0$，可知 $S_{12}^2 = \dfrac{\Gamma_1}{\Gamma_2}$，从而 $|S_{21}|^2 = |S_{12}|^2 = \dfrac{|\Gamma_1|^2}{|\Gamma_2|^2}$，进而插入衰减 $L = \dfrac{1}{|S_{21}|^2} = \dfrac{|\Gamma_2|}{|\Gamma_1|}$。

6. 双口网络中，参考面的移动对于 S 矩阵的影响还不是很具体，可以举个具体例子吗？

答：参考面移动后，到达新的参考面的进波和出波相位都会变化（或超前或滞后），由此定义的散射参量相位自然也要变化，模不变，相角改变。例如均匀无耗线终端接某负载，线上位置改变时，如从 z_1 到 z_2，反射系数有相位变化 $2\beta(z_2 - z_1) = 2\beta\Delta z$ 的关系，即 $\Gamma(z_2) = \Gamma(z_1)e^{-j2\beta(z_2-z_1)} = \Gamma(z_1)e^{-j2\beta\Delta z}$，这里的 Γ 就相当于一端口网络的 S_{11}。

4.2.3 其他问题

1. 什么样的网络是互易但不是对称的？有无简单方法能看出网络互易但不对称？

答：（1）互易性：如不均匀区内填充的是各向同性媒质，则等效网络具有互易性。大多数无源的非铁氧体微波元件可等效为互易微波网络,而铁氧体微波元件则等效为非互易微波网络。上述互易性是指电性能的互易,互易网络满足$[\overline{Z}]$和$[\overline{S}]$矩阵的转置不变性。

(2)对称性:可以根据网络的几何结构和物理结构确定,通常指两端口在几何结构和物理结构上都是对称的,则具有对称性。根据网络参量判断的对称性则仅指电性能的对称性。对于无源无耗的网络,通常具有几何结构对称性的网络也具有电对称性,反之则不一定成立。

(3)在微波网络中,通常认为对称性包含互易性,反之则不成立。例如:波导同轴转换、方圆波导过渡等二端口元件,如果填充的是各向同性媒质,则具有电性质的互易性,但它们显然不具备几何对称性,如果输入和输出端口均匹配,即$S_{11}=S_{22}=0$,则可认为具有电性能的对称性。第 5 章学习的 E-T 接头,1、3 端口和 2、3 端口都是互易的($S_{13}=S_{31}$,$S_{23}=S_{32}$),但 1、3 端口和 2、3 端口可能是非对称的($S_{11}\neq S_{33}$,$S_{22}\neq S_{33}$),而且 1、3 端口和 2、3 端口明显不具备几何对称性。

2. 如图 4.7 所示,阻抗 Z 如何归一化?

答:(1)归一化是指用端口所接传输线特性阻抗对端口电压、电流、阻抗进行归一化,所得到的归一化电路量之间的关系参量称为归一化网络参量,并不是也并不能直接对网络内部的每个元件逐一进行归一化。

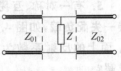

图 4.7　并联阻抗

(2)如图 4.7 所示网络结构,属于基本电路单元的"并联导纳",故可先利用定义求出非归一化的网络参量,如转移参量,然后再进行归一化处理。

(3)也可以先对端口定义出归一化电路量,然后用网络参量表示出它们之间的关系,所得网络参量即为归一化网络参量。

(4)一般来讲,用定义求解非归一化的网络参量比较方便。

4.3　例题详解

【例题 4-1】　有一个无耗互易对称二端口微波元件,输出端接匹配负载时,测得输入端的反射系数 $\Gamma_1=0.6e^{j\frac{\pi}{2}}$。求

(1)此元件的 S 参量矩阵。

(2)此元件的电压传输系数 T,插入损耗 L、插入相移 ϕ 和输入驻波比 ρ。

【解题分析】　在求解网络参量时,首先要根据网络性质将未知网络参量个数减少,然后再利用已知条件求解未知参量。一般可供利用的网络的性质包括互易性、对称性、无耗性。需要注意:对网络的两个端口而言,或者对于二端口网络,通常认为满足对称性,则一定具有互易性,反之则不一定成立。在求解 S 参量值时,则应该充分了解 S 参量的物理意义,如 S_{11} 即为 1 端口接波源、2 端口均接匹配负载时 1 端口的反射系数。

解:

(1)根据题意及 S_{11} 的物理意义,可知

$$S_{11}=0.6e^{j\frac{\pi}{2}}$$

考虑到二端口网络的对称性,则有

$$S_{22} = S_{11} = 0.6e^{j\frac{\pi}{2}}$$

考虑到二端口网络的互易性,则有

$$S_{21} = S_{12}$$

考虑到二端口网络的无耗性,$[\boldsymbol{S}]^+[\boldsymbol{S}]=[1]$,则有

$$|S_{21}| = |S_{12}| = \sqrt{1-|S_{11}|^2} = 0.8$$

$$\arg(S_{21}) = \arg(S_{12}) = \frac{1}{2}[\arg(S_{11}) + \arg(S_{22}) \pm \pi + 2n\pi], n\ 为整数。$$

可导出

$$\arg(S_{21}) = \arg(S_{12}) = n\pi \quad 或 \quad \arg(S_{21}) = \arg(S_{12}) = (n+1)\pi$$

可得 S 参量矩阵为

$$[\boldsymbol{S}] = \begin{bmatrix} 0.6j & 0.8 \\ 0.8 & 0.6j \end{bmatrix} \quad 或 \quad [\boldsymbol{S}] = \begin{bmatrix} 0.6j & -0.8 \\ -0.8 & 0.6j \end{bmatrix}$$

(2) 根据 S 参量矩阵可以写出元件的电压传输系数 T 为

$$T = S_{21} = 0.8 \quad 或 \quad T = S_{21} = -0.8$$

插入损耗 L 为

$$L = \frac{1}{|S_{21}|^2} = 1.5625$$

插入相移 ϕ 为

$$\phi = \arg(T) = \arg(T) = 0\ 或\ \pi$$

输入驻波比 ρ 为

$$\rho = \frac{1+|S_{11}|}{1-|S_{11}|} = 4$$

本题第一问在掌握性质的基础上要求有一定的数学推导能力,会利用性质和已知条件求解未知量。第二问主要是公式的识记,对这些常用公式要熟练掌握。

【**例题 4-2**】 如图 4.8 所示为一无耗互易对称二端口网络,其参考面 T_2 接匹配负载,测得从参考面 T_1 向左端第一个电压波节点到 T_1 面的距离是 $l = 0.125\lambda_g$,沿传输线驻波比为 $\rho = 1.5$,求此二端口网络的散射参量矩阵。

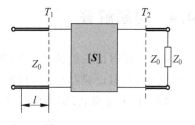

图 4.8 无耗互易对称二端口网络

【**解题分析**】 本题首先要注意的还是要利用给定的网络的性质,即互易性、对称性、无耗性等,来减少未知网络参量。另外,本题给出了在网络输出端口(2 端口)接匹配负载时,其输入端口(1 端口)作为传输线终端负载时的驻波参量,需要利用传输线理论求出反射系数。根据 S 参量物理意义,该反射系数即为 S_{11}。

解:设输出端口接匹配负载时,输入端口反射系数为 Γ,则有

$$|\Gamma| = \frac{\rho-1}{\rho+1} = 0.2$$

Γ 的辐角为

$$\phi = -\pi + 2\beta l_{\min} = -\pi + 2 \times \frac{2\pi}{\lambda_g} \times 0.125\lambda_g = -0.5\pi$$

根据 S_{11} 的物理意义,有

$$S_{11} = \Gamma = 0.2e^{-j0.5\pi}$$

根据网络的对称性、互易性,有

$$S_{22} = S_{11} = 0.2e^{-j0.5\pi}$$

$$S_{21} = S_{12}$$

根据网络的无耗性,有

$$|S_{21}| = |S_{12}| = \sqrt{1 - |S_{11}|^2} = 0.98$$

$$\arg(S_{21}) = \arg(S_{12}) = \frac{1}{2}[\arg(S_{11}) + \arg(S_{22}) \pm \pi + 2n\pi], n \text{ 为整数,可导出}$$

$$\arg(S_{21}) = \arg(S_{12}) = n\pi \text{ 或 } \arg(S_{21}) = \arg(S_{12}) = (n-1)\pi$$

S 参量矩阵为

$$[\boldsymbol{S}] = \begin{bmatrix} -0.2j & 0.98 \\ 0.98 & -0.2j \end{bmatrix} \quad \text{或} \quad [\boldsymbol{S}] = \begin{bmatrix} -0.2j & -0.98 \\ -0.98 & -0.2j \end{bmatrix}$$

注:本题主要利用散射矩阵无耗互易对称的性质和"电压波节点"这一切入点来求解。本题在阻抗圆图上示意求解更为直观:"左端第一个电压波节点到 T_1 面的距离是 $l = 0.125\lambda_g$",0.125 在圆图上对应角度为 $\frac{\pi}{2}$,则从电压波节线(阻抗圆图左半横轴)逆时针旋转 $\frac{\pi}{2}$ 到达的位置即对应 Γ 的辐角,即 $-\frac{\pi}{2}$;又由 $\rho = 1.5$ 可利用 $|\Gamma| = \frac{\rho-1}{\rho+1}$ 求得模值,这样就得到 Γ,而 $S_{11} = \Gamma$。由互易对称性质,可将 S 矩阵简化为如下形式:$[\boldsymbol{S}] = \begin{bmatrix} S_{11} & S_{12} \\ S_{12} & S_{11} \end{bmatrix}$,再由无耗的性质 $[\boldsymbol{S}]^+[\boldsymbol{S}] = [1]$,解关于 S_{11}、S_{12} 的两个方程,可得出 S_{12}。

4.4 习题解答

4-1 试写出一组满足条件的矩型波导(尺寸为 $a \times b$)H_{20} 模式的模式电压、电流和矢量模式函数(假设只存在 $+z$ 行波)。

解: 根据题意,设矩形波导 H_{20} 模横向电场、磁场可以表示为

$$\dot{E}_y = A\sin\frac{2\pi}{a}x \cdot Be^{-j\beta z} = e_y(x) \cdot \dot{U}(z)$$

$$\dot{H}_x = C\sin\frac{2\pi}{a}x \cdot De^{-j\beta z} = h_x(x) \cdot \dot{I}(z)$$

则根据功率等效关系,有归一化条件

$$AC\int_0^b \mathrm{d}y \int_0^a \sin^2\frac{2\pi}{a}x\,\mathrm{d}x = -1$$

则有

$$AC = -\frac{2}{ab}$$

又 $\dfrac{\dot{E}_y}{\dot{H}_x} = -\eta_{TE_{20}}$，$\dfrac{B}{D} = Z_0$，有

$$\frac{A}{C} = -\frac{\eta_{TE_{20}}}{Z_0}$$

取 $Z_0 = \dfrac{b}{a}\eta_{TE_{20}}$，解得

$$\begin{cases} A = \dfrac{\sqrt{2}}{b} \\ C = -\dfrac{\sqrt{2}}{a} \end{cases}$$

一种可能的矢量模式函数为

$$\begin{cases} \vec{e}_T = \hat{i}_y \dfrac{\sqrt{2}}{b} \sin\dfrac{2\pi}{a}x \\ \vec{h}_T = -\hat{i}_x \dfrac{\sqrt{2}}{a} \sin\dfrac{2\pi}{a}x \end{cases}$$

对应模式电压和电流为

$$\begin{cases} \dot{U}(z) = Be^{-j\beta z} \\ \dot{I}(z) = \dfrac{B}{\dfrac{b}{a}\eta_{TE_{20}}}e^{-j\beta z} \end{cases}$$

待定常数 B 与实际传输功率有关。

选取不同的等效特性阻抗 Z_0，所得矢量模式函数及等效电压、电流也会不同。

4-2 归一化电压 $\bar{U}$、归一化电流 $\bar{I}$ 是如何定义的？二者量纲有什么关系？网络的归一化阻抗参量、导纳参量如何定义？

答：归一化阻抗定义为：$\bar{Z} = \dfrac{Z}{Z_0} = \dfrac{1+\Gamma}{1-\Gamma}$。

根据归一化阻抗的概念，可导出归一化电压、归一化电流的定义为

$$\bar{Z} = \frac{Z}{Z_0} = \frac{\dot{U}(z)/\dot{I}(z)}{Z_0} = \frac{\dot{U}(z)/\sqrt{Z_0}}{\dot{I}(z)\sqrt{Z_0}} = \frac{\bar{U}}{\bar{I}}，\text{其中}$$

$\bar{U} = \dot{U}(z)/\sqrt{Z_0}$ 为归一化电压；

$\bar{I} = \dot{I}(z)\sqrt{Z_0}$ 为归一化电流。归一化电压和归一化电流的量纲相同。

设 n 口网络各口的归一化电压为 $\bar{U}_1, \bar{U}_2, \cdots, \bar{U}_n$，归一化电流为 $\bar{I}_1, \bar{I}_2, \cdots, \bar{I}_n$，则存在如下线性关系。

$$\begin{cases} \bar{U}_1 = \bar{Z}_{11}\bar{I}_1 + \bar{Z}_{12}\bar{I}_2 + \cdots + \bar{Z}_{1n}\bar{I}_n \\ \bar{U}_2 = \bar{Z}_{21}\bar{I}_1 + \bar{Z}_{22}\bar{I}_2 + \cdots + \bar{Z}_{2n}\bar{I}_n \\ \vdots \\ \bar{U}_n = \bar{Z}_{n1}\bar{I}_1 + \bar{Z}_{n2}\bar{I}_2 + \cdots + \bar{Z}_{nn}\bar{I}_n \end{cases}$$

写作矩阵形式为 $[\bar{U}]=[\bar{Z}][\bar{I}]$,

$[\bar{Z}]$ 为 n 阶方阵 $[\bar{Z}]=\begin{pmatrix} \bar{Z}_{11} & \cdots & \bar{Z}_{1n} \\ \vdots & \ddots & \vdots \\ \bar{Z}_{n1} & \cdots & \bar{Z}_{nn} \end{pmatrix}$ 称为 n 口网络的归一化阻抗矩阵。

类似地可以定义网络的导纳参量,写成矩阵形式为

$$[\bar{I}] = [\bar{Y}][\bar{U}]$$

式中,$[\bar{Y}]=\begin{pmatrix} \bar{Y}_{11} & \cdots & \bar{Y}_{1n} \\ \vdots & \ddots & \vdots \\ \bar{Y}_{n1} & \cdots & \bar{Y}_{nn} \end{pmatrix}$ 称为 n 口网络的归一化导纳矩阵。

4-3 如图 4.9 所示,一矩形波导(尺寸为 $a=3.485\text{cm}$、$b=1.580\text{cm}$)在 $z>0$ 处填充有相对介电常数 $\varepsilon_r=2.56$、相对磁导率 $\mu_r=1$ 的理想介质,在 $z<0$ 处填充有空气,运用传输线等效特性阻抗,求工作在 4.5GHz 下的 TE_{10} 波在空气与媒质交界面处的反射系数。

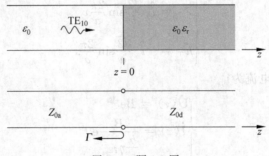

图 4.9 题 4-3 图

解:传输线处于单模传输时,只存在 TE_{10} 模。

根据已知条件,空气中波长、波阻抗为

$$\lambda_0 = \frac{c}{f} = 6.67(\text{cm}), \quad \eta_0 = \sqrt{\frac{\mu_0}{\varepsilon_0}} = 120\pi = 377(\Omega)$$

填充空气部分波导的波型因子为

$$G_0 = \sqrt{1-\left(\frac{\lambda_0}{2a}\right)^2} = 0.2902$$

介质中波长、波阻抗为

$$\lambda = \frac{\lambda_0}{\sqrt{\varepsilon_r}} = 4.17(\text{cm}), \quad \eta = \frac{\eta_0}{\sqrt{\varepsilon_r}} = 235.6(\Omega)$$

填充介质部分波导的波型因子为

$$G = \sqrt{1-\left(\frac{\lambda}{2a}\right)^2} = 0.8013$$

取矩形波导等效特性阻抗为 $Z_0 = \frac{b}{a}\eta_w$,则有

$$Z_{0a} = \frac{b}{a}\eta_{TE_{10}a} = \frac{b}{a}\frac{\eta_0}{G_0} = 689.6(\Omega)$$

$$Z_{0\mathrm{d}} = \frac{b}{a}\eta_{\mathrm{TE}_{10\mathrm{d}}} = \frac{b}{a}\,\frac{\eta}{G} = 156.1(\Omega)$$

假设两段波导均为半无限长,则连接处反射系数为

$$\Gamma = \frac{Z_{0\mathrm{d}} - Z_{0\mathrm{a}}}{Z_{0\mathrm{d}} + Z_{0\mathrm{a}}} \approx -0.63$$

4-4　说明二端口网络 S 参量的定义及其物理意义,并证明参考面内、外移后的散射矩阵表达式。

解:二端口网络参量 S 的定义为

$$\begin{bmatrix} b_1 \\ b_2 \end{bmatrix} = \begin{bmatrix} S_{11} & S_{12} \\ S_{21} & S_{22} \end{bmatrix} \begin{bmatrix} a_1 \\ a_2 \end{bmatrix}$$

即 $[\boldsymbol{b}] = [\boldsymbol{S}][\boldsymbol{a}]$。

式中 $\begin{bmatrix} S_{11} & S_{12} \\ S_{21} & S_{22} \end{bmatrix}$ 称为二端口网络的散射矩阵,其元素 $S_{11}, S_{12}, S_{21}, S_{22}$ 称为散射参量。

S 参量的物理意义如下。

$S_{11} = \dfrac{b_1}{a_1}\bigg|_{a_2=0}$　表示 1 端口接波源、2 端口接匹配负载时,1 端口的电压反射系数。

$S_{21} = \dfrac{b_2}{a_1}\bigg|_{a_2=0}$　表示 1 端口接波源、2 端口接匹配负载时,1 端口到 2 端口的电压传输系数。

$S_{12} = \dfrac{b_1}{a_2}\bigg|_{a_1=0}$　表示 2 端口接波源、1 端口接匹配负载时,2 端口到 1 端口的电压传输系数。

$S_{22} = \dfrac{b_2}{a_2}\bigg|_{a_1=0}$　表示 2 端口接波源、1 端口接匹配负载时,2 端口的电压反射系数。

设两参考面外接等效双导线的相位常数为 β。当参考面内移时,设 1 端口参考面内移 l_1,2 端口参考面内移 l_2,则

$$\begin{cases} a_1' = a_1 \mathrm{e}^{-\mathrm{j}\beta l_1} \\ b_1' = b_1 \mathrm{e}^{\mathrm{j}\beta l_1} \\ a_2' = a_2 \mathrm{e}^{-\mathrm{j}\beta l_2} \\ b_2' = b_2 \mathrm{e}^{\mathrm{j}\beta l_2} \end{cases}$$

令 $\begin{cases} \beta l_1 = \theta_1 \\ \beta l_2 = \theta_2 \end{cases}$,则 $\begin{cases} a_1' = a_1 \mathrm{e}^{-\mathrm{j}\theta_1} \\ b_1' = b_1 \mathrm{e}^{\mathrm{j}\theta_1} \\ a_2' = a_2 \mathrm{e}^{-\mathrm{j}\theta_2} \\ b_2' = b_2 \mathrm{e}^{\mathrm{j}\theta_2} \end{cases}$,

推出 $\begin{cases} S_{11}' = S_{11} \mathrm{e}^{\mathrm{j}2\theta_1} \\ S_{12}' = S_{12} \mathrm{e}^{\mathrm{j}(\theta_1+\theta_2)} \\ S_{21}' = S_{21} \mathrm{e}^{\mathrm{j}(\theta_1+\theta_2)} \\ S_{22}' = S_{22} \mathrm{e}^{\mathrm{j}2\theta_2} \end{cases}$,所以

$$[\boldsymbol{S}'] = \begin{bmatrix} S_{11}' & S_{12}' \\ S_{21}' & S_{22}' \end{bmatrix} = \begin{bmatrix} \mathrm{e}^{\mathrm{j}\theta_1} & 0 \\ 0 & \mathrm{e}^{\mathrm{j}\theta_2} \end{bmatrix} \begin{bmatrix} S_{11} & S_{12} \\ S_{21} & S_{22} \end{bmatrix} \begin{bmatrix} \mathrm{e}^{\mathrm{j}\theta_1} & 0 \\ 0 & \mathrm{e}^{\mathrm{j}\theta_2} \end{bmatrix} = [\boldsymbol{p}][\boldsymbol{S}][\boldsymbol{p}]$$

同理可得参考面外移后的散射矩阵表达式为

$$[S'] = \begin{bmatrix} S'_{11} & S'_{12} \\ S'_{21} & S'_{22} \end{bmatrix} = \begin{bmatrix} e^{-j\theta_1} & 0 \\ 0 & e^{-j\theta_2} \end{bmatrix} \begin{bmatrix} S_{11} & S_{12} \\ S_{21} & S_{22} \end{bmatrix} \begin{bmatrix} e^{-j\theta_1} & 0 \\ 0 & e^{-j\theta_2} \end{bmatrix} = [p][S][p]$$

4-5 试讨论：(1)导纳矩阵的定义、物理意义；(2)归一化导纳参量与非归一化导纳参量之间的关系；(3)归一化导纳参量与散射参量的关系及性质。

解：设 n 端口线性网络各端口的等效电压为 $\dot{U}_1, \dot{U}_2, \cdots, \dot{U}_n$，等效电流为 $\dot{I}_1, \dot{I}_2, \cdots, \dot{I}_n$，则其线性关系为

$$\begin{cases} \dot{I}_1 = Y_{11}\dot{U}_1 + Y_{12}\dot{U}_2 + \cdots + Y_{1n}\dot{U}_n \\ \dot{I}_2 = Y_{21}\dot{U}_1 + Y_{22}\dot{U}_2 + \cdots + Y_{2n}\dot{U}_n \\ \vdots \\ \dot{I}_n = Y_{n1}\dot{U}_n + Y_{n2}\dot{U}_2 + \cdots + Y_{nn}\dot{U}_n \end{cases}$$

令 $[\dot{I}] = \begin{bmatrix} \dot{I}_1 \\ \dot{I}_2 \\ \vdots \\ \dot{I}_n \end{bmatrix}$，$[\dot{U}] = \begin{bmatrix} \dot{U}_1 \\ \dot{U}_2 \\ \vdots \\ \dot{U}_n \end{bmatrix}$，$[Y] = \begin{bmatrix} Y_{11} & Y_{12} & \cdots & Y_{1n} \\ Y_{21} & Y_{22} & \cdots & Y_{2n} \\ \vdots & \vdots & \ddots & \vdots \\ Y_{n1} & Y_{n2} & \cdots & Y_{nn} \end{bmatrix}$

写成矩阵形式为 $[\dot{I}] = [Y][\dot{U}]$。

式中，$[Y]$ 称为导纳矩阵，其中各元素 $Y_{ij}(i, j = 1, 2, \cdots, n)$ 为导纳参量。

导纳参量的物理意义为

(1) 当 $i = j$ 时，$Y_{jj} = \dfrac{\dot{I}_j}{\dot{U}_j}\bigg|_{\dot{U}_i = 0}$ $(i = 0, 1, 2, \cdots, n; i \neq j)$ 表示除第 j 端口外，其余各端口均短路时，j 端口的输入导纳（自导纳）。

(2) 当 $i \neq j$ 时，$Y_{ij} = \dfrac{\dot{I}_i}{\dot{U}_j}\bigg|_{\dot{U}_i = 0}$ $(i = 0, 1, 2, \cdots, n; i \neq j)$ 表示除第 j 端口外，其余各端口均短路时，j 端口到 i 端口的转移导纳（互导纳）。

归一导纳参量与非归一导纳参量的关系为

$$\begin{cases} \overline{Y}_{ii} = \dfrac{Y_{ii}}{Y_{0i}} \\ \overline{Y}_{ij} = \dfrac{Y_{ij}}{\sqrt{Y_{0i}Y_{0j}}} (i, j = 0, 1, 2, 3, \cdots, n) \end{cases}$$，Y_{0i}, Y_{0j} 分别为 i, j 端口的特性导纳

$[\overline{Y}]$ 与 $[S]$ 的关系为

$[S] = ([1] - [\overline{Y}])([1] + [\overline{Y}])^{-1}$，

$[\overline{Y}]$ 的性质为

互易网络满足 $[\overline{Y}]^T = [\overline{Y}]$；

无耗网络满足 $[\overline{Y}]^+ = -[\overline{Y}]$；

无耗互易网络满足$[\bar{Y}]^* = -[\bar{Y}]$,即$\bar{Y}_{ij}^* = -\bar{Y}_{ij}(i,j=1,2,\cdots,n)$,也即无耗互易网络满足的导纳参量$\bar{Y}_{ij}$是纯虚数(也可为 0)。

4-6 已知某四端口网络的散射参量矩阵为$[S] = \dfrac{-1}{\sqrt{2}}\begin{bmatrix} 0 & 1 & j & 0 \\ 1 & 0 & 0 & j \\ j & 0 & 0 & 1 \\ 0 & j & 1 & 0 \end{bmatrix}$,求其对应的归一化导纳参量矩阵$[\bar{Y}]$。

解:

$$[\bar{Y}] = ([1] - [S])([1] + [S])^{-1}$$

$$= \begin{bmatrix} 1 & \dfrac{1}{\sqrt{2}} & \dfrac{j}{\sqrt{2}} & 0 \\ \dfrac{1}{\sqrt{2}} & 1 & 0 & \dfrac{j}{\sqrt{2}} \\ \dfrac{j}{\sqrt{2}} & 0 & 1 & \dfrac{1}{\sqrt{2}} \\ 0 & \dfrac{j}{\sqrt{2}} & \dfrac{1}{\sqrt{2}} & 1 \end{bmatrix} \begin{bmatrix} 1 & -\dfrac{1}{\sqrt{2}} & -\dfrac{j}{\sqrt{2}} & 0 \\ -\dfrac{1}{\sqrt{2}} & 1 & 0 & -\dfrac{j}{\sqrt{2}} \\ -\dfrac{j}{\sqrt{2}} & 0 & 1 & -\dfrac{1}{\sqrt{2}} \\ 0 & -\dfrac{j}{\sqrt{2}} & -\dfrac{1}{\sqrt{2}} & 1 \end{bmatrix}^{-1}$$

$$= \begin{bmatrix} 0 & 0 & \sqrt{2}j & j \\ 0 & 0 & j & \sqrt{2}j \\ \sqrt{2}j & j & 0 & 0 \\ j & \sqrt{2}j & 0 & 0 \end{bmatrix}$$

4-7 某一二端口网络两端传输线特性阻抗均为50Ω,两端口电压、电流分别具有以下值$\dot{U}_1 = 10\angle 0(V)$,$\dot{I}_1 = 0.1\angle 30°(A)$;$\dot{U}_2 = 12\angle 90°(V)$,$\dot{I}_2 = 0.15\angle 120°(A)$。求:端口 1、端口 2 进波和出波分别为多少?

解:

$$\left. \begin{array}{l} \dfrac{\dot{U}_1}{\sqrt{Z_{01}}} = a_1 + b_1 \\ \dot{I}_1\sqrt{Z_{01}} = a_1 - b_1 \end{array} \right\} \Rightarrow \left\{ \begin{array}{l} a_1 = \dfrac{\sqrt{6} + 4\sqrt{2}}{8} + j\dfrac{\sqrt{2}}{8}(V/\Omega^{\frac{1}{2}}) \\ b_1 = \dfrac{4\sqrt{2} - \sqrt{6}}{8} - j\dfrac{\sqrt{2}}{8}(V/\Omega^{\frac{1}{2}}) \end{array} \right.$$

$$\left. \begin{array}{l} \dfrac{\dot{U}_2}{\sqrt{Z_{02}}} = a_2 + b_2 \\ \dot{I}_2\sqrt{Z_{02}} = a_2 - b_2 \end{array} \right\} \Rightarrow \left\{ \begin{array}{l} a_2 = -\dfrac{3\sqrt{2}}{16} + j\left(\dfrac{3\sqrt{2}}{5} + \dfrac{3\sqrt{6}}{16}\right)(V/\Omega^{\frac{1}{2}}) \\ b_2 = \dfrac{3\sqrt{2}}{16} + j\left(\dfrac{3\sqrt{2}}{5} - \dfrac{3\sqrt{6}}{16}\right)(V/\Omega^{\frac{1}{2}}) \end{array} \right.$$

4-8 某一二端口网络散射矩阵为:$[S] = \begin{bmatrix} 0.1\angle 0 & 0.8\angle 90° \\ 0.8\angle 90° & 0.2\angle 0 \end{bmatrix}$,回答以下问题:

(1) 此网络是否具有互易性、无耗性?

(2) 端口 2 接匹配负载时,端口 1 反射系数Γ为多少?

（3）端口 2 短路时，端口 1 反射系数 Γ 为多少？（提示：端口 2 短路时，则 $a_2 = -b_2$）

解：（1）散射矩阵满足

$$[\boldsymbol{S}] = [\boldsymbol{S}]^{\mathrm{T}}$$

故此网络具有互易性。又因为

$$[\boldsymbol{S}]^+ = [\boldsymbol{S}]^{*\mathrm{T}} = \begin{bmatrix} 0.1\angle 0 & 0.8\angle -90° \\ 0.8\angle -90° & 0.2\angle 0 \end{bmatrix}$$

且

$$[\boldsymbol{S}]^+ \cdot [\boldsymbol{S}] \neq [1]$$

故该网络不具有无耗性。

（2）根据散射参量物理意义，此时端口 1 反射系数为

$$\Gamma_1 = S_{11} = 0.1$$

（3）设端口 1 接波源，反射系数为 Γ_1，端口 2 接负载，反射系数为 Γ_2，则

$$\Gamma_1 = \frac{b_1}{a_1}, \quad \Gamma_2 = \frac{a_2}{b_2}$$

再根据散射参量表示的进波和出波关系，对互易网络，可以导出

$$\Gamma_1 = S_{11} + \frac{S_{12}^2}{\dfrac{1}{\Gamma_2} - S_{22}}$$

端口 2 短路时，有

$$\Gamma_2 = -1$$

将散射参量和 $\Gamma_2 = -1$ 代入 Γ_1 的表达式，有

$$\Gamma_1 \approx 0.63$$

4-9 根据 Z 参量定义，求图 4.10 所示二端口 T 形网络的 $\boldsymbol{Z}$ 矩阵。

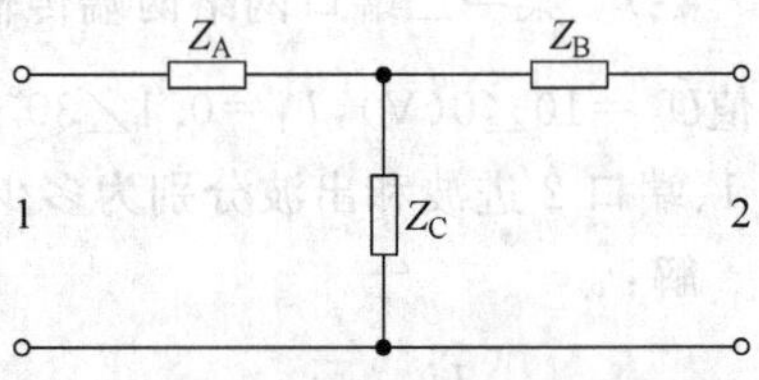

解：将两个端口的电压用两个端口的电流表示时，有

$$\begin{cases} \dot{U}_1 = Z_{11}\dot{I}_1 + Z_{12}\dot{I}_2 \\ \dot{U}_2 = Z_{21}\dot{I}_1 + Z_{22}\dot{I}_2 \end{cases}$$

图 4.10　题 4-9 图

根据阻抗参量物理意义，则容易解出

$$Z_{11} = \frac{\dot{U}_1}{\dot{I}_1}\bigg|_{\dot{I}_2=0} = Z_A + Z_C$$

$$Z_{22} = \frac{\dot{U}_2}{\dot{I}_2}\bigg|_{\dot{I}_1=0} = Z_B + Z_C$$

对 Z_{12}，应有

$$Z_{12} = \frac{\dot{U}_1}{\dot{I}_2}\bigg|_{\dot{I}_1=0}$$

而在 $\dot{I}_1 = 0$，即 1 端口开路时，流经 Z_A 的电流为零，$\dot{U}_1$ 即为加在 Z_C 两端的电压，而流经 Z_C 的电流即为 $\dot{I}_2$，从而有

$$Z_{12} = \frac{\dot{U}_1}{\dot{I}_2}\bigg|_{\dot{I}_1 = 0} = Z_C$$

同理可知

$$Z_{21} = \frac{\dot{U}_2}{\dot{I}_1}\bigg|_{\dot{I}_2 = 0} = Z_C$$

故有

$$[\boldsymbol{Z}] = \begin{bmatrix} Z_A + Z_C & Z_C \\ Z_C & Z_B + Z_C \end{bmatrix}$$

4-10　已知二端口网络的散射参量矩阵为 $[\boldsymbol{S}] = \begin{bmatrix} 0.2\mathrm{e}^{\mathrm{j}\frac{3}{2}\pi} & 0.98\mathrm{e}^{\mathrm{j}\pi} \\ 0.98\mathrm{e}^{\mathrm{j}\pi} & 0.2\mathrm{e}^{\mathrm{j}\frac{3}{2}\pi} \end{bmatrix}$，求该二端口网络的插入衰减、插入相移、电压传输系数及输入驻波比。

解：根据各参量定义，有

$$\begin{cases} L_1 = \dfrac{P_1}{P_2}\bigg|_{a_2=0} = \dfrac{|a_1|^2}{|a_2|^2}\bigg|_{a_2=0} = \dfrac{1}{|S_{21}|^2} = 1.041 \\[2mm] \phi = \theta_{21} = \pi \\[2mm] T = S_{12} = S_{21} = 0.98\mathrm{e}^{\mathrm{j}\pi} \\[2mm] \rho = \dfrac{1+|S_{11}|}{1-|S_{11}|} = \dfrac{1+0.2}{1-0.2} = 1.5 \end{cases}$$

4-11　推导图 4.11 中各简单二端口网络的转移矩阵 $[\boldsymbol{A}]$ 和归一化转移矩阵 $[\bar{\boldsymbol{A}}]$。

解：(1) 串联阻抗

$$a = \frac{\dot{U}_1}{\dot{U}_2}\bigg|_{\dot{I}_2=0}$$

令端口 2 开路，有

$$\dot{U}_1 = \dot{U}_2$$

可导出 $a = 1$。

已知

$$b = \frac{-\dot{U}_1}{\dot{I}_2}\bigg|_{\dot{U}_2=0}$$

令端口 2 短路，则有

$$\dot{I}_2 = -\dot{I}_1, \quad 可得$$

$$b = \frac{\dot{U}_1}{\dot{I}_1} = Z$$

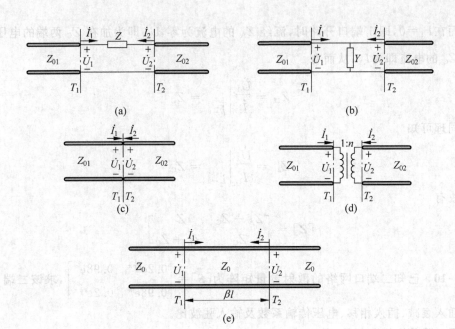

图 4.11 题 4-11 图

又因为网络是互易和对称的,故有

$$d = a = 1$$

由 $a^2 - bc = 1$ 可导出 $c = 0$,有

$$[\boldsymbol{A}] = \begin{bmatrix} 1 & Z \\ 0 & 1 \end{bmatrix}, \quad [\overline{\boldsymbol{A}}] = \begin{bmatrix} \sqrt{\dfrac{Z_{02}}{Z_{01}}} & \dfrac{Z}{\sqrt{Z_{01}Z_{02}}} \\ 0 & \sqrt{\dfrac{Z_{01}}{Z_{02}}} \end{bmatrix}$$

(2) 并联导纳

$$a = \dfrac{\dot{U}_1}{\dot{U}_2}\bigg|_{\dot{I}_2 = 0}$$

令端口 2 开路,有 $\dot{U}_1 = \dot{U}_2 \Rightarrow a = 1$。

$$c = \dfrac{\dot{I}_1}{\dot{U}_2}\bigg|_{\dot{I}_2 = 0}$$

令端口 2 短路,有 $\dot{U}_1 = \dot{U}_2 \Rightarrow c = \dfrac{\dot{I}_1}{\dot{U}_1}\bigg|_{\dot{I}_2 = 0} = Y$。

网络是互易和对称的
故有 $d = a = 1$
由 $a^2 - bc = 1 \Rightarrow b = 0$

$$[\boldsymbol{A}]=\begin{bmatrix} 1 & 0 \\ Y & 1 \end{bmatrix}, \quad [\overline{\boldsymbol{A}}]=\begin{bmatrix} \sqrt{\dfrac{Z_{02}}{Z_{01}}} & 0 \\[3mm] Y\sqrt{Z_{01}Z_{02}} & \sqrt{\dfrac{Z_{01}}{Z_{02}}} \end{bmatrix}。$$

（3）不同特性阻抗的传输线的直接连接

令端口 2 开路,有 $\dot{I}_2=0,\dot{U}_1=\dot{U}_2$,则

$$\Rightarrow \begin{cases} a=\dfrac{\dot{U}_1}{\dot{U}_2}\bigg|_{\dot{I}_2=0}=1 \\[4mm] c=\dfrac{\dot{I}_1}{\dot{U}_1}\bigg|_{\dot{I}_2=0}=0 \end{cases}$$

令端口 2 短路,有 $\dot{U}_2=0,\dot{I}_1=-\dot{I}_2$,则

$$\Rightarrow \begin{cases} d=-\dfrac{\dot{I}_1}{\dot{I}_2}\bigg|_{\dot{U}_2=0}=1 \\[4mm] b=-\dfrac{\dot{U}_1}{\dot{I}_2}\bigg|_{\dot{U}_2=0}=0 \end{cases}$$

$$[\boldsymbol{A}]=\begin{bmatrix} 1 & 0 \\ 0 & 1 \end{bmatrix},[\overline{\boldsymbol{A}}]=\begin{bmatrix} \sqrt{\dfrac{Z_{02}}{Z_{01}}} & 0 \\[3mm] 0 & \sqrt{\dfrac{Z_{01}}{Z_{02}}} \end{bmatrix}。$$

（4）理想变压器

令端口 2 开路,有 $\dot{I}_2=0,\dot{U}_2=n\dot{U}_1$,则

$$\Rightarrow \begin{cases} a=\dfrac{\dot{U}_1}{\dot{U}_2}\bigg|_{\dot{I}_2=0}=\dfrac{1}{n} \\[4mm] c=\dfrac{\dot{I}_1}{\dot{U}_1}\bigg|_{\dot{I}_2=0}=0 \end{cases}$$

令端口 2 短路,有 $\dot{U}_2=0,\dot{I}_2=-\dfrac{1}{n}\dot{I}_1$,则

$$\Rightarrow \begin{cases} d=-\dfrac{\dot{I}_1}{\dot{I}_2}\bigg|_{\dot{U}_2=0}=n \\[4mm] b=-\dfrac{\dot{U}_1}{\dot{I}_2}\bigg|_{\dot{U}_2=0}=0 \end{cases}$$

$$[\boldsymbol{A}]=\begin{bmatrix}\dfrac{1}{n} & 0\\[2mm] 0 & n\end{bmatrix},\quad[\overline{\boldsymbol{A}}]=\begin{bmatrix}\dfrac{1}{n}\sqrt{\dfrac{Z_{02}}{Z_{01}}} & 0\\[4mm] 0 & n\sqrt{\dfrac{Z_{01}}{Z_{02}}}\end{bmatrix}.$$

（5）均匀传输线段

令端口 2 开路，有 $\dot{I}_2=0$，则

$$\begin{cases}\dot{U}_2=(\dot{U}_{i2}+\dot{U}_{r2})\\ \dot{I}_2=(\dot{I}_{i2}-\dot{I}_{r2})\\ \dot{U}_{i2}=\dot{U}_{r2}\\ \dot{I}_{i2}=\dot{I}_{r2}\end{cases}$$

又 $\begin{cases}\dot{U}_{i1}=\dot{U}_{i2}\,\mathrm{e}^{\mathrm{j}\beta l}\\ \dot{U}_{r1}=\dot{U}_{r2}\,\mathrm{e}^{-\mathrm{j}\beta l}\end{cases}$

故 $\dot{U}_1=\dot{U}_{i1}+\dot{U}_{r1}=2\,\dot{U}_{i2}\cdot\cos\beta l$

$$a=\dfrac{\dot{U}_1}{\dot{U}_2}\bigg|_{\dot{I}_2=0}=\cos\beta l$$

因为 $\begin{cases}\dot{I}_{i1}=-\dot{I}_{i2}\,\mathrm{e}^{\mathrm{j}\beta l}\\ \dot{I}_{r1}=-\dot{I}_{r2}\,\mathrm{e}^{-\mathrm{j}\beta l}\end{cases}$

故 $\dot{I}_1=\dot{I}_{i1}-\dot{I}_{r1}=-\dot{I}_{i2}\cdot 2\mathrm{j}\sin\beta l$

$$c=\dfrac{\dot{I}_1}{\dot{U}_2}\bigg|_{\dot{I}_2=0}=\dfrac{-\dot{I}_{i2}\cdot 2\mathrm{j}\sin\beta l}{2\,\dot{U}_{i2}}=\dfrac{1}{Z_0}\mathrm{j}\sin\beta l$$

$$[\boldsymbol{A}]=\begin{bmatrix}\cos\beta l & \mathrm{j}Z_0\sin\beta l\\[2mm] \dfrac{\mathrm{j}\sin\beta l}{Z_0} & \cos\beta l\end{bmatrix},\quad[\overline{\boldsymbol{A}}]=\begin{bmatrix}\cos\beta l & \mathrm{j}\sin\beta l\\[2mm] \mathrm{j}\sin\beta l & \cos\beta l\end{bmatrix}.$$

4-12 如图 4.12 所示，为一归一化二端口网络，其中 $\mathrm{j}\overline{X}_{\mathrm{L}}=\mathrm{j}\omega$，$\mathrm{j}\overline{B}_{\mathrm{C}}=\mathrm{j}\omega/2$。求该网络的归一化阻抗参量矩阵 $[\overline{\boldsymbol{Z}}]$、归一化转移参量矩阵 $[\overline{\boldsymbol{A}}]$、散射参量矩阵 $[\boldsymbol{S}]$。

解：图中网络外接的两传输线特性阻抗均为 1，故其归一化网络参量矩阵和非归一

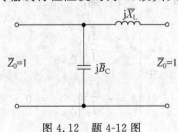

图 4.12　题 4-12 图

化网络参量矩阵相同。根据 **Z** 矩阵定义，有

$$
\begin{cases}
\bar{Z}_{11} = \dfrac{\bar{U}_1}{\bar{I}_1}\bigg|_{\bar{I}_2=0} = \dfrac{1}{\mathrm{j}\bar{B}_C} = \dfrac{2}{\mathrm{j}\omega} \\[3mm]
\bar{Z}_{12} = \dfrac{\bar{U}_1}{\bar{I}_2}\bigg|_{\bar{I}_1=0} = \dfrac{1}{\mathrm{j}\bar{B}_C} = \dfrac{2}{\mathrm{j}\omega} \\[3mm]
\bar{Z}_{21} = \dfrac{\bar{U}_2}{\bar{I}_1}\bigg|_{\bar{I}_2=0} = \dfrac{1}{\mathrm{j}\bar{B}_C} = \dfrac{2}{\mathrm{j}\omega} \\[3mm]
\bar{Z}_{22} = \dfrac{\bar{U}_2}{\bar{I}_2}\bigg|_{\bar{I}_1=0} = \mathrm{j}\bar{X}_C + \dfrac{1}{\mathrm{j}\bar{B}_C} = \mathrm{j}\omega + \dfrac{2}{\mathrm{j}\omega}
\end{cases}
$$

故 $[\bar{Z}] = \begin{bmatrix} \dfrac{2}{\mathrm{j}\omega} & \dfrac{2}{\mathrm{j}\omega} \\[3mm] \dfrac{2}{\mathrm{j}\omega} & \mathrm{j}\omega + \dfrac{2}{\mathrm{j}\omega} \end{bmatrix}$

根据归一化网络参量之间关系可得(可参看 2011 年 4 月高教版《微波技术基础》表 4-1)

$$
[\bar{A}] = \begin{bmatrix} 1 & \mathrm{j}\omega \\[3mm] \dfrac{\mathrm{j}\omega}{2} & 1 - \dfrac{\omega^2}{2} \end{bmatrix}, \quad
[S] = \begin{bmatrix} \dfrac{1-\mathrm{j}\omega}{3+\mathrm{j}\omega+\dfrac{4}{\mathrm{j}\omega}} & \dfrac{4}{-\omega^2+3\mathrm{j}\omega+4} \\[5mm] \dfrac{4}{-\omega^2+3\mathrm{j}\omega+4} & \dfrac{1+\mathrm{j}\omega}{3+\mathrm{j}\omega+\dfrac{4}{\mathrm{j}\omega}} \end{bmatrix}
$$

4-13 求图 4.13(a)、图 4.13(b)所示电路的归一化转移参量矩阵 $[\bar{A}]$ 和散射矩阵 $[S]$。

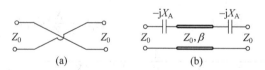

图 4.13 题 4-13 图

解：

由图(a)得

$$
\begin{cases}
\dot{U}_1 = -\dot{U}_2 = (-1)\dot{U}_2 + (0)(-\dot{I}_2) \\[2mm]
\dot{I}_1 = \dot{I}_2 = (0)\dot{U}_2 + (-1)(-\dot{I}_2)
\end{cases}
$$

根据转移参量定义，可知转移矩阵为

$$
[A] = \begin{bmatrix} -1 & 0 \\ 0 & -1 \end{bmatrix}
$$

归一化转移矩阵为

$$
[\bar{A}] = \begin{bmatrix} -\sqrt{\dfrac{Z_{02}}{Z_{01}}} & 0 \\[4mm] 0 & -\sqrt{\dfrac{Z_{01}}{Z_{02}}} \end{bmatrix}
$$

Z_{01}、Z_{02} 为网络外接传输线特性阻抗。若 $Z_{01} = Z_{02} = Z_0$，则

$$[\overline{A}] = \begin{bmatrix} -1 & 0 \\ 0 & -1 \end{bmatrix}$$

根据归一化网络参量之间关系可得(可参看 2011 年 4 月高教版《微波技术基础》表 4-1)

$$[S] = \begin{bmatrix} 0 & -1 \\ -1 & 0 \end{bmatrix}$$

对图(b)所示级联形式网络，采用 A 矩阵便于计算

$$\begin{cases} [A_1] = \begin{bmatrix} 1 & -jX_A \\ 0 & 1 \end{bmatrix} \\[3mm] [A_2] = \begin{bmatrix} \cos\beta l & jZ_0\sin\beta l \\ \dfrac{j\sin\beta l}{Z_0} & \cos\beta l \end{bmatrix} \\[3mm] [A_3] = [A_1] \end{cases}$$

$$[A] = [A_1][A_2][A_3] = \begin{bmatrix} \cos\beta l + \dfrac{X_A}{Z_0}\sin\beta l & -2jX_A\cos\beta l - j\dfrac{X_A^2}{Z_0}\sin\beta l + jZ_0\sin\beta l \\ \dfrac{j\sin\beta l}{Z_0} & \cos\beta l + \dfrac{X_A}{Z_0}\sin\beta l \end{bmatrix}$$

若外接传输线特性阻抗 $Z_{01} = Z_{02} = Z_0$，则归一化转移矩阵为

$$[\overline{A}] = \begin{bmatrix} \cos\beta l + \dfrac{X_A}{Z_0}\sin\beta l & -2j\dfrac{X_A}{Z_0}\cos\beta l - j\dfrac{X_A^2}{Z_0^2}\sin\beta l + j\sin\beta l \\ j\sin\beta l & \cos\beta l + \dfrac{X_A}{Z_0}\sin\beta l \end{bmatrix}$$

$$[S] = \frac{1}{2\cos\beta l\left[1 - j\dfrac{X_A}{Z_0}\right] + j\left[2 - \dfrac{X_A^2}{Z_0^2} + \dfrac{2X_A}{jZ_0}\right]\sin\beta l}$$

$$\cdot \begin{bmatrix} -j\dfrac{2X_A}{Z_0}\cos\beta l - j\dfrac{X_A^2}{Z_0^2}\sin\beta l & 2 \\ 2 & -j\dfrac{2X_A}{Z_0}\cos\beta l - j\dfrac{X_A^2}{Z_0^2}\sin\beta l \end{bmatrix}$$

第 5 章

微波元件

5.1　基本概念、理论、公式

5.1.1　短路活塞

短路负载又称短路器,其作用是将电磁波能量全部反射回去。将波导或同轴线的终端短路(用金属导体全部封闭起来)即构成波导或同轴线短路器。实用中的短路器都做成短路面可调的,称为可调短路活塞(可实现等效终端开路)。

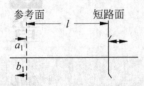

图 5.1　可调短路活塞示意图

图 5.1 是可调短路塞示意图,其 S 参数为

$$S_{11} = \frac{b_1}{a_1} = \Gamma = - \mathrm{e}^{-\mathrm{j}2\beta l} \tag{5.1}$$

5.1.2　匹配负载

匹配负载是一种全部吸收输入功率的一端口元件。

其示意图如图 5.2 所示,其 S 参数为

$$S_{11} = \frac{b_1}{a_1} = 0 \tag{5.2}$$

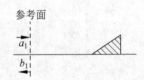

图 5.2　匹配负载示意图

5.1.3　扼流短路活塞原理

如图 5.3 所示,扼流短路活塞的基本原理是:通过两段长度为四分之一波导波长的传输线,使在有效短路面(物理上非接触)形成良好的有效短路。根据四分之一波长传输线阻抗变换性,在有效短路面处的输入阻抗为

$$Z_{\mathrm{in}} = \frac{(Z_{01})^2}{R_k'} = \frac{(Z_{01})^2}{\dfrac{(Z_{02})^2}{R_k}} = \left(\frac{Z_{01}}{Z_{02}}\right)^2 R_k \xrightarrow{Z_{01} \ll Z_{02}} 0 \tag{5.3}$$

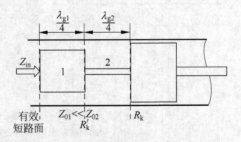

图 5.3　扼流短路活塞原理

5.1.4 失配负载

失配负载是既吸收一部分功率又反射一部分功率的负载。实际中失配负载都做成标准失配负载,具有某一固定驻波比。其 S 参数为

$$0 < |S_{11}| = \left|\frac{b_1}{a_1}\right| < 1 \tag{5.4}$$

5.1.5 理想衰减器

理想衰减器是完全匹配、互易、只有衰减而没有相移的二端口元件,其散射矩阵为

$$[\boldsymbol{S}] = \begin{bmatrix} 0 & \mathrm{e}^{-\alpha l} \\ \mathrm{e}^{-\alpha l} & 0 \end{bmatrix} \tag{5.5}$$

5.1.6 理想相移器

理想相移器是完全匹配、互易,只有相移而没有衰减的二端口元件,其散射矩阵为

$$[\boldsymbol{S}] = \begin{bmatrix} 0 & \mathrm{e}^{-\mathrm{j}\beta l} \\ \mathrm{e}^{-\mathrm{j}\beta l} & 0 \end{bmatrix} \tag{5.6}$$

5.1.7 环形器

无耗、非互易三端口能够完全匹配。通过适当选择参考面,其正、反旋散射矩阵可表示为

$$[\boldsymbol{S}_{\mathrm{T}}] = \begin{bmatrix} 0 & 1 & 0 \\ 0 & 0 & 1 \\ 1 & 0 & 0 \end{bmatrix} \tag{5.7}$$

$$[\boldsymbol{S}_{\mathrm{R}}] = \begin{bmatrix} 0 & 0 & 1 \\ 1 & 0 & 0 \\ 0 & 1 & 0 \end{bmatrix} \tag{5.8}$$

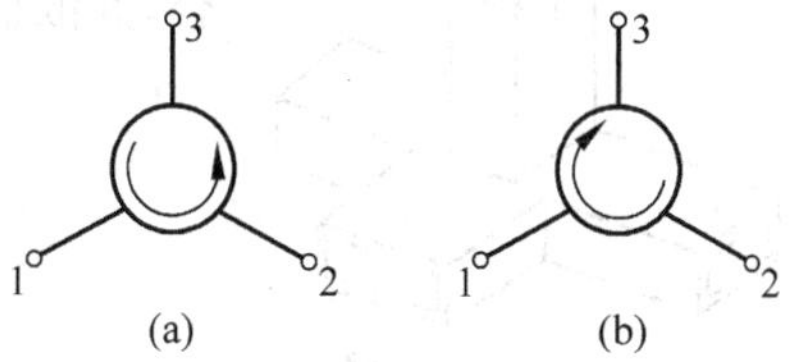

图 5.4 环形器

具有这种特性的三端口元件为环形器,如图 5.4 所示。

5.1.8 E-T 分支

如图 5.5 所示,分支宽面平行于主波导 H_{10} 模的电场,称为 E-T 分支。它可以将 3 端口输入的功率等幅反相从 1、2 端口输出,其散射矩阵为

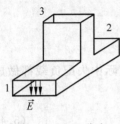

图 5.5　E-T 分支

$$[S]_{\text{E-T}} = \begin{bmatrix} S_{11} & S_{12} & S_{13} \\ S_{12} & S_{11} & -S_{13} \\ S_{13} & -S_{13} & S_{33} \end{bmatrix} \qquad (5.9)$$

根据无耗互易三端口网络性质，E-T 分支不能达到端口完全匹配，即不能满足 $S_{11}=S_{22}=S_{33}=0$。E-T 分支可以实现某一个端口匹配或某两个端口匹配。根据无耗互易三端口网络性质，在某两个端口完全匹配时，必与第三个端口完全隔离。

5.1.9　H-T 分支

如图 5.6 所示，分支宽面平行于主波导 H_{10} 模的磁场，称为 H-T 分支。它可以将 4 端口输入的功率等幅、同相从 1、2 端口输出，其散射矩阵为

$$[S]_{\text{H-T}} = \begin{bmatrix} S_{11} & S_{12} & S_{13} \\ S_{12} & S_{11} & S_{13} \\ S_{13} & S_{13} & S_{33} \end{bmatrix} \qquad (5.10)$$

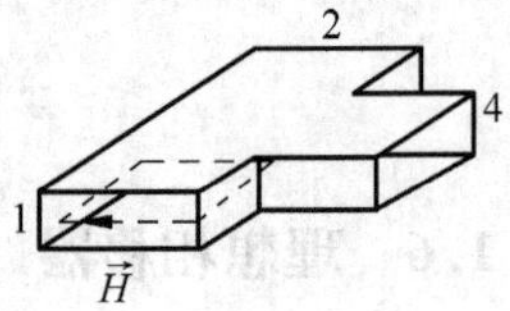

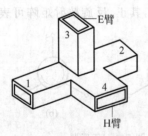

图 5.6　H-T 分支

根据无耗互易三端口网络性质，H-T 分支也不能达到端口完全匹配，即不能满足 $S_{11}=S_{22}=S_{33}=0$。H-T 分支可以实现某一个端口匹配或某两个端口匹配。根据无耗互易三端口网络性质，在某两个端口完全匹配时，必与第三个端口完全隔离。

5.1.10　双 T

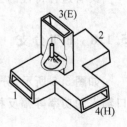

图 5.7　双 T 接头

如图 5.7 所示，双 T 接头是 E-T 分支和 H-T 分支的组合，其散射矩阵为

$$[S] = \begin{bmatrix} S_{11} & S_{12} & S_{13} & S_{14} \\ S_{12} & S_{11} & -S_{13} & S_{14} \\ S_{13} & -S_{13} & S_{33} & 0 \\ S_{14} & S_{14} & 0 & S_{44} \end{bmatrix} \qquad (5.11)$$

由于连接处的结构突变，双 T 接头在接头处仍不能达到匹配，即不能满足 $S_{11}=S_{22}=S_{33}=S_{44}=0$。

5.1.11　魔 T

如图 5.8 所示，在保证双 T 接头 1、2 口结构对称的前提下，可以在接头处加入匹配元件（如螺钉、膜片或锥体等电抗元件），使 3、4 端口实现匹配。可以证明此时 1、2 端口自动匹配且理想隔离。这种经过匹配后的双 T 接头即为魔 T 接头，其散射矩阵可以表示为

图 5.8　魔 T

$$[\boldsymbol{S}] = \frac{1}{\sqrt{2}} \begin{bmatrix} 0 & 0 & 1 & 1 \\ 0 & 0 & -1 & 1 \\ 1 & -1 & 0 & 0 \\ 1 & 1 & 0 & 0 \end{bmatrix} \qquad (5.12)$$

5.1.12　定向耦合器

如图 5.9 所示,定向耦合器是一种具有定向传输特性的四端口微波元件,它是由耦合装置连接在一起的主、副传输线构成的。1-2 为主线,3-4 为副线,1 为输入端,2 为直通端,3 为隔离端,4 为耦合端。其散射矩阵可以表示为

$$[\boldsymbol{S}] = \begin{bmatrix} 0 & C_1 & 0 & jC_2 \\ C_1 & 0 & jC_2 & 0 \\ 0 & jC_2 & 0 & C_1 \\ jC_2 & 0 & C_1 & 0 \end{bmatrix} \qquad (5.13)$$

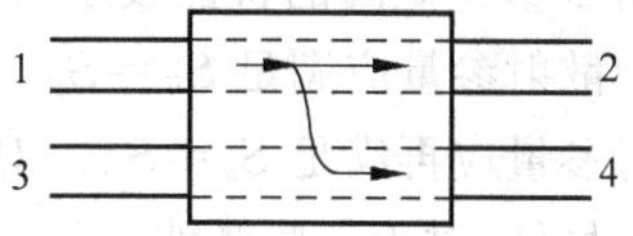

图 5.9　定向耦合器网络

5.2　常见问题答疑

1. 旋转极化衰减器衰减量 $L = -40\lg|\cos\theta|$ dB 是如何得到的?

答:经过两次衰减,每次通过场强分量为原来的 $\cos\theta$ 倍,两次就是 $\cos^2\theta$ 倍,对应功率为 $\cos^4\theta$ 倍,用 dB 表示即为 $40\lg|\cos\theta|$(dB)。取正值,则为 $-40\lg|\cos\theta|$(dB)。

2. 插入衰减概念是什么?无耗网络有插入衰减吗?

答:插入衰减包括两部分,一部分由网络损耗引起,即为吸收衰减,另一部分由网络不匹配引起,即为反射衰减,所以无耗网络也可能产生由于网络输入端口不匹配而引起的用反射衰减表示的插入衰减。

3. 对于 E-T 接头,1 端口与 2 端口几何对称,为何 S_{31}、S_{32} 反相?

答:各端口参考方向选定后(1、2 端口参考方向一致),1 端口输入时 3 端口出波与 2 端口输入时 3 端口的出波反相,故 S_{31}、S_{32} 反相。

4. 对于魔 T 接头,1 端口和 2 端口从几何结构来看完全是对称的,为何 S_{31}、S_{41} 同相而 S_{32}、S_{42} 反相?是否也可以反过来,即 S_{31}、S_{41} 反相而 S_{32}、S_{42} 同相?

答:反过来也可以,这与 3 端口、4 端口选择的参考方向有关。从物理本质上来说,虽然魔 T 的 4 个端口有公共的对称面,但 3 端口主模的电场关于此对称面是反称的,4 端口主模的电场关于此对称面是对称的。在各端口参考方向确定的条件下,可以通过适当选择参考面使 S_{31}、S_{41} 同相而 S_{32}、S_{42} 反相,也可以在其他条件都不变的情况下,将 3、4 端口中的某个端口参考方向取反,即可以使 S_{31}、S_{41} 反相而 S_{32}、S_{42} 同相。

5.3 例题详解

【例题 5-1】 有一个三端口微波元件,实测得散射矩阵$[S] = \begin{bmatrix} 0 & 0.995 & 0.1 \\ 0.995 & 0 & 0 \\ 0.1 & 0 & 0 \end{bmatrix}$。

根据上述散射矩阵,判断该微波元件有哪些性质(主要考虑损耗、互易、对称、匹配、传输等性质)。

【解题分析】 网络的三种常用性质包括互易性、对称性、无耗性。这三种性质都可以用 S 参量矩阵的特征表示出来。如果 n 端口网络第 i 端口和第 j 端口是互易的,则网络的散射参量应满足 $S_{ij} = S_{ji}$。如果 n 端口网络第 i 端口和第 j 端口是对称的,则网络的散射参量应再满足 $S_{ii} = S_{jj}$。对无耗网络的散射矩阵应满足条件 $[S]^+[S] = [1]$。

另外,对于某些微波元件,需要分析其某端口的匹配性质和端口间的传输性质,此时应结合 S 矩阵中每个参量具体的物理意义来考虑。

解:对此三端口网络,有

(1) 由 $[S]^T = [S]$ 可知该网络具有互易性(互易性:互易网络又称为可逆网络。对于互易网络有 $S_{ij} = S_{ji}$ 或 $[S]^T = [S]$)。

(2) 由 $S_{11} = S_{22} = S_{33} = 0$ 可知该网络三端口均匹配且两两对称。

(3) 由 $[S]^+[S] \neq [1]$ 可知该网络有耗(无耗性:S 矩阵具有幺正性,即 $[S]^+[S] = [1]$)。

(4) 由 $S_{23} = S_{32} = 0$ 可知该网络 2、3 端口相互隔离。

【例题 5-2】 如图 5.10 所示,一对称、互易、无耗三端口元件,称为对称 Y 分支,试求在其余两端口接匹配负载条件下输入端口的最小驻波比。

【解题分析】

(1) 根据三端口网络的性质可知,无耗、互易的三端口网络不可能三个端口都匹配,即散射矩阵对角线上的元素不可能全为零。

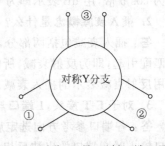

图 5.10 对称、互易、无耗三端口元件

(2) 本题希望求出在三个端口对称条件下,散射矩阵对角线元素模值最小的条件及取值。

(3) 求解此题时,首先要根据已知网络的对称性、互易性、无耗性,将散射矩阵中未知散射参量个数减到最少,然后再根据相关表达式确定解。

解:根据对称性和互易性,有

$$S_{11} = S_{22} = S_{33} = X, \quad S_{12} = S_{21}, \quad S_{13} = S_{31}, \quad S_{23} = S_{32}$$

由此可简化该三端口网络散射参量矩阵为

$$[S] = \begin{bmatrix} X & S_{12} & S_{13} \\ S_{12} & X & S_{23} \\ S_{13} & S_{23} & X \end{bmatrix} \tag{5.14}$$

根据网络的无耗性,有

$$[\boldsymbol{S}]^+[\boldsymbol{S}] = \begin{bmatrix} X^* & S_{12}^* & S_{13}^* \\ S_{12}^* & X^* & S_{23}^* \\ S_{13}^* & S_{23}^* & X^* \end{bmatrix} \begin{bmatrix} X & S_{12} & S_{13} \\ S_{12} & X & S_{23} \\ S_{13} & S_{23} & X \end{bmatrix} = [1] \qquad (5.15)$$

可以导出

$$\begin{cases} |X|^2 + |S_{12}|^2 + |S_{13}|^2 = 1 \\ |S_{12}|^2 + |X|^2 + |S_{23}|^2 = 1 \\ |S_{13}|^2 + |S_{23}|^2 + |X|^2 = 1 \end{cases} \qquad (5.16)$$

$$\begin{cases} X^* S_{12} + S_{12}^* X + S_{13}^* S_{23} = 0 \\ S_{12}^* X + X^* S_{12} + S_{23}^* S_{13} = 0 \end{cases} \qquad (5.17)$$

$$\begin{cases} X^* S_{13} + S_{12}^* S_{23} + S_{13}^* X = 0 \\ S_{13}^* X + S_{23}^* S_{12} + X^* S_{13} = 0 \end{cases} \qquad (5.18)$$

由式(5.16)可得 $|S_{13}| = |S_{23}| = |S_{12}|$;

由式(5.17)可得 $S_{13}^* S_{23} = S_{23}^* S_{13}$,即 $\theta_{13} = \theta_{23}$;

由式(5.18)可得 $S_{12}^* S_{23} = S_{23}^* S_{12}$,即 $\theta_{12} = \theta_{23}$;

从而可设 $S_{12} = S_{23} = S_{13} = Y$,$[\boldsymbol{S}] = \begin{bmatrix} X & Y & Y \\ Y & X & Y \\ Y & Y & X \end{bmatrix}$。

由式(5.16)、式(5.17)、式(5.18)可得 X 与 Y 的约束关系如式(5.19)所示。

$$\begin{cases} |X|^2 + 2|Y|^2 = 1 \\ |Y|^2 + 2|X||Y|\cos\theta = 0 \\ \theta = \arg X - \arg Y \end{cases} \qquad (5.19)$$

由式(5.19)可解得

$$|\Gamma_i| = |S_{ii}| = |X| = \sqrt{\frac{1}{1 + 8\cos^2\theta}} \quad (i = 1, 2, 3) \qquad (5.20)$$

又因为 $\rho_i = \dfrac{1 + |\Gamma_i|}{1 - |\Gamma_i|}$ 可知 ρ_i 与 $|\Gamma_i|$ 的单调性一致,为求 ρ_i 的最小值只需求 $|\Gamma_i|$ 的最小值。

由式(5.20)可知,当 $|\cos\theta| = 1$ 时,$|\Gamma_i|$ 取最小值,即 $|\Gamma_{\min}| = \dfrac{1}{3}$,进而可得 $\rho_{\min} = \dfrac{1 + |\Gamma_{\min}|}{1 - |\Gamma_{\min}|} = 2$。

【例题 5-3】 如图 5.11 所示,端口 1、2、3、4 是一个理想的 3dB 同向定向耦合器,其散射矩阵为 $[\boldsymbol{S}] = \dfrac{1}{\sqrt{2}} \begin{bmatrix} 0 & 1 & j & 0 \\ 1 & 0 & 0 & j \\ j & 0 & 0 & 1 \\ 0 & j & 1 & 0 \end{bmatrix}$,今在 2、3 端口安置可同调的短路活塞,距离参考面 T 的距离为 l。试证明:这将构成一个

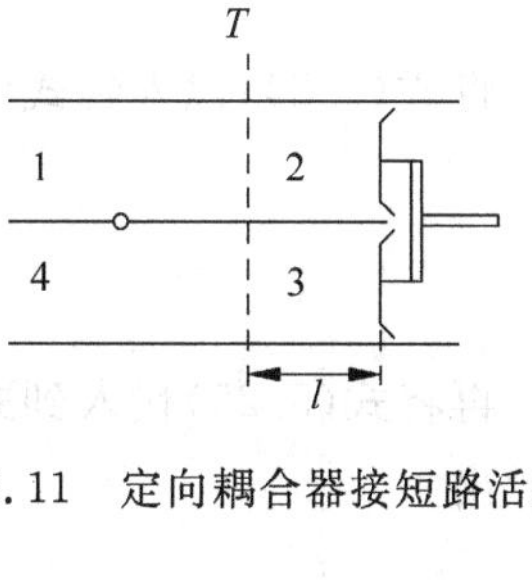

图 5.11 定向耦合器接短路活塞

理想的移相器。

【解题分析】

(1) 当 2、3 端口接短路活塞时,四端口网络退化为一个二端口网络,如果可以求出其散射参量,则根据散射参量可判断网络性质。

(2) 对 2、3 端口而言,端口出波为传向活塞的入射波,进波为来自活塞的反射波,在活塞位置反射系数为 -1。根据传输线理论,在参考面 T 处,反射系数为 $-\mathrm{e}^{-\mathrm{j}2\beta l}$,即有 $a_2 = -\mathrm{e}^{-\mathrm{j}2\beta l}b_2$、$a_3 = -\mathrm{e}^{-\mathrm{j}2\beta l}b_3$,或者 $b_2 = -\mathrm{e}^{\mathrm{j}2\beta l}a_2$、$b_3 = -\mathrm{e}^{\mathrm{j}2\beta l}a_3$,$\beta$ 为端口传输线相位常数。

(3) 另一方面,再结合散射参量表示的 2、3 端口进波和出波关系 $b_2 = b_2(a_1, a_2, a_3, a_4)$,$b_3 = b_3(a_1, a_2, a_3, a_4)$,可以导出关于进波 a_1、a_2、a_3、a_4 的两组约束方程,从而 a_1、a_2、a_3、a_4 只有两个是独立的。

(4) 可以选用 a_1、a_4 表示 a_2、a_3,并进一步表示 b_1、b_4,从而得到 1、4 端口表示的二端口网络的散射矩阵,由此判断等效的二端口网络的性质。

证明:理想的 3dB 同向定向耦合器的散射矩阵为

$$[\boldsymbol{S}] = \frac{1}{\sqrt{2}}\begin{bmatrix} 0 & 1 & \mathrm{j} & 0 \\ 1 & 0 & 0 & \mathrm{j} \\ \mathrm{j} & 0 & 0 & 1 \\ 0 & \mathrm{j} & 1 & 0 \end{bmatrix} \tag{5.21}$$

用进波表示出波为

$$\begin{bmatrix} b_1 \\ b_2 \\ b_3 \\ b_4 \end{bmatrix} = \frac{1}{\sqrt{2}}\begin{bmatrix} 0 & 1 & \mathrm{j} & 0 \\ 1 & 0 & 0 & \mathrm{j} \\ \mathrm{j} & 0 & 0 & 1 \\ 0 & \mathrm{j} & 1 & 0 \end{bmatrix}\begin{bmatrix} a_1 \\ a_2 \\ a_3 \\ a_4 \end{bmatrix} \tag{5.22}$$

即有

$$\begin{cases} \sqrt{2}b_1 = a_2 + \mathrm{j}a_3 \\ \sqrt{2}b_2 = a_1 + \mathrm{j}a_4 \\ \sqrt{2}b_3 = \mathrm{j}a_1 + a_4 \\ \sqrt{2}b_4 = \mathrm{j}a_2 + a_3 \end{cases} \tag{5.23}$$

又因为 2、3 端口参考面 T 外移距离 l 后接短路,因此可知

$$\begin{cases} b_2 = -\mathrm{e}^{\mathrm{j}2\beta l}a_2 \\ b_3 = -\mathrm{e}^{\mathrm{j}2\beta l}a_3 \end{cases} \tag{5.24}$$

将式(5.24)代入到式(5.23)的第二式和第三式中,可以用 a_1、a_4 表示出 a_2、a_3,即有

$$\begin{cases} -\sqrt{2}\,\mathrm{e}^{\mathrm{j}2\beta l}a_2 = a_1 + \mathrm{j}a_4 \\ -\sqrt{2}\,\mathrm{e}^{\mathrm{j}2\beta l}a_3 = \mathrm{j}a_1 + a_4 \end{cases} \tag{5.25}$$

再将式(5.25)代入式(5.23)的第一式和第四式中,可以用 a_1、a_4 表示出 b_1、b_4。可以导出

$$\begin{cases} b_1 = a_4 \mathrm{e}^{-\mathrm{j}\left(2\beta l + \frac{\pi}{2}\right)} \\ b_4 = a_1 \mathrm{e}^{-\mathrm{j}\left(2\beta l + \frac{\pi}{2}\right)} \end{cases} \tag{5.26}$$

根据散射参量定义,新的二端口网络对应的散射矩阵为

$$[\boldsymbol{S}] = \begin{bmatrix} 0 & \mathrm{e}^{-\mathrm{j}\left(2\beta l + \frac{\pi}{2}\right)} \\ \mathrm{e}^{-\mathrm{j}\left(2\beta l + \frac{\pi}{2}\right)} & 0 \end{bmatrix} \tag{5.27}$$

即对余下的 1、4 端口而言,在其中一个端口接波源、另外一个端口接匹配负载条件下,当 l 变化时,$S_{41} = \dfrac{b_4}{a_1}\Big|_{a_4=0}$ 或 $S_{14} = \dfrac{b_1}{a_4}\Big|_{a_1=0}$ 幅度不变,只有相位变化,故为一理想移相器。

5.4 习题解答

5-1 用散射参量说明并证明无耗互易二端口网络的性质。

证明:

对于无耗互易二端口网络,有

$$\begin{cases} |S_{11}|^2 + |S_{21}|^2 = 1 \\ |S_{12}|^2 + |S_{22}|^2 = 1 \\ S_{11}^* S_{12} + S_{21}^* S_{22} = 0 \\ S_{12}^* S_{11} + S_{22}^* S_{21} = 0 \\ S_{12} = S_{21} \end{cases} \Rightarrow \begin{cases} |S_{11}| = |S_{22}| = \sqrt{1 - |S_{12}|^2} \\ 2\arg S_{12} - (\arg S_{11} + \arg S_{22}) = \pm \pi + 2n\pi \end{cases}$$

所以,当 $S_{11} = 0$ 时,可推出 $S_{22} = 0$,$|T| = |S_{12}| = |S_{21}| = 1$。

当 $|S_{11}| = |S_{22}| = 1$ 时,可推出 $|T| = |S_{12}| = |S_{21}| = 0$。

又因为 $|T| = \sqrt{1 - |\Gamma|^2}$ 以及 $2\arg S_{12} - (\arg S_{11} + \arg S_{22}) = \pm \pi + 2n\pi$,可证得无耗二端口网络性质如下。

(1) 若一个端口匹配,则另一个端口自动匹配,而不论其结构上的差异,如波导-同轴转换接头等。

(2) 若网络是完全匹配的,则必然是完全传输的,反之亦然。网络反射越小,则功率传输越好。

(3) S_{11}、S_{12} 和 S_{22} 的相角只有两个是独立的,已知其中的两个相角,则第三个相角便可确定。

5-2 简述扼流结构的基本原理。

答:扼流结构的基本原理为:利用 1/4 波长传输线的阻抗变换原理,把有高频电流流过需要良好的电接触的地方,恰好安排在电压波节处,从而得到等效短路;与此同时,把可能产生损耗或可能有功率漏出的地方,恰好安排在电流波节处,这样就可以避免损耗和漏出功率。

5-3 一微波截止式衰减器中,空气填充的圆波导半径为 $R = 2\mathrm{cm}$,欲使工作频率

$f=3\mathrm{GHz}$ 的电磁波以主模传输时衰减 $30\mathrm{dB}$,求该圆波导段的长度 l。

解：圆波导主模为 H_{11} 模式,其截止波长为

$$\lambda_c = 3.41R = 6.82(\mathrm{cm})$$

根据题意,圆波导内为空气,对应的媒质波长为

$$\lambda = \frac{c}{f} = \frac{3 \times 10^8}{3 \times 10^9} = 0.1(\mathrm{m}) = 10(\mathrm{cm})$$

H_{11} 模式处于截止状态对应的衰减常数为

$$\alpha = \frac{2\pi}{\lambda}\sqrt{\left(\frac{\lambda}{\lambda_c}\right)^2 - 1} \approx 0.67(\mathrm{Np/cm})$$

则波导衰减为

$$L(l) - L(0) = 8.68\alpha l$$

不考虑初始衰减 $L(0)$,则

$$8.68\alpha l = 30\mathrm{dB} \Rightarrow l = 5.16(\mathrm{cm})$$

5-4 如图 5.12 所示,一魔 T 电桥,端口 4 接匹配信号源,端口 3 接匹配功率计,端口 1、2 各接一个负载,它们的反射系数为 Γ_1、Γ_2,求:(1)功率计上的功率指示。(2)若输入功率为 $1\mathrm{W}$,$\Gamma_1=0.1$,$\Gamma_2=0.3$,问此时功率计测得多少?(3)若 $\Gamma_1=\Gamma_2$,则结果又如何?结果说明什么?

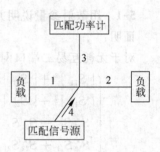

图 5.12 魔 T 电桥

解：

由 $\begin{bmatrix} b_1 \\ b_2 \\ b_3 \\ b_4 \end{bmatrix} = \frac{\sqrt{2}}{2} \begin{bmatrix} 0 & 0 & 1 & 1 \\ 0 & 0 & -1 & 1 \\ 1 & -1 & 0 & 0 \\ 1 & 1 & 0 & 0 \end{bmatrix} \begin{bmatrix} a_1 \\ a_2 \\ a_3 \\ a_4 \end{bmatrix}$ 可得

$$\begin{cases} b_1 = \dfrac{\sqrt{2}}{2}(a_3 + a_4) \\[2mm] b_2 = \dfrac{\sqrt{2}}{2}(-a_3 + a_4) \\[2mm] b_3 = \dfrac{\sqrt{2}}{2}(a_1 - a_2) \\[2mm] b_4 = \dfrac{\sqrt{2}}{2}(a_1 + a_2) \end{cases}$$

由已知条件可知 $a_3=0$,$\Gamma_1=\dfrac{a_1}{b_1}$,$\Gamma_2=\dfrac{a_2}{b_2}$,通过这三个新增的约束方程,可以导出进波 a_1,a_2,a_3,a_4 中只有一个是独立的,选为 a_4,结合上面方程组解出 $b_3 = \dfrac{1}{2}(\Gamma_1 - \Gamma_2)a_4$。

(1)由前面导出结果所知

$$P_{\text{功率计}} = \frac{1}{2}|b_3|^2 = \frac{1}{8}|\Gamma_1 - \Gamma_2|^2|a_4|^2 = \frac{1}{4}|\Gamma_1 - \Gamma_2|^2 P_{\text{in}}$$

（2）若输入功率 $P_{in} = 1(W)$，将 $\Gamma_1 = 0.1, \Gamma_2 = 0.3$ 代入得 $P_{功率计} = 0.01(W)$。

（3）若 $\Gamma_1 = \Gamma_2$，则 $P_{功率计} = 0(W)$。

该结果说明当 1、2 端口所接负载阻抗相同时，负载的反射系数 Γ_1、Γ_2 也相同，则 4 端口的输入功率不会流入 3 端口，即 3 端口功率计指示为零。

5-5 如图 5.13(a)所示为一微波组件，已知其散射矩阵为 $[S] = \begin{bmatrix} 0 & \alpha & \beta \\ \beta & 0 & \alpha \\ \alpha & \beta & 0 \end{bmatrix}, \beta \geqslant \alpha \geqslant 0$。

网络①口接匹配信号源，②口接匹配负载，在距③口参考面 T_3 为 l 处接一可变短路器，试问（1）$a_2 = ?$ 并写出 a_3 与 b_3 的函数关系；

（2）根据 $[b] = [S][a]$，求出 $b_2/a_1 = f(\alpha, \beta, l)$ 的函数关系式；

（3）若根据实验测出 $|b_2/a_1| \sim l$ 曲线如图 5.13(b)所示，试求 α、β 值。

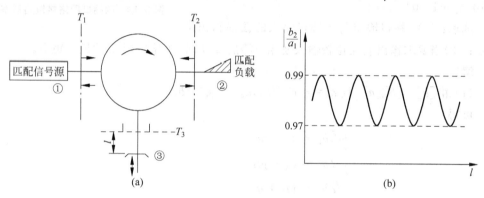

图 5.13 题 5-5 图

解：（1）由②口接匹配负载可知 $a_2 = 0$；由③口参考面 T_3 距离 l 处接一可变短路器可知 $a_3 = -e^{-j2rl} \cdot b_3$，$r$ 为端口传输线相位常数。此时 a_1、a_2、a_3 三者只有一个是独立的。

（2）因为 $[b] = [S][a]$，所以有

$$\begin{bmatrix} b_1 \\ b_2 \\ b_3 \end{bmatrix} = \begin{bmatrix} 0 & \alpha & \beta \\ \beta & 0 & \alpha \\ \alpha & \beta & 0 \end{bmatrix} \begin{bmatrix} a_1 \\ 0 \\ a_3 \end{bmatrix} \Rightarrow \begin{cases} b_1 = \beta a_3 \\ b_2 = \beta a_1 + \alpha a_3 \\ b_3 = \alpha a_1 \end{cases}$$

可以导出

$$a_3 = -\alpha e^{-j2rl} a_1$$

$$b_2 = (\beta - \alpha^2 e^{-j2rl}) a_1$$

$$\frac{b_2}{a_1} = \beta - \alpha^2 e^{-j2rl}$$

（3）根据前述结果，$|b_2/a_1| \sim l$ 关系为

$$\left| \frac{b_2}{a_1} \right| = \sqrt{(\beta - \alpha^2 \cos 2rl)^2 + (\alpha^2 \sin 2rl)^2} = \sqrt{\beta^2 + \alpha^4 - 2\beta\alpha^2 \cos 2rl}$$

由题目所给曲线可以看出

$$\begin{cases} \beta^2 + \alpha^4 + 2\beta\alpha^2 = (\beta + \alpha^2)^2 = 0.99^2 \\ \beta^2 + \alpha^4 - 2\beta\alpha^2 = (\beta - \alpha^2)^2 = 0.97^2 \end{cases}$$

解得 $\begin{cases} \alpha = 0.1 \\ \beta = 0.98 \end{cases}$。

5-6 如图 5.14 所示,为一四端口网络,2、3 端口
各接一可变短路器,设它们至参考面 T 的距离均为 l,
经螺钉调配后,得到该网络的散射矩阵为 $[\boldsymbol{S}] =$

$$\frac{1}{\sqrt{2}} \begin{bmatrix} 0 & 1 & j & 0 \\ 1 & 0 & 0 & j \\ j & 0 & 0 & 1 \\ 0 & j & 1 & 0 \end{bmatrix}。$$

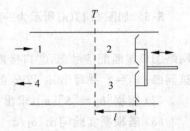

图 5.14 四端口网络接短路活塞

试求:(1)4 端口输出与 1 端口输入的振幅和相位
关系;(2)当要求输出波相位较输入波相位滞后 270° 时,短路器至 T 的最小距离。

解:

(1) 由 $[\boldsymbol{b}] = [\boldsymbol{S}][\boldsymbol{a}]$,且 $a_2 = -e^{-j2\beta l}b_2$,$a_3 = -e^{-j2\beta l}b_3$
可得

$$\begin{cases} \sqrt{2}\,b_1 = a_2 + ja_3 \\ \sqrt{2}\,b_2 = a_1 + ja_4 \\ \sqrt{2}\,b_3 = ja_1 + a_4 \\ \sqrt{2}\,b_4 = ja_2 + a_3 \end{cases}$$

$$\Rightarrow b_4 = -je^{-j2\beta l} \cdot a_1 = a_1 \cdot e^{-j\left(2\beta l + \frac{\pi}{2}\right)}$$

(2) 输出波相对于输入波相位滞后 270°,即 $2\beta l + \dfrac{\pi}{2} = \dfrac{3\pi}{2}$,故有

$$l_{\min} = \frac{\pi}{2\beta} = \frac{1}{4}\lambda_g$$

5-7 假设图 5.15 所示线圆极化变换器,内壁半径为 2cm,相对介电常数 $\varepsilon_r = 4$,工作
频率为 $f = 10\text{GHz}$,圆波导传输的是 H_{11}° 模,求使得圆波导输出为圆极化波的介质板最短
等效长度 l。再求出 $f = 8\text{GHz}$ 的情况进行比较(近似认为 $\vec{E}_\perp$ 的相速与介质无关,$\vec{E}_{//}$ 的
相速与圆波导全部填充介质情况相同)。

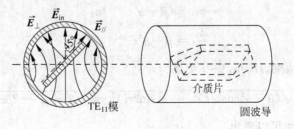

图 5.15 题 5-7 图

解：设入射电场为$\vec{E}_{\text{in}}$，其可分解成平行于介质板的分量$\vec{E}_{//}$与垂直于介质板的分量$\vec{E}_{\perp}$。$\vec{E}_{\perp}$基本上不受介质板的影响，以圆波导中无介质板存在时的相速度传播；而$\vec{E}_{//}$受介质板的影响，可近似认为以圆波导全部填充该介质的相速度传播，传播相速度变慢。

对于H_{11}°模，$\lambda_{\text{c}} = 3.41a = 6.82(\text{cm})$，$v_{\text{p}} = \dfrac{c}{\sqrt{1-\left(\dfrac{\lambda}{\lambda_{\text{c}}}\right)^2}} = 3.34 \times 10^8 (\text{m/s})$；

$v_{\text{p}\vec{E}_{\perp}} = v_{\text{p}} = 3.34 \times 10^8 (\text{m/s})$，$v_{\text{p}\vec{E}_{//}} = \dfrac{c/\sqrt{\varepsilon_{\text{r}}}}{\sqrt{1-\left(\dfrac{c/\sqrt{\varepsilon_{\text{r}}}}{f\lambda_{\text{c}}}\right)^2}} = 1.54 \times 10^8 (\text{m/s})$。

当经过介质片后$\vec{E}_{\perp}$与$\vec{E}_{//}$相位差为$\dfrac{\pi}{2}$的奇数倍时，可合成圆极化波，其中当相差为$\dfrac{\pi}{2}$时所需介质片长度最短，即

$$\frac{2\pi lf}{v_{\text{p}\vec{E}_{//}}} - \frac{2\pi lf}{v_{\text{p}\vec{E}_{\perp}}} = \frac{\pi}{2}$$

解得

$$l = 0.71\text{cm},$$
$$f = 8\text{GHz 时}, l = 0.86\text{cm}$$

第6章 微波技术实验

6.1 实验 1 分类开放式实验实践

6.1.1 实验目的

本实验结合学生本人特长、兴趣、发展方向安排。学生可根据自身情况任选信息收集类、软件设计类、软件仿真类实验实践题目中的一题。本实验目的是通过实验实践提高学生对微波课程学习和微波专业发展的兴趣,增强学生本人实验实践的目的性、针对性、自愿自主性。

本实验内容将主要依托"微波学堂"网(wbxt. buaa. edu. cn)进行。全部题目均将在该网站公布,并随时更新。

6.1.2 实验选题和考评

1. 选题方式

(1) 对每个题目都根据难易程度、课程需求设定了星级。一般最高为五星,最低为三星。

(2) 每人都应选至少 1 题。鼓励 1 人多题,也可以 1 题多选。1 人多题不设上限,但每个班级选同一题目人数一般不应超过 5 人。

(3) 建议以学号在网站注册,采取网上自由自愿报名形式,先报先定。报名者回帖说明所报题目,如注册用户名非学号和姓名,可在帖中说明姓名学号,教辅通过审核评分或回帖即为报名生效。

2. 考评方式

(1) 应将实验实践报告提交到对应班级版块,每人独立发帖以附件形式提交,代交者无成绩记录。文件较大无法插入附件者可发布到相应网盘,并附上相应下载链接。

(2) 对信息收集类实验实践任务,要求信息搜集组报告都应整理成 Word 或 PDF 文档形式,信息力求丰富全面,格式规范,若有相应的参考文献应列出,只发布网络链接者无效。

(3) 对软件设计类实验实践任务,除了要求附上相应软件及源代码外,还需有相应的 Word 或 PDF 文档报告,说明软件的设计过程、使用说明、实现的功能、目前还存在的问题、以后可改进的地方等。

(4) 对软件仿真类实验实践任务,要求报告应对仿真模型做一定说明,写明仿真此模型的依据、目的。将通过仿真计算得出的结论与已有资料进行对比,并附加使用此款仿真软件的心得体会。

(5) 鼓励尽早上传报告,报告提交较早者可以获得一定的额外奖励加分。总结报告和相关软件设计都应独立思考和完成,鼓励原创。如出现少量雷同可酌情减分,与已提交报告完全相同且不能出示独立完成证据者计为零分,明显将前面提交学生的报告修改拼凑提交者同样没有成绩。

（6）最后评分将参考学生所选题目的分值,并最终乘以一定加权系数记入实验成绩,作为总成绩的一部分。

6.1.3 信息收集类实验实践

这类实验实践主要结合学生个人的多元化兴趣和擅长安排,如外语擅长、学习擅长、信息检索和收集擅长等。另外,学生本人通过广泛搜集并整理相关资料,可以对自己将来发展方向进一步明确定位。这些发展方向包括:读研、出国、工作等。

表 6.1 是一些典型题目示例。实验题目可以根据实际教学情况和要求调整,更多实验题目请查询"微波学堂"网(wbxt.buaa.edu.cn)最新公布题单。

表 6.1 信息收集类典型题目示例

任 务 名 称	内 容 简 介
国外名校留学信息介绍 ★★★★★	搜集关于电磁场及微波技术的国外名校信息,并对不同学校电磁场与微波技术方向研究生留学入学的要求及条件进行整理总结,形成完整的电磁场微波技术方向国外学校研究生留学手册或类似攻略。搜集的信息主要包括:学校概况简介,该校电磁微波方向排名、突出特色、研究成果介绍及综合实力说明,申请研究生留学条件,有无和本学校和学院的交流合作,申请指导等。
国内外相关名企介绍 ★★★★★	搜集国内外电磁场微波技术方面知名企业的信息,这些公司可以是软、硬件公司,也可以是做电磁微波的电子研究所等。搜集这些公司关于电磁微波方面人才招聘的要求,在网络上收集入职这些公司的信息方法,或需要进行哪些必要的训练、具备哪些必需的技能知识或特长等。整理这些信息,最后完成说明手册。
航空航天领域的微波技术 ★★★★★	通过查阅文献,写一篇以"航空航天领域的微波技术"为主题的综述论文。论文格式应符合核心期刊要求,含题目、摘要、关键词、引言、正文、结论、参考文献。论文考查的主要方面有:(1)整体原创性和创新性;(2)题目、摘要、结论对论文核心内容和成果的概括性、提炼度;(3)引言是否能吸引人阅读;(4)正文层次是否清晰,内容是否丰富;(5)参考资料的完整性和权威性;(6)论文被网站注册用户阅读、提问、评价的情况;(7)论文作者在线答疑的情况。

6.1.4 软件设计类实验实践

主要针对课程教学和学习中的一些疑难原理和计算问题,由学生本人自由选择自己熟悉的软件工具,如 VC、VB、Matlab 等,编程完成规定功能设计,以使课程相关原理和计算更形象更直观。通过这一类实验实践,可以使学生对课程教学内容进一步熟练掌握,也可以锻炼提高学生本人实际承担软件编程项目的能力。

表 6.2 给出一些典型题目示例。实验题目可以根据实际教学情况和要求调整,更多实验题目请查询"微波学堂"网(wbxt. buaa. edu. cn)最新公布题单。

表 6.2   软件设计类典型题目示例

任 务 名 称	内 容 简 介
传输线工作状态参量计算和显示 ★★★★★	利用自己熟悉的软件工具,根据传输线工作状态参量关系,设计并实现软件完成以下功能,并配以传输线示意和史密斯圆图展示:(1)已知传输线特性阻抗 Z_0、负载阻抗 Z_L,计算传输线任意位置的输入阻抗 $Z_{in}(z)$、反射系数 $\Gamma(z)$、驻波参量(ρ、l_{min}、l_{max})。(2)已知传输线任意位置输入阻抗 $Z_{in}(z)$计算负载阻抗 Z_L、反射系数 $\Gamma(z)$、驻波参量(ρ、l_{min}、l_{max})。(3)已知驻波参量(ρ、l_{min}、l_{max}),计算输入阻抗 $Z_{in}(z)$、反射系数 $\Gamma(z)$。(4)将前述阻抗参量替换为导纳参量并实现同样计算功能。
史密斯圆图动态展示 ★★★★★	利用自己熟悉的软件工具,设计完成具有可视界面、高友好度且可独立运行的教学演示软件,具体功能方面要求:可以完全图解,演示史密斯圆图的形成过程,可以显示传输线上不同位置的圆图变化特征,可以形成完整的史密斯圆图,当作计算工具使用。可以拓展功能,演示史密斯圆图其他实用功能,如参数展示、支节匹配等。
单支节匹配过程的动态演示 ★★★★★	参见高教版《微波技术基础》第 112 页介绍的单支节匹配器原理,编写模拟软件,实现不同传输线特性阻抗、负载阻抗下单短路支阻抗匹配过程的模拟,并输出显示单支节匹配器参数 d、l 的值。可以演示线上各状态参数和电路参数、史密斯圆图上参数随支节几何参数动态变化而达到调配的过程。
波导场结构和传输 ★★★★★	设计完成具有可视界面、高友好度且可独立使用的教学演示软件,具体功能方面要求:可以设置工作频率,波导截面尺寸参数、波导模式、填充介质等,并能根据设置的参量正确演示矩形波导、圆波导等器件中电磁场的分布及变化特点,可以演示波导高次模式、内壁电流分布及时变特征。还可以根据自己的想法拓展一些其他功能。

6.1.5   软件仿真类实验实践

针对目前流行的一些电磁微波仿真软件,如 HFSS、CST、FEKO、ADS 等,收集总结相关的使用技巧、原理和方法,并针对课程学习的微波传输线和微波元件。学生本人任选一种仿真软件进行场结构模拟和参数分析,最终上交分析报告。

本类实验实践题目适合在学习到《微波技术基础》的"第 5 章 微波元件"时进行。可以选择扼流活塞、匹配负载、失配负载、扼流接头、波导弯曲、波导扭转、波导膜片、销钉、螺钉调配器、衰减器、波导同轴转换、矩形波导圆波导转换、线圆极化转换器等多种微波元件进行设计和仿真。

表 6.3 是一些典型题目示例。实验题目可以根据实际教学情况和要求调整,更多实验题目请查询"微波学堂"网(wbxt. buaa. edu. cn)最新公布题单。

表 6.3 软件仿真类典型题目示例

表 6.3 软件仿真类典型题目示例

任 务 名 称	内 容 简 介
波导同轴转换 ★★★★★	选定初始工作频段(如 X 波段),设计一个同轴线-矩形波导变换器,使电磁波由同轴线输入,在波导内探针激励。矩形波导的一个端口短路,另一个端口输出。调节同轴线探针的插入深度,与矩形波导宽边中线的距离及矩形波导短路面的位置,使同轴线与矩形波导能良好匹配,结构频带宽,矩形波导 H_{10} 单模输出。
线圆极化转换器 ★★★★★	选定初始工作频段(如 X 波段),设计一个圆波导,在里面加入一段薄介质片,使得圆波导可以构成匹配的线圆极化转换器。可优化的参数包括介质片长度、厚度、两端形状、放置角度等。为简化问题,可以只对圆波导输出端口几何对称面上的场进行分析。尝试将仿真结果与高教版《微波技术基础》书第 294 页习题 5-4 理论结果进行比较。
双 T、魔 T 接头的仿真优化 ★★★★★	选定初始工作频段(如 X 波段),对一定尺寸的双 T 接头进行仿真设计,并利用高教版《微波技术基础》书第 286 页中提到的圆柱、圆锥、膜片等结构对其进行调配而成为魔 T。通过仿真软件展示内部场结构、端口的 S 参数随结构调整的渐近变化过程,并研究结构随频率变化的特征。

6.2 实验 2 测量线的使用及参量测量

6.2.1 实验目的

(1) 了解微波测量系统,熟悉基本微波元件的作用。

(2) 熟悉测量线原理及使用,掌握晶体定标和测量驻波比的直接法。

(3) 熟练掌握用交叉读数法(两点法)测量波导波长 λ_g 的方法,在此基础上计算相位常数、自由空间波长、波源频率。

(4) 掌握等效终端的概念及测量负载阻抗、导纳的方法。

6.2.2 实验设备

微波信号源一台,测量线一台,选频放大器一台,隔离器一个,波长计一个,可变衰减器一个,短路片一个,匹配负载一个,被测模拟负载一个(可变衰减器+短路片)。

6.2.3 实验原理

1. 微波测试系统

进行微波测量,首先必须正确连接与调整微波测试系统。图 6.1 为实验室常用的微波测试系统,信号源通常位于左侧,待测元件应接在右侧,以便于操作。使用时应使系统连接平稳,各元件接头对准。晶体检波器输出引线应远离电源和输入电路,以免干扰。如果系统连接不当,将会影响测量精度,产生误差。

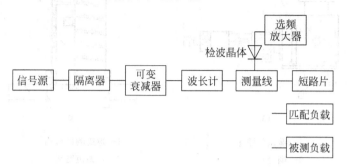

图 6.1　测试系统框图

系统各部分简介如下。

(1) 波导管:本实验所使用的波导管型号为 BJ-100,其内腔尺寸为 $a=22.86\text{mm}$, $b=10.16\text{mm}$。其主模频率范围为 $8.20\sim12.50\text{GHz}$,截止频率为 6.557GHz。

(2) 隔离器:位于磁场中的某些铁氧体材料对于来自不同方向的电磁波有着不同的吸收,经过适当调节,可使其对微波具有单方向传播的特性(图 6.2)。隔离器常用于信号源与负载之间,起隔离和单向传输作用。

(3) 衰减器:把一片能吸收微波能量的吸收片垂直于矩形波导的宽边,纵向插入波导管即可(图 6.3),用以部分衰减传输功率,沿着宽边移动吸收片可改变衰减量的大小。衰减器起调节系统中微波功率以及去耦合的作用。

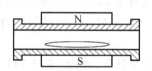

图 6.2　隔离器结构示意图

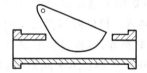

图 6.3　衰减器结构示意图

(4) 谐振式频率计(波长计):电磁波通过耦合孔从波导进入频率计的空腔中,当频率计的腔体失谐时,腔里的电磁场极为微弱,此时,它基本上不影响波导中波的传输。当电磁波的频率满足空腔的谐振条件时,发生谐振,反映为波导中的阻抗发生剧烈变化,相应地,通过波导中的电磁波信号强度将减弱,输出信号幅度将出现明显的跌落,从刻度套筒可读出输入微波谐振时的刻度,通过查表可得知输入微波谐振频率(图 6.4(a)),或从刻度套筒直接读出输入微波的频率(图 6.4(b))。两种结构方式都是以活塞在腔体中的位移距离来确定电磁波的频率的,不同的是,图 6.4(a)读取刻度的方法测试精度较高,通常可做到 5×10^{-4},价格较低。而图 6.4(b)读频率刻度,由于频率刻度套筒加工受到限制,频率读取精度较低,一般只能做到 3×10^{-3} 左右且价格较高。

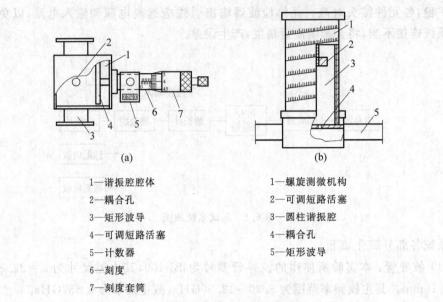

1—谐振腔腔体	1—螺旋测微机构
2—耦合孔	2—可调短路活塞
3—矩形波导	3—圆柱谐振腔
4—可调短路活塞	4—耦合孔
5—计数器	5—矩形波导
6—刻度	
7—刻度套筒	

图 6.4　谐振式频率计结构原理图

(5) 驻波测量线：驻波测量线是测量微波传输系统中电场的强弱和分布的仪器。在波导的宽边中央开有一个狭槽，金属探针经狭槽伸入波导中。由于探针与电场平行，电场的变化在探针上感应出的电动势经过晶体检波器变成电流信号输出。测量线原理和结构的详细介绍参见本实验原理第二部分。

(6) 晶体检波器：从波导宽壁中点耦合出两宽壁间的感应电压，经微波二极管进行检波，调节其短路活塞位置，可使检波管处于微波的波腹点，以获得最高的检波效率。

(7) 微波源：提供所需微波信号，频率范围在 8.6～9.6GHz 内可调，工作方式有等幅、方波、外调制等，实验时根据需要加以选择。

(8) 选频放大器：用于测量微弱低频信号，信号经升压、放大，选出 1kHz 左右的信号，经整流平滑后输出直流电平，由对数放大器展宽供给指示电路检测。

(9) 短路片：金属制成，可以将入射波能量全反射。

(10) 匹配负载：波导中装有能很好地吸收微波能量的电阻片或吸收材料，它几乎能全部吸收入射功率。

(11) 被测负载：本实验采用的模拟负载用一终端短路的可调衰减器构成。通过调节可变衰减器衰减量，可以模拟驻波比不同的负载。

2. 测量线的调整

探测微波传输系统中电磁场分布情况，测量驻波比、阻抗、调匹配等，是微波测量的重要工作，测量所用基本仪器之一是驻波测量线。

测量线由开槽波导、不调谐探头和滑架组成。开槽波导中的场由不调谐探头取样，探头的移动靠滑架上的传动装置，探头的输出送到显示装置，就可以显示沿波导轴线的电磁场变化。测量线外形如图 6.5 所示。

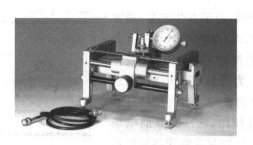

图 6.5　X 波段驻波测量线

　　测量线波导是一段精密加工的开槽直波导,此槽位于波导宽边的正中央,平行于波导轴线,不切割高频电流,因此对波导内的电磁场分布影响很小。此外,槽端还有阶梯匹配段,两端法兰具有尺寸精确的定位和连接孔,从而保证开槽波导有很低的剩余驻波系数。

　　不调谐探头由检波二极管、吸收环、盘形电阻、弹簧、接头和外壳组成,安放在滑架的探头插孔中。不调谐探头的输出为 BNC 接头,检波二极管经过加工改造的同轴检波管,其内导体作为探针伸入到开槽波导中,因此,探针与检波晶体之间的长度最短,从而可以不经调谐,而达到电抗小、效率高,输出响应平坦的效果。

　　滑架是用来安装开槽波导和不调谐探头的,其结构见图 6.6。把不调谐探头放入滑架的探头插孔⑥中,拧紧锁紧螺钉⑩,即可把不调谐探头固紧。探针插入波导中的深度,用户可根据情况适当调整。出厂时,探针插入波导中的深度为 1.5mm,约为波导窄边尺寸的 15%。

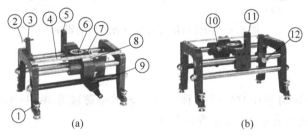

(a)　　　　　　　　　　　　　　(b)

①	水平调整螺钉	用于调整测量线高度;
②	百分表止挡螺钉	细调百分表读数的起始点;
③	可移止挡	粗调百分表读数;
④	刻度尺	指示探针位置;
⑤	百分表插孔	插百分表用;
⑥	探头插孔	装不调谐探头;
⑦	探头座	可沿开槽线移动;
⑧	游标	与刻度尺配合,提高探针位置读数分辨率;
⑨	手柄	旋转手柄,可使探头座沿开槽线移动;
⑩	探头座锁紧螺钉	将不调谐探头固定于探头插孔中;
⑪	夹紧螺钉	安装夹紧百分表用;
⑫	止挡固定螺钉	将可移止挡③固定在所要求的位置上;

图 6.6　驻波测量线结构

在分析驻波测量线时,为了方便起见,通常把探针等效成一导纳 Y_u 与传输线并联,如图 6.7 所示。其中 G_u 为探针等效电导,反映探针吸取功率的大小,B_u 为探针等效电纳,表示探针在波导中产生反射的影响。当终端接任意阻抗时,由于 G_u 的分流作用,驻波腹点的电场强度要比真实值小,而 B_u 的存在将使驻波腹点和节点的位置发生偏移。如图 6.8 所示,当测

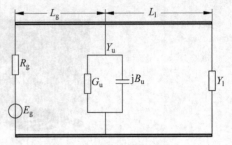

图 6.7 探针等效电路图

量线终端短路时,如果探针放在驻波的波节点 B 上,由于此点处的输入导纳 $Y_{in} \to \infty$,故 Y_u 的影响很小,驻波节点的位置不会发生偏移。如果探针放在驻波的波腹点,由于此点上的输入导纳 $Y_{in} \to 0$,故 Y_u 对驻波波腹点的影响就特别明显,探针呈容性电纳时将使驻波波腹点向负载方向偏移。所以探针引入的不均匀性,将导致场的图形畸变,使测得的驻波波腹值下降而波节点略有增高,造成测量误差。欲使探针导纳影响变小,探针越浅越好,但这时在探针上的感应电动势也变小。通常设计原则是在指示仪表上有足够指示下,尽量减小探针深度,一般采用的深度应小于波导高度的 $10\% \sim 15\%$。

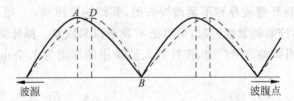

图 6.8 探针电纳对驻波分布图形的影响

3. 波导波长

测量线一般有同轴型和波导型两种。以 λ 表示电磁波在媒质(本实验为自由空间)中的波长,则对同轴型测量线,其波导波长 λ_g 为

$$\lambda_g = \lambda \tag{6.1}$$

对矩形波导型测量线,在主模(H_{10} 模)工作状态下,波导波长为

$$\lambda_g = \frac{\lambda}{\sqrt{1 - \left(\dfrac{\lambda}{2a}\right)^2}} \tag{6.2}$$

在实验过程中,可以通过交叉读数法(又称两点法)确定波导波长。所谓交叉读数法,是指在波节点附近两旁找到电表读数相等的两个对应位置 d_{11}、d_{12}、d_{21}、d_{22},然后分别取平均值确定波节点的位置,如图 6.9 所示。

$$d_{01} = \frac{1}{2}(d_{11} + d_{12}) \tag{6.3}$$

$$d_{02} = \frac{1}{2}(d_{21} + d_{22}) \tag{6.4}$$

$$\lambda_g = 2 \mid d_{02} - d_{01} \mid \tag{6.5}$$

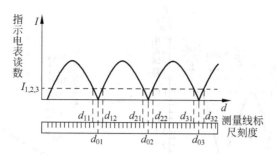

图 6.9　交叉读数法测量驻波节点位置

波导波长测出后,可以计算波导中的相位常数 β、无界空间波长 λ 及波源频率。

$$\beta = \frac{2\pi}{\lambda_g} \tag{6.6}$$

$$\lambda = \frac{\lambda_g}{\sqrt{1 + \left(\frac{\lambda_g}{2a}\right)^2}} \tag{6.7}$$

$$f = \frac{v}{\lambda} \tag{6.8}$$

4. 晶体检波特性校准

因为微波频率很高,通常用检波晶体(微波二极管)将微波信号转换成直流信号来检测。晶体二极管是一种非线性元件,即检波电流 I 同场强之间不是线性关系,在一定范围内,近似有如下关系

$$I = kE^n \tag{6.9}$$

其中:k,n 是和晶体二极管工作状态有关的参量。当微波场强较大时呈现直线律,当微波场强较小时($P<1\mu W$)呈现平方律。因此,当微波功率变化较大时 n 和 k 就不是常数,且和外界条件有关,所以在精密测量中必须对晶体检波器进行校准。

校准方法:将测量线终端短路,这时沿线各点驻波的振幅与到终端的距离 d 的关系为

$$E = E_m \left| \sin \frac{2\pi d}{\lambda_g} \right| \tag{6.10}$$

由于晶体检波特性的非线性关系,实际测出的检波电流不再满足正弦分布规律,如图 6.10 所示。在实验中,要求通过记录检波电流相对应的电表指示值 I,再用公式计算出同一位置的实际场强值 E,作出检波晶体的 I-E 校正曲线,如图 6.11 所示。

实验中,为使测量和计算方便,应从驻波场强最大值开始,这时场强分布用余弦表示,即

$$E = E_m \left| \cos \frac{2\pi l}{\lambda_g} \right| \tag{6.11}$$

式中用 l 表示从驻波场强最大值点开始计算的距离。作出晶体检波器的校正曲线后,可以方便地由检波输出电流的大小来确定电场的相对关系,从而计算驻波比。

163

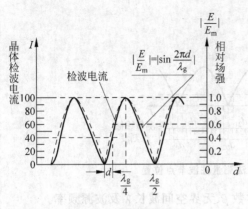

图 6.10　晶体检波特性

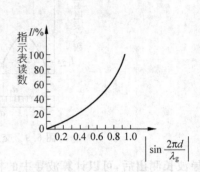

图 6.11　晶体检波特性校正曲线

5. 电压驻波比测量

驻波测量是微波测量中最基本和最重要的内容之一,通过驻波测量可以测出阻抗、波长、相位和 Q 值等其他参量。在测量时,通常测量电压驻波系数,即波导中电场最大值与最小值之比,即

$$\rho = \frac{E_{max}}{E_{min}} \qquad (6.12)$$

测量驻波比的方法与仪器种类很多,根据驻波比大小,用驻波测量线测驻波系数的几种方法如下。

1) 小驻波比($1.05 < \rho \leqslant 1.5$)

这时,驻波的最大值和最小值相差不大,且不尖锐,不易测准。为了提高测量准确度,可移动探针到几个波腹点和波节点记录数据,然后取平均值再进行计算。

若驻波腹点和节点处电表读数分别为 I_{max}、I_{min},则电压驻波系数为

$$\rho = \frac{E_{max1} + E_{max2} + \cdots + E_{maxn}}{E_{min1} + E_{min2} + \cdots + E_{minn}} = \sqrt[n]{\frac{I_{max1} + I_{max2} + \cdots + I_{maxn}}{I_{min1} + I_{min2} + \cdots + I_{minn}}} \qquad (6.13)$$

2) 中驻波比($1.5 < \rho < 5$)

此时,只需测一个驻波波腹和一个驻波波节,即直接读出 I_{max}、I_{min}。

$$\rho = \frac{E_{max}}{E_{min}} = \sqrt[n]{\frac{I_{max}}{I_{min}}} \qquad (6.14)$$

3) 大驻波比($\rho \geqslant 5$)

此时,波腹振幅与波节振幅的区别很大,因此在测量最大点和最小点电平时,使晶体工作在不同的检波律,故可采用等指示度法,也就是通过测量驻波图形中波节点附近场的分布规律的间接方法(图 6.12)。

测量驻波节点的值 I_{min}、节点两旁等指示度的 I 值及它们之间的距离 w,有

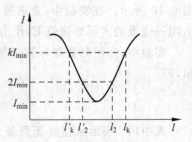

图 6.12　波节点附近场的分布

$$\rho = \frac{\sqrt{k^{2/n} - \cos\left(\frac{\pi w}{\lambda_{\mathrm{g}}}\right)}}{\sin\left(\frac{\pi w}{\lambda_{\mathrm{g}}}\right)} \tag{6.15}$$

$$k = \frac{\text{测量读数 } I}{\text{最小点读数 } I_{\min}} \tag{6.16}$$

I 为驻波节点相邻两旁的等指示值,w 为等指示度之间的距离。当式(6.9)中 $n=2$ 时,有

$$\rho = \sqrt{1 + \frac{1}{\sin^2\left(\frac{\pi w}{\lambda_{\mathrm{g}}}\right)}} \tag{6.17}$$

称为"二倍最小值"法。

当驻波比很大($\rho \geqslant 10$)时,w 很小,有

$$\rho = \frac{\lambda_{\mathrm{g}}}{\pi w} \tag{6.18}$$

需要注意:w 与 λ_{g} 的测量精度对测量结果影响很大,因此必须用高精度的探针位置指示装置进行读数,如可采用千分表。

上面介绍的划分方法不是绝对的,具体采用哪种方法需要根据实验要求确定。

6. 等效终端

在采用测量线进行阻抗测量时,需确定测量线上距离终端负载最近的波节点到终端的距离 $l_{\min}$。但是,由于测量线标尺的两个端点不是延伸到线体的两个端口,直接测量终端负载到最近波节点位置之间的距离是不可能的。因此,如图 6.13 所示,根据沿线阻抗

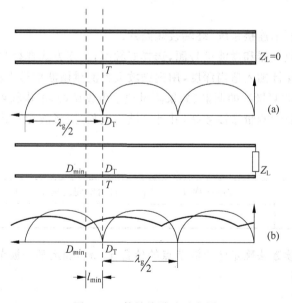

图 6.13 等效终端法示意图

的 $\frac{\lambda_g}{2}$ 重复性原理,先在测量线的输出口用短路线短路,在测量线上找到一个适当的短路面 D_T 作为等效短接参考面,称为等效终端。然后,将短路片去掉,换被测负载,测出离 D_T 最近的波节点的位置 D_{min},从而得到 $l_{min}=|D_{min}-D_T|$。

7. 状态参量转换

一般情况下,传输线上同时存在入射波和反射波,为描述反射波相对入射波的关系,可以引入三种工作状态参量:反射系数、阻抗(或导纳)、驻波参量(驻波比和 l_{min})。设终端反射系数为 Γ_L,负载归一化阻抗为 $\bar{Z}_L$,驻波比为 ρ,终端负载端面到相邻最近波节点距离为 l_{min},则有

$$\begin{cases} \bar{Z}_L = \dfrac{1+\Gamma_L}{1-\Gamma_L} \\[2mm] \Gamma_L = \dfrac{\bar{Z}_L-1}{\bar{Z}_L+1} \end{cases} \tag{6.19}$$

$$\begin{cases} |\Gamma_L| = \dfrac{\rho-1}{\rho+1} \\[2mm] \phi_L = (l_{min}-0.25\lambda_g) \times \dfrac{4\pi}{\lambda_g} \end{cases} \tag{6.20}$$

$$\bar{Z}_L = \dfrac{1-\mathrm{j}\rho\tan\beta l_{min}}{\rho-\mathrm{j}\tan\beta l_{min}}, \quad \beta = \dfrac{2\pi}{\lambda_g} \tag{6.21}$$

6.2.4 实验步骤

(1) 如图 6.1 所示连接系统,终端接短路片。

(2) 开启选频放大器和微波信号源,选择好频率,工作方式选择"方波"。

(3) 将测量线探针插入适当深度,用选频放大器测量微波信号大小,选择较小的微波输出功率并进行驻波测量线的调谐(如果测量线已事先调好,本步骤可省略)。

(4) 用直读波长计测量微波频率,并计算波导波长(矩形波导宽边 $a=22.86\text{mm}$),填写表 6.4。

表 6.4

波长计刻度	波源频率 f	自由空间波长 λ	波导波长 λ_g

(5) 采用交叉读数法确定两个波节点的位置 x_0、x_0',确定某一波节点位置 D_T 作为等效终端,填写表 6.5。

表　6.5

x_1	x_2	$x_0 = \dfrac{(x_1+x_2)}{2}$	x_1'	x_2'	$x_0' = \dfrac{(x_1'+x_2')}{2}$	$D_T = x_0$ 或 x_0'	$\lambda_g = 2\,\vert x_0 - x_0' \vert$

（6）根据测量波导波长，计算相位常数、自由空间波长 λ 及波源频率 f，填写表 6.6。

表　6.6

波导波长 λ_g	相位常数 β	自由空间波长 λ	波源频率 f

（7）作检波晶体的定标曲线：根据 $x_{\max} = \dfrac{x_0 + x_0'}{2}$ 进行微调，以选频放大器指示最大点为准，确定波腹点位置，调节衰减量，使 $E_m = 100$，填写表 6.7。

表　6.7

$\alpha(i)$	100											
l	0	1	2	3	4	5	6	7	8	9	10	11
$E = E_m \cos\dfrac{2\pi l}{\lambda_g}$	100											

（8）终端接被测负载，测量 ρ、$l_{\min}$，并通过计算和查圆图两种方法求归一化 $\overline{Z}_L$ 和归一化导纳 $\overline{Y}_L$，并计算终端电压反射系数 Γ_L，填写表 6.8。

表　6.8

驻波参量 ρ, $l_{\min}$		阻抗和导纳 $\overline{Z}_L$, $\overline{Y}_L$		反射系数 Γ_L	
ρ	$l_{\min}$	$\overline{Z}_L$	$\overline{Y}_L$	$\vert\Gamma_L\vert$	ϕ_L

6.2.5　思考题

（1）直接法测驻波比适用于什么情况？

（2）驻波节点的位置在实验中精确测准不容易，如何比较准确地测量？

（3）如何比较准确地测出波导波长？

（4）什么是等效终端？如何采用测量线进行负载阻抗测量？

（5）在接上被测负载后，等效终端的左右两边都可测得一最小值。问通过这两点测得的阻抗是否相同？在求阻抗方法上有什么差异？

（6）实际中模拟负载如何构成？调节什么可以获得不同驻波比？为什么？

（7）在对测量线调谐后，进行驻波比的测量时，能否改变微波的输出功率或衰减大小？

（8）步骤（4）和步骤（6）均可测得频率 f 和波导波长 λ_g，结果是否相同？哪种情况下的测量结果更准确？

6.3　实验 3　阻抗匹配技术

6.3.1　实验目的

（1）进一步熟悉阻抗和导纳的测量方法。
（2）掌握单支节匹配的基本原理和方法。
（3）熟悉单螺调配器，能够用其完成阻抗匹配。

6.3.2　实验设备

微波信号源一台，测量线一台，选频放大器一台，隔离器一个，波长计一个，可变衰减器一个，短路片一个，匹配负载一个，模拟负载一个（可变衰减器＋短路片），单螺调配器一个。

6.3.3　实验原理

1. 系统框图

测试系统框图如图 6.14 所示。

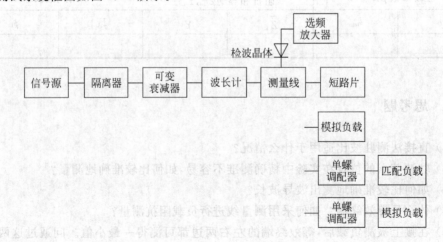

图 6.14　测试系统框图

2. 单支节匹配

阻抗匹配是微波技术中经常遇到的问题。为了使终端负载吸收全部入射功率,而不产生反射,则应使负载阻抗和传输线的特性阻抗相等,称为行波匹配。实现行波匹配有多种方法,单支节匹配就是其中的一种。

传输线终端接不匹配负载时,沿线总可以找到满足归一化导纳 $\overline{Y}_1 = 1 \pm j\,\overline{B}_1$ 的位置,通过在该位置上并联一个由短路支节提供的纯电纳 $\overline{Y}_2 = \mp j\,\overline{B}_1$,以抵消原来归一化导纳的电纳项,使的归一化导纳为 $\overline{Y}_1 = 1$,达到匹配目的。

图 6.15 为单支节匹配器示意图。图 6.16 为用导纳圆图表示的原理图,其中 A 点为负载归一化导纳所在位置,C、D 为可以并联短路支节实现匹配的位置。

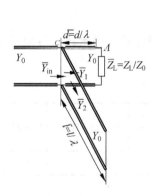

图 6.15　单支节匹配器

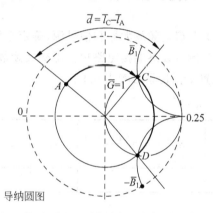

图 6.16　单支节匹配原理

本实验所用单螺调配器螺钉在可调范围内提供一容性电纳,故传输线上可匹配点应该选择 D 点,该处传输线电纳为负值,呈感性。

3. 单螺调配器

单螺调配器的结构是在矩形波导中插入一个深度可以调节的螺钉,并可沿波导宽壁中心的无辐射缝纵向移动,其结构如图 6.17 所示。

当螺钉伸入波导的长度小于 $\dfrac{\lambda}{4}$ 时,呈正电纳,而不影响所在位置的电导。

单螺调配器可以实现负载匹配。对于不同的负载导纳,只要移动螺钉在波导中的位置,使其位于导纳圆图上的可匹配圆即可。其实质就是使调配器产生一个反射波,其幅度和失配元件产生的反射波幅度相等而相位相反,从而抵消失配元件在系统中引起的反射而达到匹配。

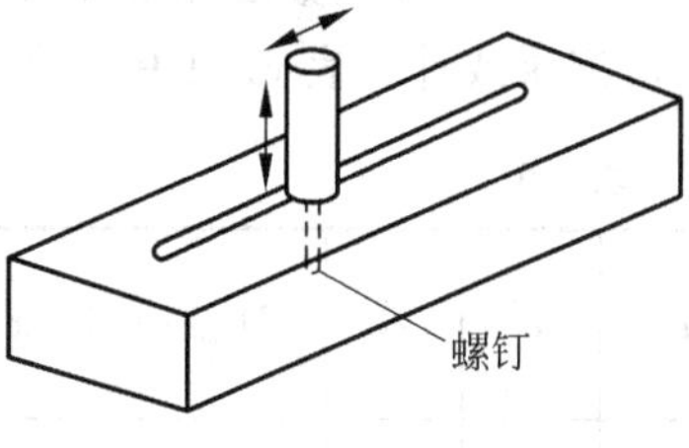

图 6.17　单螺调配器

4. 驻波比的测量

本次实验中,所选模拟负载驻波比介于 $1.6 \sim 1.9$,此时假设检波晶体电流与测量线内电场满足平方律关系,即有

$$I = kE^2 \tag{6.22}$$

选频放大器表头读数为 I,则驻波比可表示为

$$\rho = \frac{E_{\max}}{E_{\min}} = \sqrt{\frac{I_{\max}}{I_{\min}}} \tag{6.23}$$

为提高测量精度,通常使场强为最大值 $E_{\max}$ 的电表指示 $I_{\max}$ 为满量程。

6.3.4 实验步骤

(1) 开启选频放大器和信号源,确定系统正常工作。

(2) 测量线终端接短路片。用交叉读数法测 λ_g,并同时确定测量线上等效终端参考面的位置 D_T,记录参考表 6.9。

表 6.9

x_1	x_2	$x_0 = \dfrac{(x_1 + x_2)}{2}$	x_1'	x_2'	$x_0' = \dfrac{(x_1' + x_2')}{2}$	$D_T = x_0$ 或 x_0'	$\lambda_g = 2\lvert x_0 - x_0' \rvert$

(3) 去掉短路片,换接被测模拟负载,调节模拟负载衰减器刻度,使驻波比介于 $1.6 \sim$ 1.9 之间,在表 6.10 中记录最后的数值。

表 6.10

负载的可变衰减器的刻度	驻波比 ρ

(4) 用交叉读数法确定等效终端向波源方向最近的波节点位置 $D_{\min}$,则 $l_{\min} = \lvert D_{\min} - D_T \rvert$,记录或计算表 6.11 中的各量。

表 6.11

D_T	x_1''	x_2''	$D_{\min} = (x_1'' + x_2'')/2$	$l_{\min} = \lvert D_{\min} - D_T \rvert$	ρ	$\overline{l}_{\min} = \dfrac{l_{\min}}{\lambda_g}$	查圆图 $\overline{Z}_L$

(5) 根据 $\overline{Z}_L$,在圆图中,计算螺钉离负载的理论距离 d,在单螺调配器上确定螺钉位置,记录在表 6.12 中。

表 6.12

$\overline{Z}_L$	$\overline{Y}_L$	d	$\overline{Y}_1$	螺钉位置指示刻度 L

（6）去掉模拟负载,换上后面接有匹配负载的单螺调配器。调节螺钉深度,使驻波比与接模拟负载时的驻波比相同,记录在表 6.13 中。

表 6.13

螺钉插入深度 h	驻波比

（7）去掉匹配负载,在单螺调配器后面再接上模拟负载,将螺钉位置和插入深度调成理论值 L 和 h,观察驻波比。微调螺钉位置和深度,同时跟踪驻波比,直到驻波比最小（$\rho<1.05$）为止。在表 6.14 中记录最终数据。

表 6.14

螺钉最终位置指示刻度 L'	螺钉最终插入深度 h'	线上最终驻波比 ρ'

6.3.5 思考题

（1）用单螺钉调配器进行负载匹配,为什么螺钉在某一深度所产生的驻波与由负载引起的驻波相同时,移动螺钉的位置就能达到匹配?

（2）调匹配时为什么要用导纳圆图?如何将阻抗圆图用作导纳圆图?

（3）如果终端负载导纳是感性的,则滑动单螺调配器螺钉与终端负载输入端面的距离必须满足什么条件?为什么?

（4）通过实验,总结调配技巧。

6.4 实验 4 金属销钉电纳的测量

6.4.1 实验目的

（1）巩固前面几个实验中学到的基本测量技术;

（2）学习电纳的测量方法;

（3）复习并深化圆图的使用方法;

（4）培养学生独立进行实验的技能。

6.4.2 实验设备

微波信号源一台,测量线一台,选频放大器一台,隔离器一个,波长计一个,可变衰减器一个,短路片一个,匹配负载一个,模拟负载一个(可变衰减器+短路片),单螺调配器一个。

6.4.3 实验原理

在矩形波导的宽壁的中央插入圆柱形金属销钉后(如单螺调配器),对波导中的场有两种作用:销钉底部的电场得到加强,相当于电容;由电场的边界条件知道,在金属表面的电场将被削弱,相当于电感。当改变金属销钉的插入深度 h 时,其电抗效应也随之而改变。实验证明:当 $h < \lambda/4$ 时,前者效应较显著,故总效应等效为容抗;当 $h > \lambda/4$ 时,后一种效应较显著,因而总效应为感抗;当 $h \approx \lambda/4$ 时,相当于串联谐振。销钉电纳随插入深度 h 的变化规律如图 6.18 所示。需要注意的是:由于受波导窄壁 b 尺寸的限制,一般只能在小于 $\lambda/4$ 的范围内变化。

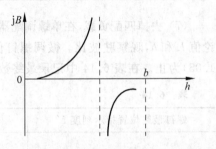

图 6.18 销钉插入深度 h 与电纳值 B 的关系

为测量销钉的电纳,原则上可以在销钉元件的输出端接一个任意负载。只要测量销钉处的总电纳,然后再减去负载在销钉处引入的导纳,即可得到销钉的电纳值 jB。而通常方便的测量方法是将销钉元件的输出端短路,即负载导纳为 ∞,同时将销钉置于离短路终端 $l = (2n+1)\lambda_g/4$ 处(即波腹点位置),此时销钉插入深度 h 为零,而 l 处引入的电纳 $B_0 = 0$。当销钉旋入波导内的深度 $h \neq 0$ 时,销钉引入的电纳 $B_0 \neq 0$,系统内场强的分布也会改变,如图 6.19 所示。图 6.19(a)表示实际连接电路,图 6.19(b)表示销钉处的等效电路,图 6.19(c)表示 $h = 0$ 时系统内场强的分布情况,图 6.19(d)表示销钉旋入波导内时,系统内场强的变化情况。

利用销钉旋入前后系统内节点(或腹点)移动的电距离 $\Delta l/\lambda_g$,再由阻抗(导纳)圆图就可以求得销钉处的总电纳 B'。由

$$B' = B + B_0$$

得

$$B = B' - B_0$$

因为 $l = \lambda_g/4$ 时,$B_0 = 0$,故有

$$B = B'$$

随销钉插入深度 h 的变化,其对应的电纳值也不同,h 每变化一毫米即可测出不同的 Δl,由此就可以求 h-jB 的关系曲线。

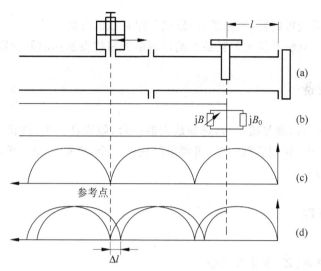

图 6.19　系统内场强分布的变化

6.4.4　实验步骤

实验系统框图如图 6.20 所示,实验步骤可自拟。

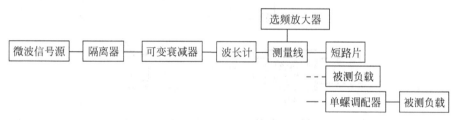

图 6.20　实验系统框图

6.4.5　思考题

（1）整理数据,认真作实验报告。

（2）如果终端接任意负载,销钉电纳的测量会有什么变化?

（3）试画出销钉放置在距终端（短路片）不足或超过 $\lambda_g/4$ 处时,对驻波沿线影响的示意图。

（4）写出本次实验的收获、存在问题和对实验的意见和要求。

6.5　实验 5　二端口微波网络参量测量

6.5.1　实验目的

（1）学习用"二倍最小值法"测量大、中电压驻波比的方法。

（2）掌握用可变短路器（短路活塞）形成开路负载的方法。

（3）掌握用三点法测量无源互易二端口网络的阻抗参量和散射参量。

6.5.2　实验设备

微波信号源一台，测量线一台，选频放大器一台，隔离器一个，波长计一个，可变衰减器一个，短路片一个，匹配负载一个，可调短路活塞一个，模拟二端口网络一个（单螺调配器＋可变衰减器）。

6.5.3　实验原理

1. 双口网络的$[\bar{Z}]$参量及测量

由微波网络理论知道，双端口元件可以等效为双端口网络，图 6.21 示出了双端口网络及其 T 型等效电路。

$$\begin{cases} \bar{Z}'_1 = \bar{Z}_{11} - \bar{Z}_{12} \\ \bar{Z}'_2 = \bar{Z}_{22} - \bar{Z}_{12} \\ \bar{Z}'_3 = \bar{Z}_{12} = \bar{Z}_{21} \end{cases} \tag{6.24}$$

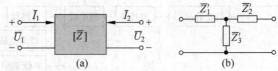

（a）　　　　　　　（b）

图 6.21　双端口网络及双端口互易网络的 T 型等效电路

双口线性网络有下列关系。

$$\begin{cases} \bar{U}_1 = \bar{Z}_{11} \bar{I}_1 + \bar{Z}_{12} \bar{I}_2 \\ \bar{U}_2 = \bar{Z}_{21} \bar{I}_1 + \bar{Z}_{22} \bar{I}_2 \end{cases} \tag{6.25}$$

对于互易网络，有$\bar{Z}_{12} = \bar{Z}_{21}$，即只有三个独立的参数。因此，原则上只需三次独立的测量即可确定全部参数，所以把这种测量方法称为"三点法"。"三点法"测量的实施并不是唯一的，下面介绍一种常用的方法。

由图 6.21 可得

$$\bar{Z}_1 = \bar{Z}_{11} - \frac{\bar{Z}_{21}^2}{\bar{Z}_{22} + \bar{Z}_{L2}} \tag{6.26}$$

$$\bar{Z}_2 = \bar{Z}_{22} - \frac{\bar{Z}_{21}^2}{\bar{Z}_{11} + \bar{Z}_{L1}} \tag{6.27}$$

式中,$\bar{Z}_1$ 为 2 端口接阻抗为 $\bar{Z}_{L2}$ 的负载时,1 端口的输入阻抗;$\bar{Z}_2$ 为 1 端口接阻抗为 $\bar{Z}_{L1}$ 的负载时,2 端口的输入阻抗。

设 $\bar{Z}_{L2}=\infty$(即 2 端口开路),1 端口所测输入阻抗为 $\bar{Z}_{1O}$;$\bar{Z}_{L1}=\infty$(1 端口开路),2 端口所测输入阻抗为 $\bar{Z}_{2O}$;$\bar{Z}_{L2}=0$(2 端口短路),1 端口所测输入阻抗为 $\bar{Z}_{1S}$。由式(6.26)和式(6.27)可得

$$\begin{cases} \bar{Z}_{1O} = \bar{Z}_{11} \\ \bar{Z}_{2O} = \bar{Z}_{22} \\ \bar{Z}_{1S} = \bar{Z}_{11} - \dfrac{\bar{Z}_{21}^2}{\bar{Z}_{22}} \end{cases} \tag{6.28}$$

由式(6.28)可得

$$\bar{Z}_{11} = \bar{Z}_{1O}$$

$$\bar{Z}_{22} = \bar{Z}_{2O}$$

$$\bar{Z}_{21} = \bar{Z}_{22}(\bar{Z}_{11} - \bar{Z}_{1S}) \tag{6.29}$$

式中,$\bar{Z}_{21}$ 的解按具体情况而定,由 T 型等效电路可知,其原则是 $\mathrm{Re}(\bar{Z}_{21}) \geqslant 0$,因为所测网络是无源的。因此,如果网络是无耗的,$\bar{Z}_{21}$ 可以有两个解;如果网络有耗,$\bar{Z}_{21}$ 的实部应为正值。

输入阻抗的测量方法,详见前面实验。在测量中,短路负载可用短路片实现,开路负载则可用可变短路器实现。

2. 双口互易网络的 $[S]$ 参数及其测量

如图 6.22 所示,由微波网络理论还知道,线性双口网络两个端口的入射波和反射波的归一化电压间的关系可用下列方程表示。

$$\begin{cases} b_1 = S_{11}a_1 + S_{12}a_2 \\ b_2 = S_{21}a_1 + S_{22}a_2 \end{cases} \tag{6.30}$$

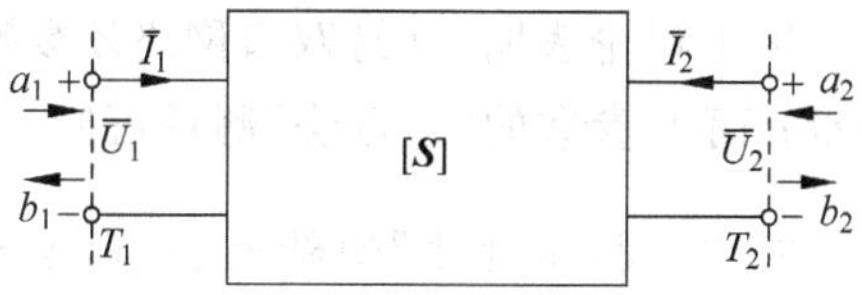

图 6.22 双口网络

对于互易网络,$S_{12}=S_{21}$,即也只有三个独立参数。因此,确定其参数也只需要三次独立的测量。实施的方法也不是唯一的。

设 2 端口接反射系数为 Γ_{L2} 的负载时,1 端口输入反射系数为 Γ_1;1 端口接反射系数为 Γ_{L1} 的负载时,2 端口输入反射系数为 Γ_2。由式(6.30)可得

$$\Gamma_1 = S_{11} + \frac{S_{21}^2 \Gamma_{L2}}{1 - S_{22}\Gamma_{L2}} \tag{6.31}$$

$$\Gamma_2 = S_{22} + \frac{S_{21}^2 \Gamma_{L1}}{1 - S_{11}\Gamma_{L1}} \tag{6.32}$$

设 2 端口分别接匹配负载和短路片时，1 端口输入反射系数为 Γ_{1M} 和 Γ_{1S}；而 1 端口接匹配负载时，2 端口输入反射系数为 Γ_{2M}。由式(6.31)和式(6.32)，可得

$$\begin{cases} \Gamma_{1M} = S_{11} \\ \Gamma_{1S} = S_{11} - \dfrac{S_{21}^2}{1+S_{22}} \\ \Gamma_{2M} = S_{22} \end{cases} \tag{6.33}$$

解式(6.33)，得

$$\begin{cases} S_{11} = \Gamma_{1M} \\ S_{22} = \Gamma_{2M} \\ S_{21}^2 = (\Gamma_{1M} - \Gamma_{1S})(1 + \Gamma_{2M}) \end{cases} \tag{6.34}$$

式(6.34)表明，只要测出 Γ_{1M}、Γ_{1S} 和 Γ_{2M}，即可确定双口互易网络的 S 参数。S_{21}^2 也有两个解，可取其中任一个。此方法适用于固有反射系数模为中等和较大数值的网络。

反射系数的测量步骤与阻抗测量相同。首先测出相波长 λ_g，并确定负载参考面 D_T。然后，测量线输出端口接被测负载，测出驻波比 ρ 和波节点位置 D_{min}。为保证反射系数的相角在主值范围内，所取波节点位置应最靠近负载参考面 D_T。设波节点位置 D_{min} 在源和负载参考面 D_T 之间，根据上述数据可得

$$\Gamma = -|\Gamma| e^{j\theta} \tag{6.35}$$

$$|\Gamma| = \frac{\rho - 1}{\rho + 1} \tag{6.36}$$

式中

$$\theta = \frac{4\pi}{\lambda_g} |D_T - D_{min}| \tag{6.37}$$

D_T 和 D_{min} 分别是负载参考面和波节点在测量线上的刻度值。

如果所取波节点位置 D_{min} 在 D_T 和负载之间，则以上关系中，只需使 θ 值由正变负即可。

以上讨论表明，互易双口网络 $\bar{Z}$ 参数的"三点法"测量，可归结为进行三次独立的阻抗测量；而 S 参数的"三点法"测量可归结为进行三次独立的反射系数的测量。

3. "等指示度法"测量大、中驻波比

当驻波比 ρ 比较大时，电表指示 α_{max} 与 α_{min} 相差很大，无法用直读法测 ρ。此时可采用等指示度法测量大、中驻波比，该法是通过测量波节点两旁附近的场分布规律来求得 ρ 值。

根据传输线上电场分布，有

$$|E|^2 = |E^+|^2[1 + |\Gamma|^2 + 2|\Gamma| \cos(2\beta l - \phi_2)] \tag{6.38}$$

当 $2\beta l - \phi_2 = 2n\pi$ 时，$|E|$ 最大，为

$$|E|_{max}^2 = |E^+|^2[1 + |\Gamma|^2] \tag{6.39}$$

当 $2\beta l - \phi_2 = (2n+1)\pi$ 时，$|E|$ 最小，为

$$|E|_{\min}^2 = |E^+|^2[1-|\Gamma|^2] \qquad (6.40)$$

由式(6.39)、式(6.40)得

$$\frac{|E|_{\max}^2 - |E|_{\min}^2}{2} = 2|\Gamma||E^+|^2 \qquad (6.41)$$

如图 6.23(a)所示,$l=l_0+d$,l_0 为波节点位置,故有 $2\beta l_0 - \phi_2 = (2n+1)\pi$,代入式(6.38)得

$$|E|^2 = |E^+|^2[1+|\Gamma|^2 - 2|\Gamma|\cos 2\beta d]$$
$$= 2|\Gamma||E^+|^2(1-\cos 2\beta d) + |E^+|^2[1-|\Gamma|]^2$$

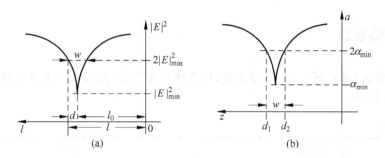

图 6.23 等指示度法测量大、中驻波比

将式(6.40)、式(6.41)代入得

$$|E|^2 = (|E|_{\max}^2 - |E|_{\min}^2)\sin^2(\beta d) + |E|_{\min}^2 \qquad (6.42)$$

用"二倍最小值法",取 $|E|^2 = 2|E|_{\min}^2$,设 w 为波节点两边 $|E|^2 = 2|E|_{\min}^2$ 等指示点的距离,且 $w=2d$,代入式(6.42)得

$$(|E|_{\max}^2 - |E|_{\min}^2)\sin^2\frac{\pi w}{\lambda_g} = |E|_{\min}^2$$

则

$$\rho = \frac{|E|_{\max}}{|E|_{\min}} = \sqrt{\frac{1+\sin^2\dfrac{\pi w}{\lambda_g}}{\sin^2\dfrac{\pi w}{\lambda_g}}} = \sqrt{1+\frac{1}{\sin^2\dfrac{\pi w}{\lambda_g}}} \qquad (6.43)$$

当 $\dfrac{\pi w}{\lambda_g} \ll 1$ 时

$$\rho \approx \frac{\lambda_g}{\pi w} \qquad (6.44)$$

用等指示度法测量驻波比时,宽度 w 与波导波长 λ_g 的测量精度对测量结果影响非常大,故必须用等高精度的探针位置指示装置(如千分表)进行读数。

本实验中,当 $\rho > 3$ 时,需要采用"二倍最小值法"("3 分贝法")测 ρ。其步骤参考图 6.23(b),具体为:置测量线探针于电压波节点处(用两点法确定),调整衰减量使 $\alpha_{\min}$(平方检波律)的指示为某一整数(如 40),保持衰减量不动。再缓慢移动测量线探针(谨防指针打表),使指示为 $2\alpha_{\min}$,记下此时测量线的 d_1、d_2。测后随即加大衰减量以保护仪表。计算 w 和 ρ,并进行记录,参考表 6.15。

$$\rho = \sqrt{1 + \frac{1}{\sin^2\left(\dfrac{180° \times w}{\lambda_{\mathrm{g}}}\right)}} \qquad\qquad (6.45)$$

表 6.15

$\alpha_{\min}$	$2\alpha_{\min}$	d_1	d_2	$w = \lvert d_1 - d_2 \rvert$	$\rho = \sqrt{1 + 1/\sin^2(180° \times w/\lambda_{\mathrm{g}})}$

6.5.4 实验步骤

(1) 按要求(参考图 6.20)连接系统,使系统正常工作,用波长计测量此时波源频率,记录在表 6.16 中。

表 6.16

波长计刻度	频率

(2) 测量线终端接短路片,测量波导波长 λ_{g},选定等效终端 D_{T},记录在表 6.17 中。

表 6.17

x_1	x_2	$x_0 = \dfrac{(x_1 + x_2)}{2}$	x_1'	x_2'	$x_0' = \dfrac{(x_1' + x_2')}{2}$	$D_{\mathrm{T}} = x_0$ 或 x_0'	$\lambda_{\mathrm{g}} = 2\lvert x_0 - x_0' \rvert$

(3) 测量线终端换接可调短路活塞。测量线探针位于 D_{T} 位置不动,缓慢滑动短路活塞,以交叉读数法确定使测量线检波指示 $I=0$ 的相邻的刻度 l_1 和 l_2,则可变短路活塞刻度为 $l_{\mathrm{T}\infty} = \dfrac{1}{2}(l_1 + l_2)$ 时,其输入端口等效开路,记录在表 6.18 中。

表 6.18

l_{11}	l_{12}	$l_1 = \dfrac{(l_{11} + l_{12})}{2}$	l_{21}	l_{22}	$l_2 = \dfrac{(l_{21} + l_{22})}{2}$	$l_{\mathrm{T}\infty} = \dfrac{(l_1 + l_2)}{2}$

(4) 测量被测网络的 $\bar{Z}$ 参数。

① 被测网络 1 端口为输入端口,2 端口依次接短路板和开路负载,分别测出输入阻抗 $\bar{Z}_{1\mathrm{S}}$ 和 $\bar{Z}_{1\mathrm{O}}$。

② 被测网络 2 端口为输入端口,而 1 端口接开路负载,测出输入阻抗 $\bar{Z}_{2\mathrm{O}}$。

③ 将 $\bar{Z}_{1S}$、$\bar{Z}_{1O}$ 和 $\bar{Z}_{2O}$ 代入式(6.29)，计算网络的 $\bar{Z}$ 参数。

(5) 测量被测网络的 S 参数。

① 被测网络 1 端口为输入端，2 端口依次接匹配负载和短路板，分别测出输入反射系数 Γ_{1M} 和 Γ_{1S}。

② 被测网络 2 端口为输入端，1 端口接匹配负载，测出反射系数 Γ_{2M}。

③ 将 Γ_{1M}、Γ_{1S} 和 Γ_{2M} 代入式(6.34)，计算网络的 S 参数。

6.5.5 思考题

(1) 开口波导的 $\rho \neq \infty$，为什么？如何形成微波传输线的开路负载？

(2) 能否用三点法测量铁氧体隔离器的散射参量？为什么？

附录 A   自测题(附参考答案)

A.1   自测题 1

一、简答题(30 分)

1. 如何判断长线和短线?

2. 何谓分布参数电路? 何谓集总参数电路?

3. 何谓色散传输线? 对色散传输线和非色散传输线各举一个例子。

4. 均匀无耗长线有几种工作状态? 条件是什么?

5. 什么是波导中的模式简并? 矩形波导和圆波导中的简并有什么异同?

6. 空气填充的矩形波导(宽边尺寸为 a,窄边尺寸为 b)中,要求只传输 H_{10} 波型,其条件是什么?

7. 说明二端口网络 S 参量的物理意义。

8. 写出理想移相器的散射矩阵。

9. 一个微波网络的"某端口匹配"与"某端口接匹配负载"物理含义有何不同?

10. 什么叫截止波长? 为什么只有波长小于截止波长的波才能够在波导中传播?

二、(15 分) 一空气介质无耗传输线上传输频率为 3GHz 的信号,已知其特性阻抗 $Z_0 = 75\Omega$,终端接有 $Z_L = 150\Omega$ 的负载。求

(1) 线上驻波比 ρ;

(2) 沿线电压反射系数 $\Gamma(z)$;

(3) 距离终端 $l = 12.5\text{cm}$ 处的输入阻抗 $Z_{in}(l)$ 和电压反射系数 $\Gamma(l)$。

三、(15 分) 一空气填充的矩形波导($a = 22.86\text{mm}$,$b = 10.16\text{mm}$),信号的工作频率为 10GHz。求

(1) 波导中主模的波导波长 λ_g,相速 v_p 和能速 v_g;

(2) 若尺寸不变,工作频率变为 15GHz,除了主模,还能传输什么模?

四、(15 分) 有一个无耗互易的四端口网络,其散射矩阵为

$$[S] = \frac{1}{\sqrt{2}} \begin{bmatrix} 0 & 1 & 0 & j \\ 1 & 0 & j & 0 \\ 0 & j & 0 & 1 \\ j & 0 & 1 & 0 \end{bmatrix}$$

当端口 1 的微波输入功率为 P_1(其输入归一化电压波为 a_1),而其余端口均接匹配负载时,求

(1) 网络第 2、第 3、第 4 端口的输出功率;

（2）网络第 2、第 3、第 4 端口的输出信号相对于第 1 端口输入信号的相位差；

（3）当第 2 端口接一个反射系数为 Γ 的负载时,第 3、第 4 端口的输出信号(即输出归一化电压波 b_3、b_4)是什么?

五、(15 分)(1) 对某一个微波网络的第 i 端口,其归一化入射电压波为 a_i,归一化反射电压波为 b_i,写出此端口的入射(输入)功率和反射(输出)功率的表达式。

（2）证明当该网络无耗时,其散射矩阵 $[S]$ 满足幺正性,即 $[S]^+[S]=1$。

六、(10 分)利用导纳圆图和文字说明对一个容性负载用容性短路并联单支节进行匹配的步骤。

参考答案

一、

1. 长线是传输线几何长度 l 与工作波长 λ 可以相比拟的传输线,短线是几何长度 l 与工作波长 λ 相比可以忽略不计的传输线(界限可以认为是 $l/\lambda \geqslant 0.05$)。

2. 集总参数电路：可由有限个有限参数值的集总参数元件(电阻、电感、电容)构成,连接元件的导线没有分布参数效应,导线沿线电压、电流的大小和相位与空间位置无关。分布参数电路：可以认为是由无限个无限小参数值的电路元件构成,沿传输线电压、电流的大小与相位随空间位置变化,传输线存在分布参数效应。

3. 主要支持色散模式传输的传输线即为色散传输线,色散模式的相速度和群速度随频率变化。色散传输线包括矩形波导、圆波导等。非色散模式传输线包括同轴线、平行双导体等。

4. 均匀无耗长线有三种工作状态,分别是驻波、行波与行驻波。驻波：传输线终端开路、短路或接纯电抗。行波：半无限长传输线或终端接负载等于长线特性阻抗。行驻波：传输线终端接除上述负载外的任意负载阻抗。

5. 不同模式具有相同的特性(传输)参量的现象叫做模式简并。矩形波导中,TE_{mn} 与 TM_{mn}(m、n 均不为零)互为模式简并。圆波导的简并有两种,一种是极化简并,其二是模式简并。

6. 由于 H_{10} 模的截止波长 $\lambda_c = 2a$,而 H_{20} 模的截止波长为 a,H_{01} 模的截止波长为 $2b$,若保证 H_{10} 模单模传输,因此传输条件为 $\max(a, 2b) < \lambda < 2a$。

7. S_{11} 为 1 端口接源、2 端口接匹配负载,1 端口的电压反射系数；S_{22} 为 2 端口接源、1 端口接匹配负载,2 端口的电压反射系数；S_{12} 为 2 端口接源、1 端口接匹配负载,2 端口到 1 端口的电压传输系数；S_{21} 为 1 端口接源、2 端口接匹配负载,1 端口到 2 端口的电压传输系数。

8. $\begin{bmatrix} 0 & e^{-j\theta} \\ e^{-j\theta} & 0 \end{bmatrix}$。

9. 某端口匹配是指该端口无反射,出波为零；某端口接匹配负载是指负载无向该端口的反射,该端口进波为零。

10. $\lambda_c = \dfrac{2\pi}{k_c}$,$k_c^2 = k^2 + \gamma^2$,波长只有小于截止波长,该模式才能在波导中导通；当 $\lambda >$

λ_c 时,模式截止,为迅衰场。

二、(1) $\Gamma_2 = \dfrac{Z_L - Z_0}{Z_L + Z_0} = \dfrac{150 - 75}{150 + 75} = \dfrac{1}{3}$, $\rho = \dfrac{1 + |\Gamma_2|}{1 - |\Gamma_2|} = \dfrac{1 + \dfrac{1}{3}}{1 - \dfrac{1}{3}} = 2$;

(2) $\Gamma(z) = \Gamma_2 e^{-j2\beta z} = \dfrac{1}{3} e^{-j2\beta z}$; (3) $Z_{in}(l) = Z_0 \dfrac{Z_L + jZ_0 \tan\beta l}{Z_0 + jZ_L \tan\beta l}$;

$\lambda = \dfrac{c}{f} = 10(\text{cm})$, $l = 12.5\,\text{cm} = \dfrac{5}{4}\lambda$, $Z_{in}\left(\dfrac{5}{4}\lambda\right) = \dfrac{Z_0^2}{Z_L} = \dfrac{75^2}{150} = 37.5(\Omega)$,

$\Gamma\left(\dfrac{5}{4}\lambda\right) = \dfrac{1}{3} e^{-j2\beta z} = \dfrac{1}{3} e^{-j\frac{4\pi}{\lambda} \cdot \frac{5}{4}\lambda} = -\dfrac{1}{3}$。

三、(1) $\lambda = \dfrac{c}{f} = \dfrac{3 \times 10^{11}}{10 \times 10^9}(\text{mm}) = 30(\text{mm})$,$\lambda = 30(\text{mm}) < 2a = 2 \times 22.86 = 45.72(\text{mm})$,

能够传输主模 TE_{10} 模式。

$\lambda_g = \dfrac{\lambda}{\sqrt{1 - \left(\dfrac{\lambda}{2a}\right)^2}} = 39.755(\text{mm})$; $v_p = \dfrac{v}{\sqrt{1 - \left(\dfrac{\lambda}{2a}\right)^2}} = 3.975 \times 10^8 (\text{m/s})$;

$v_g = v\sqrt{1 - \left(\dfrac{\lambda}{2a}\right)^2} = 2.264 \times 10^8 (\text{m/s})$。

(2) $\lambda = \dfrac{c}{f} = \dfrac{3 \times 10^{11}}{15 \times 10^9}(\text{mm}) = 20(\text{mm})$;

主模 H_{10} 截止波长 $\lambda_c = 2a = 45.72(\text{mm})$;$H_{20}$ 截止波长为 $\lambda_c = a = 22.86(\text{mm})$;

H_{30} 截止波长为 $\lambda_c = 2/3a = 15.24(\text{mm})$;$H_{01}$ 截止波长为 $\lambda_c = 2b = 20.32(\text{mm})$;

因此可以确定除了主模 H_{10} 模外,还能传输 H_{20}、H_{01} 模。

四、(1) 2 端口的输出功率为 $\left(\dfrac{1}{\sqrt{2}}\right)^2 P_1 = \dfrac{P_1}{2}$;3 端口的输出功率为 0;4 端口的输出

功率为 $\left| \left(\dfrac{j}{\sqrt{2}}\right)^2 P_1 \right| = \dfrac{P_1}{2}$。

(2) 2 端口的输出信号相对于 1 端口输入信号的相位差为 S_{21} 的相角 $0°$;3 端口无输

出信号;4 端口的输出信号相对于 1 端口输入信号的相位差为 S_{41} 的相角 $\dfrac{\pi}{2}$。

(3)

$b_1 = \dfrac{1}{\sqrt{2}} a_2 + \dfrac{j}{\sqrt{2}} a_4$, $b_2 = \dfrac{1}{\sqrt{2}} a_1 + \dfrac{j}{\sqrt{2}} a_3$, $b_3 = \dfrac{j}{\sqrt{2}} a_2 + \dfrac{1}{\sqrt{2}} a_4$, $b_4 = \dfrac{j}{\sqrt{2}} a_1 + \dfrac{1}{\sqrt{2}} a_3$,

由已知:$\dfrac{a_2}{b_2} = \Gamma$,$a_3 = 0$,$a_4 = 0$,可得:$b_4 = \dfrac{j}{\sqrt{2}} a_1$,$b_3 = \dfrac{j}{2} \Gamma a_1$。

五、(1) $(P^+)_i = \dfrac{1}{2} |a_i|^2$,$(P^-)_i = \dfrac{1}{2} |b_i|^2$;

(2) $P_a = \sum_i (P^+)_i = \dfrac{1}{2} [a]^+ [a]$,$P_b = \sum_i (P^-)_i = \dfrac{1}{2} [b]^+ [b]$,$P_a = P_b$,

$$[a]^+[a]=[b]^+[b], \quad [a]^+[a]=[a]^+[S]^+[S][a], \quad [a]^+([1]-[S]^+[S])[a]=[0]$$

从而有$[1]-[S]^+[S]=[0]$或$[S]^+[S]=[1]$

六、

（1）由于负载$\overline{Y}_L$为容性，因此选取导纳圆图上半部分的一个点 A，以 OA 为半径作等反射系数圆，它与$\overline{G}=1$的圆相交于两点 C、D。

$$\overline{Y}_C=1+jB, \quad \overline{Y}_D=1-jB \qquad (B>0);$$

（2）由于用容性短路并联单支节进行匹配，因此$\overline{Y}_2=jB(B>0)$，于是选择 D 点

$$\overline{Y}_1=\overline{Y}_D=1-jB;$$

（3）由 A 点顺时针转至 D 点，所转的波长数为$\overline{d}$，则$d=\overline{d}\lambda$；

（4）由单位圆上$\overline{Y}_2=jB$的点 N 逆时针转至导纳圆图的短路点 Q，转过的波长数为$\overline{l}$，则$l=\overline{l}\lambda$。

导纳圆图如附图 A.1 所示。

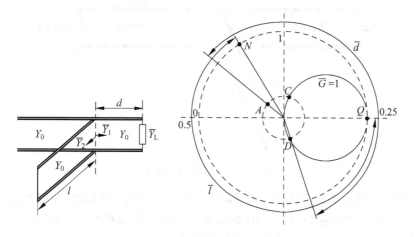

附图 A.1　导纳圆图

A.2　自测题 2

一、简答题（30 分）

1. 什么是相速，什么是群速？

2. 如何判断一个传输线是长线还是短线？

3. 特性阻抗是如何定义的，均匀无耗传输线的特性阻抗有什么特点？

4. 驻波比的定义是什么，取值范围是多少？对于均匀无耗传输线的三种状态，对应的驻波比各是多大？

5. 网络参量 S 的物理意义是什么？

6. 写出理想二端口衰减器的 S 矩阵。

7. 一个理想定向耦合器应满足哪些条件？

8. 什么是波导中的模式简并？矩形波导和圆波导中的简并有什么异同？

9. 请画出圆波导 H_{11} 模式用磁场线和电场线描述的场结构分布图。

10. 请画出矩形波导 H_{10} 模式用磁场线和电场线描述的场结构分布图。

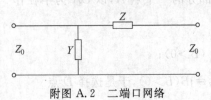

附图 A.2　二端口网络

二、(8 分)求如附图 A.2 所示的二端口网络的归一化转移矩阵 $[\bar{A}]$。

三、(20 分)空气填充的矩形波导，

(1) 若 $a=7.112\text{mm}$,$b=3.556\text{mm}$,信号源的波长分别是 20mm,6mm,波导中分别可以传输哪些模式？

(2) 如(1)中的波导尺寸,信号的工作频率为 30GHz,求波导主模的波长 λ_g,相速 v_p 和群速 v_g。

(3) 若信号的工作频率为 10GHz,只传输主模,确定波导的尺寸范围。

四、(7 分)求如附图 A.3 所示传输线的输入端输入阻抗 Z_{in} 和反射系数 Γ。

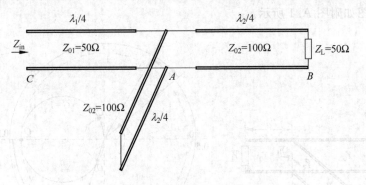

附图 A.3　传输线示意图

五、(12 分)用文字和示意图说明并联单支节调配器的工作原理、步骤和选解原则。

六、(15 分)一特性阻抗 $Z_0=50\Omega$ 的无耗传输线上传输频率 40GHz 的信号,已知其终端接有 $Z_L=(50+j100)\Omega$ 的负载。用公式法求

(1) 线上驻波比 ρ 和电压反射系数 $\Gamma(z)$;

(2) 波节点位置和波腹点位置,以及对应波节点和波腹点的输入阻抗 $Z_{in}(l)$ 和电压反射系数 $\Gamma(l)$。

七、(8 分)一个魔 T,如附图 A.4 所示,其 S 矩阵为

$$[S] = \frac{1}{\sqrt{2}} \begin{bmatrix} 0 & 0 & 1 & 1 \\ 0 & 0 & -1 & 1 \\ 1 & -1 & 0 & 0 \\ 1 & 1 & 0 & 0 \end{bmatrix}$$

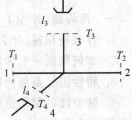

附图 A.4　魔 T 结构图

当它的 3、4 两臂各加一个可调短路器时,把它当作一个二端口网络使用,试求此二端口网络的 $[S]$ 矩阵,问它是否可当作理想移相器使用？

参考答案

一、

1. 单一频率电磁波等相位点（面）在单位时间内移动过的距离为相速度。调制波的包络波的相速度为群速度，是能量的实际传输速度。

2. 长线是传输线几何长度 l 与工作波长 λ 可以相比拟的传输线，短线是几何长度 l 与工作波长 λ 相比可以忽略不计的传输线（界限可以认为是 $l/\lambda \geqslant 0.05$）。

3. 定义为传输线上入射电压与入射电流之比。传输线的特性阻抗是表征传输线本身特性的物理量，均匀无耗传输线的特性阻抗取决于传输线的结构、尺寸、介质特性，与频率无关，其值为实数。

4. 传输线上电压幅度最大值与最小值之比，取值范围为 $1 \leqslant \rho < \infty$。行波状态为 $\rho = 1$；驻波状态为 $\rho = \infty$；行驻波状态为 $1 < \rho < \infty$。

5. 对角线元素 S_{jj}：除第 j 端口接电源外，其余 $(n-1)$ 个端口均接匹配负载时，第 j 端口的电压反射系数。非对角线元素 $S_{ij}(i \neq j)$：除第 j 端口接电源外，其余 $(n-1)$ 个端口均接匹配负载时，第 j 端口到第 i 端口的电压传输系数。

6. $[S] = \begin{bmatrix} 0 & e^{-\alpha l} \\ e^{-\alpha l} & 0 \end{bmatrix}$。

7. 当功率由主线的端口 1 向端口 2 传输时，如果端口 2、3、4 都接匹配负载，则副线只有一个端口（如端口 4）有耦合输出，另一个端口（如端口 3）无输出。

8. 不同模式具有相同的特性（传输）参量的现象叫做模式简并。矩形波导中，TE_{mn} 与 $TM_{mn}(m、n$ 均不为零）互为模式简并，称为 E-H 简并。圆波导的简并有两种，一种是极化简并，另一种是 E-H 简并。

9. 圆波导 H_{11} 模的场结构分布图如附图 A.5 所示。

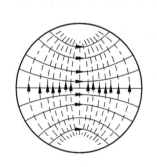 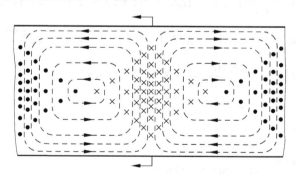

附图 A.5　场结构分布图

10. 矩形波导 H_{10} 模的场结构分布图如附图 A.6 所示。

二、 $[\bar{A}] = \begin{bmatrix} a\sqrt{\dfrac{Z_{02}}{Z_{01}}} & \dfrac{b}{\sqrt{Z_{01}Z_{02}}} \\ c\sqrt{Z_{01}Z_{02}} & d\sqrt{\dfrac{Z_{01}}{Z_{02}}} \end{bmatrix} = \begin{bmatrix} 1 & \bar{Z} \\ \bar{Y} & YZ+1 \end{bmatrix} = \begin{bmatrix} 1 & Z/Z_0 \\ YZ_0 & YZ+1 \end{bmatrix}$。

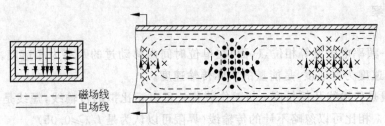

———— 磁场线
———— 电场线

附图 A.6　矩形波导 H_{10} 模式场结构分布图

三、(1)

$$(\lambda_c)_{mn} = \frac{2}{\sqrt{\left(\frac{m}{a}\right)^2 + \left(\frac{n}{b}\right)^2}} > 20, \quad \left(\frac{m}{7.112}\right)^2 + \left(\frac{n}{3.556}\right)^2 < 0.01,$$

$$(\lambda_c)_{mn} = \frac{2}{\sqrt{\left(\frac{m}{a}\right)^2 + \left(\frac{n}{b}\right)^2}} > 6, \quad \left(\frac{m}{7.112}\right)^2 + \left(\frac{n}{3.556}\right)^2 < 0.16,$$

波长为 20mm：$\frac{m^2}{50.58} + \frac{n^2}{12.65} < 0.01$，无导通模式。

波长为 6mm：$\frac{m^2}{50.58} + \frac{n^2}{12.65} < 0.16$，可导通 TE_{10}、TE_{20}、TE_{01}、TE_{11}、TM_{11} 模式。

(2) $\lambda = \frac{3 \times 10^8}{30 \times 10^9} = 0.01(m)$，

$\lambda_c = 2a = 2 \times 7.112 = 14.224(mm)$，

$v_p = \frac{\omega}{\beta} = c/\sqrt{1-(\lambda/2a)^2} = 3 \times 10^8/\sqrt{1-(10/14.224)^2} = 4.21 \times 10^8(m/s)$，

$v_g = \frac{d\omega}{d\beta} = c\sqrt{1-(\lambda/2a)^2} = 3 \times 10^8 \times \sqrt{1-(10/14.224)^2} = 2.133 \times 10^8(m/s)$，

$\lambda_g = \frac{v_p}{f} = \lambda/\sqrt{1-(\lambda/2a)^2} = 10/\sqrt{1-(10/14.224)^2} = 14.062(mm)$。

(3) $\lambda = \frac{3 \times 10^8}{10 \times 10^9} = 0.03(m) = 30(mm)$

$\lambda_c = 2a > \lambda > a$，　　$b = 0.5a$，

$\lambda/2 < a < \lambda$

因此 $\begin{cases} 15mm < a < 30mm \\ 7.5mm < b < 15mm \end{cases}$。

四、$Z_{A1} = Z_{02}^2/Z_L = 200(\Omega)$，$Z_{A2} = Z_{02}^2/Z_L = \infty$，

$Z_A = Z_{A1}//Z_{A2} = Z_{A1}//\infty = Z_{A2} = 200(\Omega)$，$Z_{in} = Z_{01}^2/Z_A = 50^2/400 = 12.5(\Omega)$，

$\Gamma_C = \frac{Z_L - Z_0}{Z_L + Z_0} = \frac{Z_{in} - Z_{01}}{Z_{in} + Z_{01}} = \frac{12.5 - 50}{12.5 + 50} = -0.6$。

五、

(1) 选取导纳圆图(附图 A.7)上一个点 A，以 OA 为半径作等反射系数圆，它与 $\overline{G} = 1$

的圆相交于两点 C,D。

$$\overline{Y}_C = 1 + jB, \quad \overline{Y}_D = 1 - jB \qquad (B > 0)。$$

（2）根据选解原则：离终端近、所需匹配短路支节的线短，选取其中的一点。

如附图 A.7 所示选取其中的 C 点，$\overline{Y}_1 = \overline{Y}_C = 1 + jB$，因此 $\overline{Y}_2 = -jB(B > 0)$。

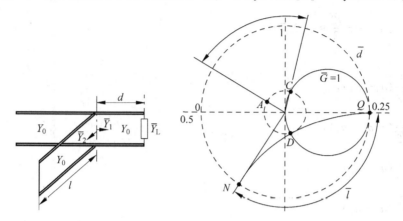

附图 A.7　导纳圆图

（3）由 A 点顺时针转至 C 点，所转的波长数为 $\overline{d}$，则 $d = \overline{d}\lambda$。

（4）由单位圆上 $\overline{Y}_2 = -jB$ 的点 N 逆时针转至导纳圆图的短路点 Q，转过的波长数为 $\overline{l}$，则 $l = \overline{l}\lambda$。

六、

（1）$\Gamma_2 = \dfrac{Z_L - Z_0}{Z_L + Z_0} = \dfrac{50 + j100 - 50}{50 + j100 + 50} = \dfrac{j}{1 + j1} = 0.5 + j0.5$，

$$\rho = \frac{1 + |\Gamma|}{1 - |\Gamma|} = \frac{1 + \frac{\sqrt{2}}{2}}{1 - \frac{\sqrt{2}}{2}} = 3 + 2\sqrt{2} = 5.83，$$

$$\beta = \frac{2\pi}{\lambda} = \frac{2\pi f}{c} = \frac{2\pi \times 40 \times 10^9}{3 \times 10^8}(\text{rad/m}) = \frac{800\pi}{3}(\text{rad/m})，$$

$\Gamma(z) = \Gamma_2 e^{-j2\beta z}$。

（2）

波腹：

$$z = \phi_2\lambda/4\pi + n\lambda/2 = \lambda/16 + n\lambda/2 = \left(\frac{3}{6400} + \frac{3n}{800}\right)(\text{m}) = (0.4688 + 3.75n)(\text{mm})，$$

$Z_0\rho = R_{in}(\text{波腹}) = 50 \times 5.83 = 291.5(\Omega)$ 或 $(150 + 100\sqrt{2})(\Omega)$，

$\Gamma = |\Gamma_2| = \dfrac{\sqrt{2}}{2} \approx 0.707$。

波节：

$$z = \phi_2\lambda/4\pi + (2n+1)\lambda/4 = 5\lambda/16 + n\lambda/2 = \left(\frac{15}{6400} + \frac{3}{800}n\right)(\text{m}) = (2.3438 +$$

$3.75n)(\text{mm})$

$$R_{\text{in}}(\text{波节}) = \frac{Z_0}{\rho} = 50/5.83 = 8.576(\Omega) \text{ 或} \left(\frac{50}{3+2\sqrt{2}}\right)(\Omega) = (150-100\sqrt{2})(\Omega),$$

$$\Gamma = -|\Gamma_2| = -\frac{\sqrt{2}}{2} \approx -0.707,$$

七、

$$b_1 = \frac{1}{\sqrt{2}}(a_3 + a_4),$$

$$b_2 = \frac{1}{\sqrt{2}}(-a_3 + a_4),$$

$$b_3 = \frac{1}{\sqrt{2}}(a_1 - a_2),$$

$$b_4 = \frac{1}{\sqrt{2}}(a_1 + a_2)。$$

$$a_3 = -b_3 e^{-j2\beta l_3},$$

$$a_4 = -b_4 e^{-j2\beta l_4},$$

$$[\boldsymbol{S}] = \begin{bmatrix} -\dfrac{e^{-j2\beta l_3} + e^{-j2\beta l_4}}{2} & \dfrac{e^{-j2\beta l_3} - e^{-j2\beta l_4}}{2} \\ \dfrac{e^{-j2\beta l_3} - e^{-j2\beta l_4}}{2} & -\dfrac{e^{-j2\beta l_3} + e^{-j2\beta l_4}}{2} \end{bmatrix}$$

当 $e^{-j2\beta l_3} + e^{-j2\beta l_4} = 0$ 时,可得

$$2\beta l_3 = 2\beta l_4 + (2n+1)\pi,$$

$$l_3 = l_4 + \frac{(2n+1)}{2\beta}\pi,$$

$$\boldsymbol{S} = \begin{bmatrix} 0 & e^{-j2\beta l_3} \\ e^{-j2\beta l_3} & 0 \end{bmatrix},可以作为理想移相器使用。$$

A.3 自测题 3

一、简答题(40 分)

1. 均匀无耗传输线上有哪几种工作状态? 产生的条件各是什么?

2. 分别说明在矩形波导和圆波导中哪些模式间存在什么类型的简并。

3. 矩形波导的主模是什么? 用电场线与磁场线画出该模式在矩形波导中的场结构图。

4. 什么是色散? 举例说明所学的哪些模式是色散的,哪个是非色散模式。

5. 同轴线中的主模是什么? 该模式的截止频率是多少? 同轴线的特性阻抗与哪些

因素有关?

6. 以二端口网络为例说明散射参量的物理意义。

7. 如果已知一个二端口网络的散射矩阵为$[S]$，写出一端口参考面内移 l_1，二端口参考面外移 l_2 后新网络的散射矩阵。

8. 求如附图 A.8 所示网络的$[A]$及$[\bar{A}]$。

9. 已知一微波元件的 S 矩阵如下，说明其是否互易、对称、无耗。

$$[S] = \frac{1}{\sqrt{2}} \begin{bmatrix} 0 & 0 & 1 & 1 \\ 0 & 0 & -1 & 1 \\ 1 & -1 & 0 & 0 \\ 1 & 1 & 0 & 0 \end{bmatrix}$$

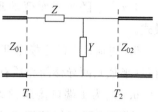

附图 A.8 端口网络

二、(6分)一空气填充的矩形波导，工作频率 10GHz，要求主模单模传输，试确定波导尺寸。

三、(10分)证明无耗 n 端口网络的散射矩阵具有幺正性。

四、(15分)空气填充的矩形波导，截面尺寸为 $a \times b = 22.86\text{mm} \times 10.16\text{mm}$，当信号波长分别为 10cm、3.2cm、2cm 时，分别能传输哪些模式，并计算主模的传输参数 λ_g、v_p 与 v_g。

五、(15分)已知一均匀无耗传输线负载为容性，如果采用感性并联单支节进行匹配，用圆图以及文字说明匹配过程。

六、(14分)如附图 A.9 所示均匀无耗传输线特性阻抗为 200Ω，试求

(1) R_1 为何值时，AB 段为行波状态?

(2) 此时，如果在 1/4 波长短路线上测得电流振幅为 0.1A，画出沿线的电压振幅、电流振幅分布；并求 R_1、R_2 上吸收的功率。

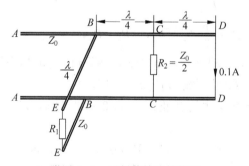

附图 A.9 无耗传输线结构图

参考答案

一、

1. 均匀无耗传输线上有行波、驻波、行驻波三种工作状态。

行波：半无限长/负载等于传输线特性阻抗。驻波：开路/短路/纯电抗。行驻波：负

载 $Z_L = R \pm jX (R \neq 0)$。

2. 圆波导：H_{0i}° 与 E_{1i}° 间存在模式简并(或 E-H 简并)，除 TE_{0i}° 与 TM_{0i}° 外存在极化简并。矩形波导：TE_{mn} 与 TM_{mn} 间存在模式简并($m \neq 0, n \neq 0$，E-H 简并)。

3. TE_{10} 模式。

4. v_p、v_g 随频率而变的现象称为色散，TE、TM 模式为色散模式，TEM 是非色散模式。

5. 同轴线中的主模是 TEM 模式，截止频率为零，同轴线的特性阻抗与内外导体的直径(半径)、两导体间介质有关。

6. S_{11} 为 1 端口接源、2 端口接匹配负载时，1 端口的电压反射系数；S_{22} 为 2 端口接源、1 端口接匹配负载时，2 端口的电压反射系数；S_{12} 为 2 端口接源、1 端口接匹配负载时，2 端口到 1 端口的电压传输系数；S_{21} 为 1 端口接源、2 端口接匹配负载时，1 端口到 2 端口的电压传输系数。

7. $[S'] = \begin{bmatrix} S'_{11} & S'_{12} \\ S'_{21} & S'_{22} \end{bmatrix} = \begin{bmatrix} e^{j\theta_1} & 0 \\ 0 & e^{-j\theta_2} \end{bmatrix} \begin{bmatrix} S_{11} & S_{12} \\ S_{21} & S_{22} \end{bmatrix} \begin{bmatrix} e^{j\theta_1} & 0 \\ 0 & e^{-j\theta_2} \end{bmatrix} = [p][S][p]$。

8. $[A] = \begin{bmatrix} 1+ZY & Z \\ Y & 1 \end{bmatrix}$ $[\bar{A}] = \begin{bmatrix} (1+ZY)\sqrt{\dfrac{Z_{02}}{Z_{01}}} & \dfrac{Z}{\sqrt{Z_{01}Z_{02}}} \\ Y\sqrt{Z_{01}Z_{02}} & \sqrt{\dfrac{Z_{01}}{Z_{02}}} \end{bmatrix}$。

9. 互易、对称、无耗。

二、$3cm > a > 1.5cm$，例如有 $a = 1.6cm$，则有 $b = 0.5cm$。

三、$[a] = \begin{bmatrix} a_1 \\ a_2 \\ \vdots \\ a_n \end{bmatrix}$，$[b] = \begin{bmatrix} b_1 \\ b_2 \\ \vdots \\ b_n \end{bmatrix}$，

$P_a = \dfrac{1}{2}[a]^+[a]$，　$P_b = \dfrac{1}{2}[b]^+[b]$，　$P_a = P_b$，

$[a]^+[a] = [b]^+[b]$，$[a]^+[a] = [a]^+[S]^+[S][a]$，$[a]^+([1]-[S]^+[S])[a] = [0]$，从而有 $[1] - [S]^+[S] = [0]$ 或 $[S]^+[S] = [1]$。

四、$\lambda = 10cm$ 时所有模式均截止；$\lambda = 3.2cm$ 时导通 TE_{10} 模式；$\lambda = 2cm$ 时导通 TE_{10}、TE_{20}、TE_{01} 模式。

$\lambda = 3.2cm$ 时 $\lambda_g = 4.48cm$，$v_p = 4.2 \times 10^8 m/s$，$v_g = 2.14 \times 10^8 m/s$。

$\lambda = 2cm$ 时 $\lambda_g = 2.22cm$，$v_p = 3.34 \times 10^8 m/s$，$v_g = 2.70 \times 10^8 m/s$。

五、

(1) 找到负载所在位置，因其为容性，位于导纳圆图(附图 A.10)的上半圆 A；(2) 在 A 点作等反射系数圆，与 $\bar{G} = 1$ 的等电导圆交于 C、D 两点；(3) 因用感性并联单支节进行匹配，选上半平面的 C 点作匹配；(4) 从 A 点沿单位圆顺时针转到 C 点，转过波长数为

$\bar{d}=\bar{l}_C-\bar{l}_A$，长线上的移动距离为 $d=\bar{d}\lambda_g$；(5) 从短路点 F 沿单位圆顺时针转到 G 点，转过波长数为 $\bar{l}=\bar{l}_G-\bar{l}_F$，并联短路线长度为 $l=\bar{l}\lambda_g$。

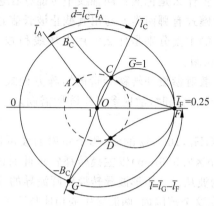

附图 A.10 导纳圆图

六、(1) $R_1=100\Omega$；(2) $P_{R_1}=2\text{W}$，$P_{R_2}=2\text{W}$。电流、电压振幅分布如附图 A.11 所示。

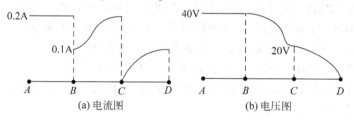

(a) 电流图   (b) 电压图

附图 A.11 电流、电压振幅分布

A.4 自测题 4

一、简答题(40 分)

1. 均匀传输线的分布参数有哪几个？无耗均匀传输线与有耗均匀传输线相比，其分布参数有什么特点？写出通过分布参数计算无耗均匀传输线特性阻抗的公式。

2. 在哪几种情况下，无耗长线终端会产生全反射？终端开路的无耗均匀传输线上，第 1 电压波节点与终端的距离与沿线相波长的比是多少？

3. 在如附图 A.12 给出的 Smith 导纳圆图上，标明以下几个点或线的轨迹。

(1) 开路点 A，短路点 B；

(2) 可匹配圆；

(3) 纯电导线；

(4) 阻抗为 $\bar{Z}=0.4+0.2\text{j}$ 的点 C；

(5) 电压驻波比为 2 时，沿线电压波腹点 D。

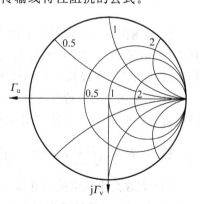

附图 A.12 Smith 导纳圆图

4. 传输线上电压驻波比 ρ 和反射系数模 $|\Gamma|$ 的取值范围分别是多少？两者之间有什么关系？

5. 什么是相速和群速？什么是色散？同轴线中可能存在色散模式吗？

6. 矩形波导中的色散模式有哪两类？写出其截止波长表达式。)

7. 矩形波导和圆波导的主模分别是什么？用电场线和磁场线画出矩形波导和圆波导主模横截面的场分布示意图。

8. 写出二端口网络的散射参量和转移参量的矩阵方程式(包括矩阵、自变量和因变量)，并写出二端口网络互易、无耗时，散射参量矩阵所需满足的性质。

二、计算题(60 分)

1. 分别有 30GHz, 20GHz, 10GHz 的波，哪个频率的波可以通过空气填充的矩形波导 BJ-320 $(a \times b = 7.112\text{mm} \times 3.556\text{mm})$ 以主模传播？求此时的波导波长 λ_g、传播常数 β 和波阻抗 η。若将该频率的波从这个矩形波导转换到圆波导的 TE_{11} 模传输，圆波导的直径的尺寸范围可以取多少？在这个范围内，两波导中的相速是否可以相等，为什么？

2. 如附图 A.13，各段传输线的特性阻抗为 $Z_0 = 100\Omega$，终端接负载 $Z_1 = \frac{100}{3}\Omega$，经过 $\lambda/4$ 线段后，接负载 $Z_2 = 150\Omega$，再经 0.8λ 线段并联一段端接负载 $Z_3 = 200\Omega$，长度为 $\lambda/4$ 的传输线，再经 $\lambda/2$ 线段后串联一个可调负载 Z_4，电源内阻 $Z_\text{g} = 100\Omega$，信号电压振幅为 $E_\text{g} = 5\text{V}$。

求：(1) Z_4 为多少时，传输线始端能够实现无反射匹配。

(2) 判断各段传输线 BC 段，CD 段，DE 段，CF 段的工作状态。

(3) 给出从 A 到 E 各点的电压幅值，画出 BC, CD 和 DE 这三段的电压振幅分布曲线。

(4) 消耗在内阻 Z_g 上的功率。

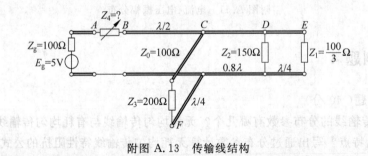

附图 A.13 传输线结构

3. 如附图 A.14，均匀传输线终端接归一化导纳 $\overline{Y}_L = 2$ 的负载，已知沿线两波节点距离为 10cm，若用特性阻抗相同的短路分支线进行匹配，用方程求解距离终端最近的并接位置 d 和相应分支线长度 l，用圆图定性说明上述单支节匹配的过程。

4. 如附图 A.15，特性阻抗为 $Z_{01} = 50\Omega$ 和 $Z_{02} = 75\Omega$ 的两段同轴线用阻抗 $Z = \text{j}10$ 的纯电抗元件串联，求(1) 此二端口网络的转移矩阵和归一化转移矩阵；

提示： $\overline{a} = a\sqrt{\dfrac{Z_{02}}{Z_{01}}}$， $\overline{b} = \dfrac{b}{\sqrt{Z_{01}Z_{02}}}$， $\overline{c} = c\sqrt{Z_{01}Z_{02}}$， $\overline{d} = d\sqrt{\dfrac{Z_{01}}{Z_{02}}}$。

(2) 若在此串联电抗旁并联一导纳(如附图 A.15)，可使得该网络归一化转移矩阵为对称，此并联的导纳值将为多少？

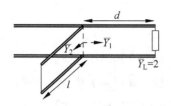

附图 A.14 均匀传输线

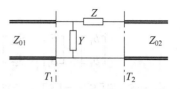

附图 A.15 同轴线串联

5. 当信号由一无耗互易三端口元件的端口 1 输入时，2、3 端口接匹配负载，信号完全传输，并且同相、等分从端口 2 和 3 输出，如果散射参量 S_{12} 和 S_{22} 的相角为 $\theta_{12}=0$ 和 $\theta_{22}=\pi$，求该元件的散射矩阵。

参考答案

一、

1. 分布电阻 R，分布电感 L，分布电导 G，分布电容 C。无耗均匀传输线分布电阻和分布电导为 0。$Z_0=\sqrt{L/C}$。

2. 当终端短路、终端开路、端接纯电抗负载时，0.25 个波长。

3. 结果如附图 A.16 所示。

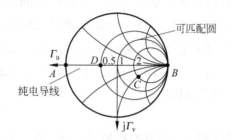

附图 A.16 标出点后的 Smith 导纳圆图

4. $1\leqslant\rho\leqslant\infty$，$0\leqslant|\Gamma|\leqslant1$，$|\Gamma|=(\rho-1)/(\rho+1)$。

5. 相速是波的等相面运动的速度，群速通常情况下是信号传递的速度。色散是相速随频率而变的现象。同轴线中主模是 TEM 模，同时也可能存在高次色散模式。

6. TE，TM，$(\lambda_c)_{mn}=\dfrac{2\pi}{(k_c)_{mn}}=\dfrac{2}{\sqrt{\left(\dfrac{m}{a}\right)^2+\left(\dfrac{n}{b}\right)^2}}$。

7. 矩形波导的主模是 H_{10} 模，圆波导的主模是 H_{11} 模，如附图 A.17 所示。

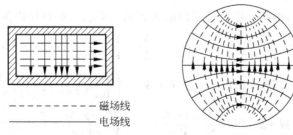

---- 磁场线
—— 电场线

附图 A.17 矩形波导和圆波导主模横截面的场分布示意图

8.

$$\begin{bmatrix} b_1 \\ b_2 \end{bmatrix} = \begin{bmatrix} S_{11} & S_{12} \\ S_{21} & S_{22} \end{bmatrix}, \quad \begin{bmatrix} \bar{U}_1 \\ \bar{I}_1 \end{bmatrix} = \begin{bmatrix} \bar{a} & \bar{b} \\ \bar{c} & \bar{d} \end{bmatrix} \begin{bmatrix} \bar{U}_2 \\ -\bar{I}_2 \end{bmatrix}$$

互易：$S_{12} = S_{21}$ 或 $[S]^T = [S]$；无耗：$[S]^+[S] = [1]$ 或 $[S]^+ = [S]^{-1}$。

二、计算题

1. (1) 该波导 TE_{10} 模的截止波长为 $\lambda_c = 2a = 14.224\text{mm}$，30GHz 的电磁波波长为 10mm，20GHz 的电磁波波长为 15mm，10GHz 的电磁波波长为 30mm，因此只有 30GHz 的电磁波能以 TE_{10} 模通过。

$$\lambda_g = \frac{\lambda}{\sqrt{1-\left(\frac{\lambda}{\lambda_c}\right)^2}} = 14.062(\text{mm}), \quad \beta = \frac{2\pi}{\lambda}\sqrt{1-\left(\frac{\lambda}{\lambda_c}\right)^2} = 0.447(\text{rad/mm}),$$

$$\eta = \frac{120\pi}{\sqrt{1-\left(\frac{\lambda}{\lambda_c}\right)^2}} = 530.112(\Omega)。$$

(2) 圆波导 TE_{11} 模的可传导波长为 $2.62r < l = 10\text{mm} < 3.41r$，半径 r 的范围为 $10/3.41 = 2.93(\text{mm}) < r < 10/2.62 = 3.82(\text{mm})$，则直径范围为 $(5.86 \sim 7.64)$。

(3) 矩形波导 $v_{p1} = c/\sqrt{1-(\lambda/\lambda_{c1})^2}$，圆波导 $v_{p2} = c/\sqrt{1-(\lambda/\lambda_{c2})^2}$，显然，只有在截止波长相同时，相速才相同。$2a = 3.41r$，$r = 2a/3.41 = 4.171(\text{mm})$，$2r = 8.342(\text{mm})$，在直径取值范围外，故相速度不可能相同。

2.

(1) $Z_1 = 100/3\,\Omega$ 经 DE 段 $\lambda/4$ 线变换得到 $Z_0 \times Z_0/Z_1 = 300\,\Omega$，在 D 点与 Z_2 并联得 $100\,\Omega$，与 CD 段匹配状态，在 C 点为 $100\,\Omega$，与 FC 段 $\lambda/4$ 线变换来的 $Z_0 \times Z_0/Z_3 = 50\,\Omega$ 并联得 $100/3\,\Omega$，经 BC 段重复到 B 点 $100/3\,\Omega$，若与 A 点 Z_0 匹配，$Z_4 = (100 - 100/3)\Omega = 200/3\,\Omega$。

(2) BC 段不匹配，行驻波状态；CD 段匹配，行波状态；DE 段不匹配，行驻波状态；CF 段不匹配，行驻波状态。

(3) A 点 $Z_{in} = Z_0 = 100\,\Omega$，于是电压 $5/2 = 2.5\text{V}$；$Z_4 = 200/3\,\Omega$，B 点输入阻抗 $100/3\,\Omega$，故 B 点分压 $2.5/3\text{V}$；C 点重复 B 点电压 $2.5/3\text{V}$；CD 行波，D 电压 $2.5/3\text{V}$；E 点：$\rho = 3$，E 是电压波腹点，D 是电压波节点，故 E 是 D 点电压的 $1/\rho$，为 $5/18\text{V}$。

(4) 无反射匹配，内阻与电源输出段阻抗相同 $100\,\Omega$，可解得功率为 $1/32\text{W}$。

3. $Z(d) = Z_0 \dfrac{Z_L + Z_0 j\tan\beta d}{Z_0 + Z_L j\tan\beta d} \Rightarrow Y(d) = Y_0 \dfrac{Y_L + Y_0 j\tan\beta d}{Y_0 + Y_L j\tan\beta d}$，短路支节在接入点处的导纳

为 $Y(l) = Y_0 \dfrac{1}{j\tan\beta l}$，若匹配，即 $Y(d) + Y(l) = Y_0 \Rightarrow \begin{cases} \text{Re}[Y(d) + Y(l)] = Y_0 \\ \text{Im}[Y(d) + Y(l)] = 0 \end{cases}$，

令 $\tan\beta l = a$，$\tan\beta d = b$，可得 $\dfrac{Y_0 Y_L (1 + b^2)}{Y_0^2 + Y_L^2 b^2} = 1$，$\dfrac{(Y_0^2 - Y_L^2)b}{Y_0^2 + Y_L^2 b^2} - \dfrac{1}{a} = 0$，

解得:$b=\pm\dfrac{\sqrt{2}}{2},a=\mp\sqrt{2}$。

由"距离终端最近"原则,可得 $\tan\beta d=b=\dfrac{\sqrt{2}}{2},\tan\beta l=a=-\sqrt{2}\Rightarrow d=0.098\lambda_g=$
$1.96(\text{cm}),l=0.348\lambda_g=6.96(\text{cm})$。

4. 解答

(1)

$$[\boldsymbol{A}]=\begin{bmatrix}1 & \text{j}10\\0 & 1\end{bmatrix},\quad[\bar{\boldsymbol{A}}]=\begin{bmatrix}\sqrt{1.5} & \dfrac{0.2\text{j}}{\sqrt{1.5}}\\[2mm] 0 & \sqrt{\dfrac{2}{3}}\end{bmatrix}$$

(2)

设并联导纳为 $\boldsymbol{Y}$,则新转移矩阵为$[\boldsymbol{A}]=\begin{bmatrix}1 & 0\\Y & 1\end{bmatrix}\begin{bmatrix}1 & \text{j}10\\0 & 1\end{bmatrix}=\begin{bmatrix}1 & \text{j}10\\Y & 1+\text{j}10Y\end{bmatrix}$

归一化转移矩阵为$[\bar{\boldsymbol{A}}]=\begin{bmatrix}\sqrt{1.5} & \dfrac{0.2\text{j}}{\sqrt{1.5}}\\[2mm] 50Y\sqrt{1.5} & \dfrac{(1+\text{j}10Y)}{\sqrt{1.5}}\end{bmatrix}$

要使得整个网络对称,需要满足$\dfrac{(1+\text{j}10Y)}{\sqrt{1.5}}=\sqrt{1.5}$。解得 $Y=-\text{j}1/20$。

5. 互易三端口元件的散射矩阵为

$$[\boldsymbol{S}]=\begin{bmatrix}S_{11} & S_{12} & S_{13}\\S_{12} & S_{22} & S_{23}\\S_{13} & S_{23} & S_{33}\end{bmatrix}$$

端口 1 输入时,信号完全传输,所以 $S_{11}=0$。

同相等分从端口 2 和 3 输出,所以 $S_{12}=S_{13}$。

由无耗网络的幺正性得到

$2\mid S_{12}\mid^2=1,\mid S_{12}\mid^2+\mid S_{22}\mid^2+\mid S_{23}\mid^2=1,\mid S_{12}\mid^2+\mid S_{23}\mid^2+\mid S_{33}\mid^2=1$

$S_{12}^*(S_{22}+S_{23})=0,S_{12}^*(S_{23}+S_{33})=0$

于是得到 $\qquad S_{12}=e^{\text{j}\theta_{12}}/\sqrt{2}=1/\sqrt{2},\qquad S_{22}=S_{33}=-S_{23}=e^{\text{j}\theta_{22}}/2=-1/2$,

故散射矩阵为$[\boldsymbol{S}]=\begin{bmatrix}0 & \dfrac{1}{\sqrt{2}} & \dfrac{1}{\sqrt{2}}\\[2mm] \dfrac{1}{\sqrt{2}} & -\dfrac{1}{2} & \dfrac{1}{2}\\[2mm] \dfrac{1}{\sqrt{2}} & \dfrac{1}{2} & -\dfrac{1}{2}\end{bmatrix}$。

A.5 自测题 5

一、问答题(34 分)

1. 说明什么是电长线,什么是短线。

2. 电磁波分为哪三种模式? 哪些是色散模式(说明原因)?

3. 写出 n 端口网络 S 参量的定义及物理意义。

4. 写出均匀无耗长线特性阻抗 Z_0 的定义式及其物理意义。

5. 在附图 A.18 上画出矩形波导主模在横截面以及纵剖面内的场分量沿 x 轴和 z 轴的变化规律,以及电场和磁场分布图。

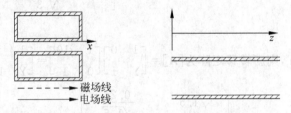

附图 A.18 矩形波导主模横截面、纵剖面

6. 某特性阻抗为 Z_0 的均匀无耗传输线,已知负载阻抗 Z_1,在距离负载 $\bar{d}$ 处并联一短路支节,当该支节长度 $\bar{l}$ 变化时,在圆图上画出并联处总导纳的变化轨迹,并说明步骤。

7. 有一个三端口元件,其 S 矩阵为 $\begin{bmatrix} 0 & 0.995 & 0.1 \\ 0.995 & 0 & 0 \\ 0.1 & 0 & 0 \end{bmatrix}$,问此元件有哪些性质?

二、(6 分)写出如附图 A.19 所示 T_1、T_2 参考面间电路的归一化转移矩阵 $[\boldsymbol{A}]$。

三、(15 分)空气填充的矩形波导中 $a = 7.2\text{cm}$,$b = 3.4\text{cm}$。

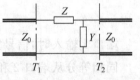

附图 A.19 T_1、T_2 参考面结构

(1) 当工作波长($\lambda = c/f$)分别为 16.0cm、8.0cm、6.5cm 时,此波导可能有哪几个传输模?

(2) 求 TE_{10} 单模传输的频率范围,并要求此频带的低端比 TE_{10} 的 f_c 大 5%,其高端比最相近的高次模的 f_c 低 5%。

(3) 当工作波长 $\lambda = 6.5\text{cm}$ 时,求该波导主模的相位常数 β,相波长 λ_g,相速度 v_p,群速度 v_g,波阻抗 η。

四、(14 分)如附图 A.20 所示一无耗对称双端口网络,输出端口接匹配负载,距输入端口 $d = 0.125\lambda_g$ 处为电压波节点,$\rho = 1.5$。

求:(1) 该网络的 S 矩阵;

(2) 若两个参考面外移距离 l,推导并求出新参考面之间的网络 S 矩阵。

五、(15 分)如附图 A.21 所示,已知无耗传输线的特性阻抗 Z_0,信号波长 λ_g,负载阻抗为 Z_L,用并联短路分支线和 $\lambda_g/4$ 线进行阻抗匹配,试求

(1) 用圆图求并联短路分支的最短长度 l_{min}(写出步骤);

(2) 用公式法求 $\lambda_g/4$ 线的特性阻抗 Z_0'。

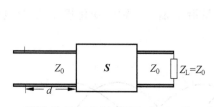

附图 A.20 无耗对称双端口网络

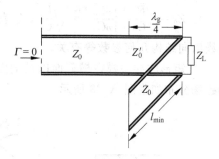

附图 A.21 无耗传输线结构

六、(16 分)由若干段均匀无耗传输线组成的电路如附图 A.22 所示,已知 $E_g = 250\text{V}, Z_0 = Z_g = Z_{11} = 100\Omega, Z_{01} = 150\Omega, Z_{12} = 225\Omega$。

试求:(1) 分析各段工作状态并求其驻波比;

(2) 画出 AC 段电压、电流振幅分布图并标出极值;

(3) 求负载 Z_{11} 和 Z_{12} 吸收的功率。

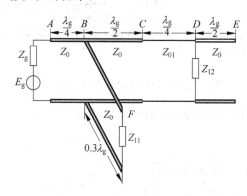

附图 A.22 无耗传输线电路结构

参考答案

一、

1. 长线和短线是一个相对概念,均相对于电磁波波长而言。所谓长线是指传输线的几何长度 l 和线上传输的电磁波波长 λ 相比,或长,或可比拟,即 $l/\lambda \geq 0.05$;反之,当 $l/\lambda < 0.05$ 时为短线。

2. 电磁波分 TEM 模式、TE 模式和 TM 模式,因 TE 模式和 TM 模式相速度与频率有关,为色散模式。

3. $[\boldsymbol{b}] = [\boldsymbol{S}][\boldsymbol{a}]$,对角线元素 $s_{jj} = \dfrac{b_j}{a_j}\Big|_{a_i=0(i\neq j)}$ $(i,j=1,2,\cdots,n)$,除第 j 端口接波源

外，其余$(n-1)$个端口均接匹配负载时，第j端口的电压反射系数Γ_j；非对角线元素$s_{ij}=\dfrac{b_i}{a_j}\bigg|_{a_i=0(i\neq j)}$ $(i,j=1,2,\cdots,n)$，除第j端口接波源外，其余$(n-1)$个端口均接匹配负载时，第j端口到第i端口的电压传输系数。

4. $Z_0=\sqrt{\dfrac{R_0+\mathrm{j}\omega L_0}{G_0+\mathrm{j}\omega C_0}}\overset{\text{无耗线}}{=}\sqrt{\dfrac{L_0}{C_0}}$，$Z_0$表征了传输线的固有特性，与传输线周围媒质、传输线横向结构几何参数等有关。

5. 矩形波导主模在横截面以及剖面内的场分量沿x轴和z轴的变化规律，以及电场和磁场分布如附图 A.23 所示。

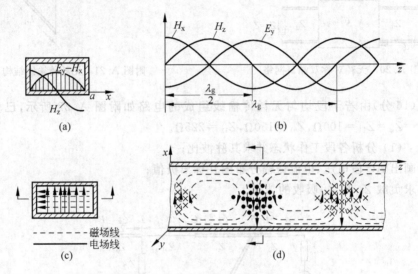

附图 A.23　变化规律和电场、磁场分布

6. 并联处的总导纳的变化轨迹如附图 A.24 所示。

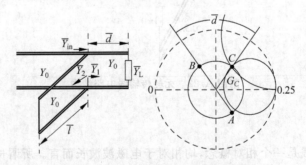

附图 A.24　并联处总导纳的变化轨迹图

（1）如附图 A.24 所示，将负载阻抗归一化$\overline{Z}_L=Z_L/Z_0$，在阻抗圆图中找到归一化负载阻抗点A点，以坐标原点为圆心过A点所确定的圆即等反射系数圆（等$|\Gamma|$圆）。

（2）过A点作坐标原点的径向反向延长线，与等$|\Gamma|$圆的交点B点，即$\overline{Y}_L=1/\overline{Z}_L=\overline{G}_L+\mathrm{j}\overline{B}_L$在导纳圆图中的位置。

（3）距离负载$\bar{d}$处并联短路支节$\bar{Y}_2 = j\bar{B}$的纯电纳，即从B点开始顺时针沿等$|\Gamma|$圆上移动$\bar{d}$到C点。

（4）过C点作电导圆$\bar{G}_C$和电纳圆$\bar{B}_C$，支节长度$\bar{l}$变化只改变C点导纳的虚部，因此并联处总导纳$\bar{Y}_{in} = \bar{Y}_C + \bar{Y}_2$随支节长度$\bar{l}$变化的轨迹体现在电导圆$\bar{G}_C$上。

7.（1）由$S_{ij} = S_{ji}(i \neq j, i, j = 1, 2, 3)$或$[\boldsymbol{S}]^{\mathrm{T}} = [\boldsymbol{S}]$，该网络为互易网络；

（2）$S_{11} = S_{22} = S_{33} = 0$，各端口匹配；

（3）$[\boldsymbol{S}]^{+}[\boldsymbol{S}] \neq [\boldsymbol{1}]$，该网络为有耗网络；

（4）$S_{23} = S_{32} = 0$，二、三端口完全隔离。

二、$[\boldsymbol{A}] = \begin{bmatrix} 1+ZY & Z \\ Y & 1 \end{bmatrix}$，$[\bar{\boldsymbol{A}}] = \begin{bmatrix} 1+ZY & \bar{Z} \\ \bar{Y} & 1 \end{bmatrix}$。

三、（1）导通条件为$1.93m^2 + 8.65n^2 < \left(\dfrac{20}{\lambda}\right)^2$。

当$\lambda = 16.0\mathrm{cm}$时，$m$、$n$无非负整数解，所有模式均截止。当$\lambda = 8.0\mathrm{cm}$时，$m$、$n$的正整数解为$m=1, n=0$，可以传输$\mathrm{TE}_{10}$模。当$\lambda = 6.5\mathrm{cm}$时，$m$、$n$的正整数解有$\begin{cases} m=0 \\ n=1 \end{cases}$，$\begin{cases} m=1 \\ n=0 \end{cases}$，$\begin{cases} m=2 \\ n=0 \end{cases}$，可以传输$\mathrm{TE}_{01}$、$\mathrm{TE}_{10}$和$\mathrm{TE}_{20}$模。

（2）$2.1872\mathrm{GHz} < f < 3.9586\mathrm{GHz}$。

（3）主模为$\mathrm{TE}_{10}(\mathrm{H}_{10})$模，$\beta \approx 0.86(\mathrm{rad/cm})$，$\lambda_g \approx 7.28(\mathrm{cm})$，$v_p \approx 3.36 \times 10^8 (\mathrm{m/s})$，$v_g \approx 2.68 \times 10^8(\mathrm{m/s})$，$\eta_{\mathrm{TE}_{10}} \approx 422.27(\Omega)$。

四、（1）$[\boldsymbol{S}] = \begin{bmatrix} 0.2\mathrm{e}^{\mathrm{j}\frac{3\pi}{2}} & 0.9797\mathrm{e}^{\mathrm{j}\pi} \\ 0.9797\mathrm{e}^{\mathrm{j}\pi} & 0.2\mathrm{e}^{\mathrm{j}\frac{3\pi}{2}} \end{bmatrix}$或$[\boldsymbol{S}] = \begin{bmatrix} 0.2\mathrm{e}^{\mathrm{j}\frac{3\pi}{2}} & 0.9797\mathrm{e}^{\mathrm{j}2\pi} \\ 0.9797\mathrm{e}^{\mathrm{j}2\pi} & 0.2\mathrm{e}^{\mathrm{j}\frac{3\pi}{2}} \end{bmatrix}$

（2）$[\boldsymbol{S}'] = \begin{bmatrix} 0.2\mathrm{e}^{\mathrm{j}\left(\frac{3\pi}{2}-2\beta l\right)} & 0.9797\mathrm{e}^{\mathrm{j}(\pi - 2\beta l)} \\ 0.9797\mathrm{e}^{\mathrm{j}(\pi - 2\beta l)} & 0.2\mathrm{e}^{\mathrm{j}\left(\frac{3\pi}{2}-2\beta l\right)} \end{bmatrix}$或$[\boldsymbol{S}'] = \begin{bmatrix} 0.2\mathrm{e}^{\mathrm{j}\left(\frac{3\pi}{2}-2\beta l\right)} & 0.9797\mathrm{e}^{\mathrm{j}(2\pi - 2\beta l)} \\ 0.9797\mathrm{e}^{\mathrm{j}(2\pi - 2\beta l)} & 0.2\mathrm{e}^{\mathrm{j}\left(\frac{3\pi}{2}-2\beta l\right)} \end{bmatrix}$。

五、（1）

①将负载阻抗归一化$\bar{Z}_L = Z_L/Z_0$，在阻抗圆图（附图 A.25）中找到归一化负载阻抗点A点，以坐标原点为圆心过A点所确定的圆即等反射系数圆（等$|\Gamma|$圆）。②过A点作坐标原点的径向反向延长线，与等$|\Gamma|$圆的交点B点，即$\bar{Y}_L = 1/\bar{Z}_L = \bar{G}_L + j\bar{B}_L$在导纳圆图中的位置。③为实现阻抗匹配，需$\lambda_g/4$线接在纯电阻处，所以并联短路线提供输入归一化电纳为$\bar{Y}_{in} = -j\bar{B}_L$。④在导纳圆图上找到$B$点关于水平轴对称的$B'$点，过$B'$点的等电纳圆归一化电纳即为$-j\bar{B}_L$，其与单位圆相交于点$C$，电标度为$\bar{l}_C$。⑤从短路点$D$开始，沿反射圆顺

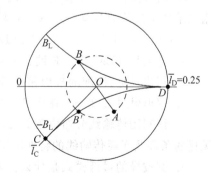

附图 A.25 阻抗圆图

时针转动到 $\bar{l}_C$，$\bar{l}_{\min}=\bar{l}_C-\bar{l}_D=\bar{l}_C-0.25$ 或 $\bar{l}_{\min}=\bar{l}_C+0.25$，即为并联短路分支的最短长度对应的电长度，最短长度应为 $l_{\min}=\bar{l}_{\min}\lambda_g$。

(2) $Z_0'=\sqrt{Z_0/G_L}$。

六、(1) ①$\rho_{DE}=\infty$，DE 段处于纯驻波状态。②$\rho_{CD}=1.5$，CD 段处于行驻波状态。③$\rho_{BC}=1$，BC 段处于行波状态。④$\rho_{BF}=1$，BF 段处于行波状态。⑤$\rho_{AB}=2$，AB 段处于行驻波状态。

(2) $|\dot{U}_A|\approx166.667(V)$，$|\dot{I}_A|\approx0.833(A)$，$|\dot{U}_B|\approx83.333(V)$，$|\dot{I}_B|\approx1.667(A)$，$|\dot{U}_C|\approx83.333(V)$，$|\dot{I}_C|\approx0.833(A)$，如附图 A.26 所示。

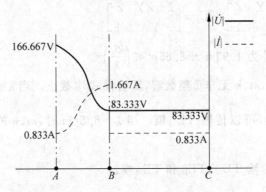

附图 A.26　电压、电流分布图

(3) $P_{Z_{11}}=P_{Z_{12}}\approx34.72(W)$。

A.6　自测题 6

一、简答题(40 分)

1. 无耗传输线处于行波、纯驻波状态的条件是什么?

2. 传输市电(50Hz)的电力传输线，在什么条件下可视为"短线"? 在什么条件下可视为"长线"?

3. 已知传输线上阻抗的一般表示式为 $Z=R+jX$，特性阻抗为 Z_0，在阻抗圆图中标出满足如下条件的各点：(1)$R=0$、$X=0$ 的 A 点；(2)$R=Z_0$、$X=0$ 的 B 点；(3)$R=0$、$X<0$ 的 C 点；(4)$R=Z_0$、$X>0$ 的 D 点。

4. 什么是 TEM 波、TE 波、TM 波? 其中哪些波可以经由矩形波导传输?

5. 写出对称、匹配的理想相移器和理想衰减器的散射参量矩阵。

6. 写出附图 A.27(a)、附图 A.27(b)所示 T_1、T_2 参考面内网络的归一化转移矩阵$[\boldsymbol{A}]$。

7. 请利用传输线分布电阻 R_0、分布电感 L_0、分布电导 G_0、分布电容 C_0 表示传输线无耗的条件及无耗传输线的特性阻抗 Z_0、相位常数 β。

8. 圆波导的最低模式是什么? 其截止波长是多少? 画出其横截面的电场线和磁场线示意图。

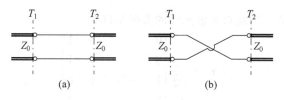

附图 A.27 T_1、T_2 参考面网络

9. 在微波等效电路中，若单模波导等效为双导线，二者的传输功率满足什么关系？双导线特性阻抗有哪几种常用选取方法？

10. 设传输线终端负载归一化阻抗为 $\bar{Z}_L = \bar{R}_L + j\bar{X}_L$，已知其归一化电阻为 $\bar{R}_L = 1$。现通过某种方式调节其归一化电抗值 $\bar{X}_L$ 在 $(-\infty, +\infty)$ 区间变化，请在圆图上画出在此过程中：(1)$\bar{Z}_L$ 的可能点轨迹；(2)距离负载 $\lambda_g/4$ 的传输线上归一化输入阻抗 $\bar{Z}_{in}$ 的可能点轨迹。

二、(10 分)已知传输线终端接某失配负载，测定线上到终端最近的电压波节点的距离 l_{min} **大于四分之一相波长**，拟用一并联**纯容性**短路单支节进行调配，请通过史密斯圆图图示说明如何确定并联支节位置 d 和支节长度 l(要求写明具体步骤)。

三、(10 分)已知矩形波导宽边和窄边尺寸分别为 $a = 20mm$、$b = 10mm$，均匀填充相对介电常数和相对磁导率分别为 $\varepsilon_r = 9$、$\mu_r = 1$ 的理想介质。(1)为使波导中只导通 TE_{10}、TE_{20}、TE_{01} 模式，试确定电磁波频率范围；(2)测得波导中传输 TE_{10} 模时相邻两波节点之间的距离为 $15mm$，求电磁波在自由空间的波长 λ_0；(3)在工作于主模的情况下，欲在波导窄边开缝辐射其部分场，请图示如何开缝。

四、(10 分)有一个无耗互易对称二端口微波元件，输出端接匹配负载时，测得输入端传输线的驻波比为 4.0，输入端参考面到其最近的电压波节点的距离为 $l_{min} = 0.375\lambda_g$，求：(1)输入端参考面的反射系数 Γ_1；(2)此元件的 S 参量矩阵。

五、(10 分)已知某媒质填充的矩形波导中，某 TM 模式的纵向电场表达式为

$$E_z = E_0 \sin\frac{\pi}{3}x\sin\frac{\pi}{3}y\cos\left(\omega t - \frac{\sqrt{2}}{3}\pi z\right)$$

其中 x、y、z 的单位为厘米。(1)求截止波长 λ_c、波导波长 λ_g 及媒质波长 λ；(2)如果此模为 TM_{32} 模式，求波导尺寸 a 和 b。

六、(10 分)如附图 A.28 所示，已知 AB 段和 BC 段传输线特性阻抗 $Z_{01} = 20\Omega$、$Z_{02} = 50\Omega$，电源电动势幅度为 $E_g = 60V$，内阻抗 $Z_g = Z_{01}$，AB 段和 BC 段的驻波比分别为 $\rho_1 = 2$、$\rho_2 = 2.5$，且 B 点为两段传输线上的电压波节。求：(1)电阻 R_1 和 R_2 的值及 R_2 的吸收功率；(2)画图示意 AB 段和 BC 段电压和电流幅度分布。

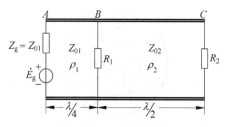

附图 A.28 传输线结构

七、(10 分)已知一四端口微波元件的散射矩阵为

$$[\boldsymbol{S}] = \frac{1}{\sqrt{2}} \begin{bmatrix} 0 & 0 & 1 & 1 \\ 0 & 0 & -1 & 1 \\ 1 & -1 & 0 & 0 \\ 1 & 1 & 0 & 0 \end{bmatrix}$$

现将端口 4 接匹配信号源,输入功率为 P,端口 3 接匹配负载,端口 1、2 接反射系数为 Γ_1、Γ_2 的负载。(1)证明该元件是否具有互易性、无耗性,并说明它是一个什么元件。(2)求端口 4 的反射功率和端口 3 的输出功率。(3)如果要使端口 3 无功率输出,Γ_1、Γ_2 应满足什么条件? (4)如果要使端口 3 输出功率最大,Γ_1、Γ_2 应满足什么条件?

参考答案

一、

1. 行波:半无限长或负载阻抗和特性阻抗相等,$Z_0 = Z_L$。纯驻波:开路、短路、接纯电抗性负载。

2. 波长为 $\lambda = 6000$km。传输线长度小于 $0.05\lambda = 300$km(或远小于波长)时可近似视为短线;大于等于 $0.05\lambda = 300$km(或与波长可比拟或远大于波长)时可视为长线。

3. 如附图 A.29 所示。

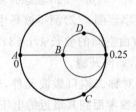

附图 A.29 阻抗圆图

4. TEM 波:纵向电场和磁场分量均为零。TE 波:纵向电场分量为零。TM 波:纵向磁场分量为零。波导可传输 TE 波及 TM 波。

5. $[\boldsymbol{S}] = \begin{bmatrix} 0 & e^{-\alpha l} \\ e^{-\alpha l} & 0 \end{bmatrix}$,$[\boldsymbol{S}] = \begin{bmatrix} 0 & e^{-j\beta l} \\ e^{-j\beta l} & 0 \end{bmatrix}$。

6. (a) $[\overline{A}] = \begin{bmatrix} 1 & 0 \\ 0 & 1 \end{bmatrix}$,(b) $[\overline{A}] = \begin{bmatrix} -1 & 0 \\ 0 & -1 \end{bmatrix}$。

7. $R_0 = 0, G_0 = 0, Z_0 = \sqrt{\dfrac{L_0}{C_0}}, \beta = \omega\sqrt{L_0 C_0}$。

8. 如附图 A.30 所示。

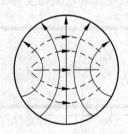

附图 A.30 电场线和磁场线示意图

H_{11} 模式,$3.41a$。

9. 功率相等,特性阻抗 $Z_0 = \begin{cases} Z_e \\ \eta_w \\ 1 \end{cases}$

10. 归一化电抗值的变化如附图 A.31 所示。

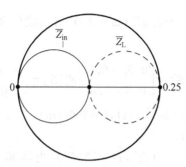

附图 A.31 电抗值变化图

二、

(1) 如附图 A.32 所示,负载呈感性,则应在阻抗圆图的上半平面的 A 点。

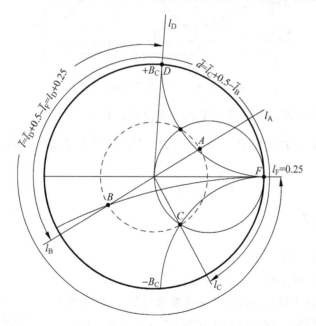

附图 A.32 阻抗圆图

(2) 由 A 点确定等反射系数圆,沿等反射系数圆旋转 $180°$ 到 B 点,即为归一化导纳在导纳圆图的位置,对应电标度为 $\bar{l}_B$。

(3) 从 B 点开始,沿等反射系数圆与可匹配圆 $\bar{G}=1$ 交于下半平面 C 点,该位置归一化电纳为 $-jB_C(B_C > 0)$,呈感性,电标度为 $\bar{l}_C$,则 $d = (\bar{l}_C + 0.5 - \bar{l}_B)\lambda_g$(标对位置即可)。

(4)并联短路支节需提供一容性电纳抵消 C 点电纳。在导纳圆图上，从短路点 F 开始，沿全反射圆顺时针旋转，在上半平面找到电纳为 $+jB_C(B_C>0)$ 的 D 点，电标度为 $\bar{l}_D$，需并联的支节长度为 $(\bar{l}_D+0.25)\lambda_g$（标对位置即可）。

三、(1) $f_{c1}=\dfrac{v}{\lambda_{c1}}=5(\text{GHz})$，$f_{c2}=\dfrac{v}{\lambda_{c2}}=5.59(\text{GHz})$，$f_{c1}<f<f_{c2}$；

(2) $\lambda_0=\dfrac{\sqrt{\varepsilon_r}}{\sqrt{\left(\dfrac{1}{\lambda_c}\right)^2+\left(\dfrac{1}{\lambda_g}\right)^2}}=0.072(\text{m})$；(3)$\text{TE}_{10}$，波导窄边开纵缝。

四、(1)$\Gamma_1=0.6\text{j}$。(2) $[\boldsymbol{S}]=\begin{bmatrix} 0.6\text{j} & 0.8 \\ 0.8 & 0.6\text{j} \end{bmatrix}$ 或 $[\boldsymbol{S}]=\begin{bmatrix} 0.6\text{j} & -0.8 \\ -0.8 & 0.6\text{j} \end{bmatrix}$。

五、(1)$\lambda_c=3\sqrt{2}(\text{cm})$，$\lambda_g=3\sqrt{2}(\text{cm})$，$\lambda=3.0(\text{cm})$。

(2) $a=9(\text{cm})$，$b=6(\text{cm})$。

六、(1) $R_1=20(\Omega)$，$R_2=20(\Omega)$，$P=10(\text{W})$，电压和电流幅度分布如附图 A.33 所示。

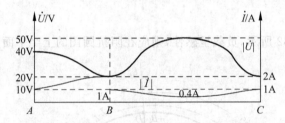

附图 A.33　电压和电流幅度分布

七、(1)互易，无耗，魔 T（或匹配 3dB 定向耦合器）；

(2) $P_3=\dfrac{1}{4}|\Gamma_1-\Gamma_2|^2 P$，$P_4=\dfrac{1}{4}|\Gamma_1+\Gamma_2|^2 P$；(3)$\Gamma_1=\Gamma_2$，$P_3=0$；(4)$\Gamma_1=-\Gamma_2$ 且 $|\Gamma_1|=|\Gamma_2|=1$。

A.7　自测题 7

一、简答题(40 分)

1. 耳机线是长线还是短线，为什么？

2. 网线能不能作为微波传输线来传输微波信号，为什么？

3. 一种均匀传输线的电场表达式为 $E(x,y,z)=E_0(x,y)\text{e}^{\pm\gamma z}$，其中 $\gamma=\alpha+\text{j}\beta$，$\alpha$ 和 β 所表示的物理意义是什么？

4. 某人设计了一根同轴传输线，发现其特性阻抗偏大，为了减小传输线特性阻抗，怎样修改设计？至少给出两种方法及其说明。

5. 已知特性阻抗为 $Z_0=50\Omega$ 的均匀传输线上接有阻抗为 $Z_L=50+\text{j}40\Omega$ 的负载，在阻抗圆图中标出满足如下条件的各点：(1)短路点 A，开路点 B；(2)归一化负载阻抗所

对应的 C 点;(3)距离终端负载第一个电压波节点 D。

6. 在答题纸上画出如附图 A.34 所示的矩形波导横截面上 TE_{20} 模式的电场和磁场分布。

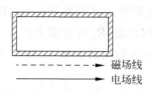

附图 A.34　矩形波导横截面

7. 什么是简并?矩形波导的长短边满足 $a=2b$,则此矩形波导传输的 TE_{01} 和 TE_{20} 模式是否简并?为什么?

8. 矩形波导宽壁中间插入一段可调销钉,在一定深度范围内可以等效成并联电容的作用,为什么?

9. 一个二端口网络的插入损耗 $IL=10\mathrm{dB}$,输入端口的功率 $P_1=1\mathrm{mW}$,则输出端功率 P_2 是多少?

二、(12 分)

当波的工作频率接近矩形波导的截止频率时将出现显著的衰减,故通常取工作频率的下限等于截止频率的 1.25 倍。设工作频率下限是 5GHz,并在矩形波导($a=2b$,空气填充)中保持单模传输,试求:(1)矩形波导的尺寸;(2)波长 $\lambda=5\mathrm{cm}$ 的波在此波导中传输时的相位常数 β、波导波长 λ_g 和相速 v_p;(3)若 $f=10\mathrm{GHz}$,此波导中可能存在的波型。

三、(8 分)

衰减器可以用一段工作在截止状态的波导组成(主模工作,空气填充),如附图 A.35 所示。若 $a=2.286\mathrm{cm}$,工作频率为 12GHz。确定低于截止频率的波导段的长度,使其能在输入和输出波导段之间获得功率为 100dB 的衰减(忽略阶跃不连续性的反射影响)。如果仅仅将频率改为 10GHz,这个衰减器的衰减量是多少 dB?

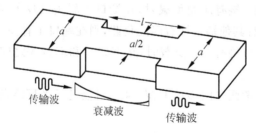

附图 A.35　衰减器

四、(10 分)

某特性阻抗为 $Z_0=50\Omega$ 的均匀无耗传输线终端接阻抗 $Z_\mathrm{L}=(25-\mathrm{j}50)\Omega$ 的负载,在距离负载约 $d=\dfrac{\lambda_\mathrm{g}}{8}$ 处并联一短路支节,当该支节长度变化时,在圆图上画出并联处总导纳的可能变化轨迹并结合圆图说明详细分析步骤。

五、（15分）

如附图 A.36 所示，为一无耗均匀传输系统，已知 $E_g=40\text{V}$，$R_g=Z_0=100\Omega$，$R_1=Z_0/2$，$l=\lambda_g$，$l_1=l_2=l_3=\lambda_g/4$，R_2 为待定元件，d-d' 两端跨接一内阻为 0 的检测机 A，试求：

（1）为使 ab 段处于行波工作状态，R_2 应选多大？

（2）在（1）的条件下，求 $a\sim e$ 点的反射系数，以及 $ab/bc/cd/be$ 各段电压驻波比，并给出各段的工作状态。

（3）在（1）的条件下，求检测机 A 上所测得电流幅值大小。

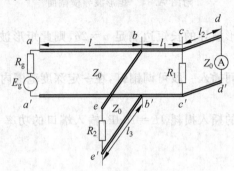

附图 A.36　传输系统

六、（15分）

一四端口网络的散射矩阵如下：

$$[\boldsymbol{S}]=\begin{bmatrix} 0.1\angle 90° & 0.8\angle -45° & 0.3\angle -45° & 0 \\ 0.8\angle -45° & 0 & 0 & 0.4\angle 45° \\ 0.3\angle -45° & 0 & 0 & 0.6\angle -45° \\ 0 & 0.4\angle 45° & 0.6\angle -45° & 0 \end{bmatrix}$$

（1）该网络具有什么基本性质？

（2）当所有其他端口接有匹配负载时，在端口 1 看去的反射系数是多少？若端口 3 的端平面上短路，而所有其他端口接有匹配负载，则在端口 1 看去的反射系数是多少？

（3）当所有其他端口接有匹配负载时，在端口 2 和端口 4 之间的插入损耗和相位延迟是多少？

（4）若端口 3 的参考面向内移动了 $\beta l=45°$，此变化后的网络散射矩阵是什么？

参考答案

一、

1. 短线。因为耳机的作用是传递音频信号，音频信号范围大概是 $20\text{Hz}\sim22\text{kHz}$，其波长远远大于 1 万米，$l/\lambda \ll < 0.05$，所以是短线。

2. 两个答案，说出合理理由都算正确。

答案一：网线不能作为微波传输线来传输微波信号。因为单根网线无法建立麦克斯韦方程的有效解，因而不能传输微波信号，且网线不够均匀，网线之间的介质损耗很大，电磁波无法实现远距离传输。

答案二:网线可以作为微波传输线来传输低频微波信号。可以利用网线内部两根双绞线形式的双线,近距离传播低频微波信号,因损耗较大不能长距离传播大于约 1GHz 的高频微波信号。

3. α 是衰减常数,表示电场幅值沿着传播方向的衰减程度,β 是相位常数,表示电场相位随传播距离的变化。

4. 方法一,可以增大同轴线内介质的介电常数。

方法二,可以减小同轴线外金属壁的直径(或增大同轴芯直径)。

其依据是根据特性阻抗与电感分布参数以及电容分布参数的关系。$Z_0 = \sqrt{\dfrac{L_0}{C_0}}$,$Z_0 = \dfrac{60}{\sqrt{\epsilon_r}} \ln\left(\dfrac{D}{d}\right)$,增大填充介质的介电常数 ϵ 或减小外壁直径 D(或增大同轴芯直径 d),都可以减小特性阻抗。

5. 归一化阻抗 $\overline{Z} = 1 + \mathrm{j}0.8$,结果如附图 A.37 所示。

6. 如附图 A.38 所示。

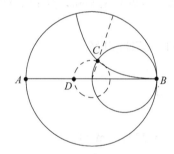 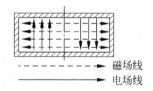

附图 A.37 标后的阻抗圆图　　　附图 A.38 矩形波导横截面上 TE_{20} 模式的电场和磁场分布

7. 简并:具有不同场分布的电磁场模式具有相同的特性参量 λ_c。

因为 $(\lambda_c)_{mn} = \dfrac{2}{\sqrt{\left(\dfrac{m}{a}\right)^2 + \left(\dfrac{n}{b}\right)^2}}$,在 $a = 2b$ 条件下,TE$_{01}$模和 TE$_{20}$模对应的截止波长 λ_c 相等,故简并。

8. 因为矩形波导宽壁中间的电场值最大,在此插入一段销钉后,一定深度范围内 $\left(h \leqslant \dfrac{\lambda}{4}\right)$,销钉和底部宽壁之间建立起电场得到加强,可以等效成一个并联的电容。

9. 插入损耗公式 $IL = -10\log\left(\dfrac{P_2}{P_1}\right)$,解得 $P_2 = 0.1\mathrm{mW}$

二、(1) 设 f_c 为矩形波导的截止频率,λ_c 矩形波导的截止波长。

根据题意有 $1.25 f_c = 5 \times 10^9$;则有 $f_c = 4 \times 10^9 \mathrm{Hz}$

$$\lambda_c = \frac{3 \times 10^8}{4 \times 10^9} \approx 0.08(\mathrm{m}) = 8(\mathrm{cm})$$

在矩形波导中单模传输即为主模 TE_{10} 模,所以 $m=1,n=0$。

而 $\lambda_c = \dfrac{2}{\sqrt{\left(\dfrac{m}{a}\right)^2 + \left(\dfrac{n}{b}\right)^2}} = 2a = 8\,\text{cm}$;解得 $a=4\,\text{cm}$,则有 $b = \dfrac{4}{2} = 2\,\text{cm}$

所以矩形波导宽壁为 $4\,\text{cm}$,窄壁为 $2\,\text{cm}$。

(2) 已知 $\lambda = 5\,\text{cm}$,根据波导波长 λ_g 与截止波长 λ_c 的关系式:

$$\lambda_g = \frac{\lambda}{\sqrt{1 - \left(\dfrac{\lambda}{\lambda_c}\right)^2}}, \quad \text{解得 } \lambda_g = 6.4\,\text{cm}$$

又据相速 v_p 与截止波长 λ_c 的关系式: $v_p = \dfrac{v}{\sqrt{1 - \left(\dfrac{\lambda}{\lambda_c}\right)^2}}$,解得 $v_p = 3.5 \times 10^8\,\text{m/s}$

此时相移常数 β 为: $\beta = \dfrac{2\pi}{\lambda_g} = 0.954\,\text{rad/cm}$

(3) 已知 $f = 10\,\text{GHz}$ 故 $\lambda = \dfrac{v}{f} = 3\,\text{cm}$

而 $\lambda_c(TE_{10}) = 7.8\,\text{cm}, \lambda_c(TE_{20}) = a = 3.9\,\text{cm}, \lambda_c(TE_{01}) = 2b = 3.9\,\text{cm}, \lambda_c(TE_{11}) = \lambda_c(TM_{11}) = 3.49\,\text{cm}, \lambda_c(TE_{21}) = \lambda_c(TM_{21}) = 2.76\,\text{cm}$

经计算可知在波导中可能存在的波型为 $TE_{10}, TE_{20}, TE_{01}, TE_{11}, TM_{11}$。

三、

$$k = \frac{2\pi f}{c} = \frac{2\pi(12 \cdot 10^9)}{3 \cdot 10^8} = 251.3\,(\text{m}^{-1}),$$

$$\alpha = \sqrt{k_c^2 - k^2} = \sqrt{\left(\frac{2\pi}{0.02286}\right)^2 - (251.3)^2} = 111.3\,(\text{m}^{-1})$$

$-100\,\text{dB} = -20\lg e^{-\alpha l}$,求得 $l = 0.103\,(\text{m})$。

当 $f = 10\,\text{GHz}$ 时,$k' = 209.3\,(\text{m}^{-1})$,$\alpha' = \sqrt{\left(\dfrac{2\pi}{0.02286}\right)^2 - k'^2} = 178.2\,(\text{Np/m})$

$-20\lg e^{-\alpha l} = 159.4\,\text{dB}$,故衰减量为 $159.4\,\text{dB}$。

四、

① 如附图 A.39 所示,将负载阻抗归一化 $\overline{Z}_l = Z_l/Z_0 = 0.5 - j$,在阻抗圆图中找到归一化负载阻抗点 A 点,以坐标原点为圆心过 A 点所确定的圆即等反射系数圆(等 $|\Gamma|$ 圆)。

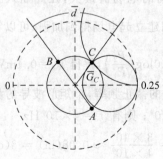

附图 A.39 导纳图

② 过 A 点作坐标原点的径向反向延长线,与等 $|\Gamma|$ 圆的交点为 B 点,即 $\overline{Y}_l = 1/\overline{Z}_l = \overline{G}_l + \mathrm{j}\overline{B}_l$ 在导纳圆图中的位置。

③ 距离负载 $\overline{d}$ 处并联短路支节 $\overline{Y}_2 = \mathrm{j}\overline{B}$ 的纯电纳,即从 B 点开始顺时针沿等 $|\Gamma|$ 圆上移动 $\overline{d}$ 到 C 点。

④ 过 C 点作电导圆 $\overline{G}_C$ 和电纳圆 $\overline{B}_C$,支节长度 $\overline{l}$ 变化只改变 C 点导纳的虚部,因此并联处总导纳 $\overline{Y}_{in} = \overline{Y}_1 + \overline{Y}_2$ 随支节长度 $\overline{l}$ 变化的轨迹体现在电导圆 $\overline{G}_C$ 上。

五、

(1) $Z_d = 0, R_1 = Z_0/2 = 50(\Omega), Z_c = \infty // R_1 = R_1,$

$\quad Z_b(bc) = Z_0^2/Z_c = 200(\Omega), Z_b(be) = Z_0^2/R_2,$

由于 $Z_b = Z_b(bc) // Z_b(be)$,而 $Z_b = Z_0 \Rightarrow Z_b(be) = 200(\Omega)$

$$R_2 = Z_c = Z_0^2/Z_b(be) = 50(\Omega)$$

(2) $Z_a = Z_0 \Rightarrow \Gamma_a = \dfrac{Z_a - Z_0}{Z_a + Z_0} = 0, Z_b = Z_0 \Rightarrow \Gamma_b = \dfrac{Z_b - Z_0}{Z_b + Z_0} = 0$

$\quad Z_c = R_1 = 50(\Omega) \Rightarrow \Gamma_c = \dfrac{R_1 - Z_0}{R_1 + Z_0} = \dfrac{50-100}{150} = -\dfrac{1}{3}, Z_d = 0 \Rightarrow \Gamma_d = \dfrac{Z_d - Z_0}{Z_d + Z_0} = -1$

$\quad Z_e = R_2 \Rightarrow \Gamma_e = \dfrac{R_2 - Z_0}{R_2 + Z_0} = -1/3$

$\rho_{ab} = \dfrac{1+|\Gamma_a|}{1-|\Gamma_a|} = 1$,行波; $\rho_{bc} = \dfrac{1+|\Gamma_c|}{1-|\Gamma_c|} = 2$,行驻波;

$\rho_{cd} = \dfrac{1+|\Gamma_d|}{1-|\Gamma_d|} = \infty$,驻波; $\rho_{be} = \dfrac{1+|\Gamma_e|}{1-|\Gamma_e|} = 2$,行驻波。

(3)

$Z_a = Z_0 = 100(\Omega)$

$|\dot{I}_a| = \left| \dfrac{\dot{E}_g}{R_g + Z_{in}} \right| = \dfrac{40}{100+100} = 0.2(\mathrm{A})$

$|\dot{U}_a| = |\dot{I}_a Z_a| = 20(\mathrm{V})$

$|\dot{U}_b| = 20(\mathrm{V})$

$|\dot{U}_c| = |\dot{U}_b|/\rho_{bc} = 20/2 = 10(\mathrm{V})$

$|\dot{I}_d| = \left| \dfrac{2\dot{U}_{cd段入射波}}{Z_0} \right| = |\dot{U}_c|/Z_0 = 10/100 = 0.1(\mathrm{A})$,故检测电流为 0.1A。

六、

(1) 因为 $|S_{11}|^2 + |S_{12}|^2 + |S_{13}|^2 + |S_{14}|^2 = (0.1)^2 + (0.8)^2 + (0.3)^2 = 0.74 \neq 1$,所以此网络为有耗网络。

又 $[S]^{\mathrm{T}} = [S]$,所以网络为互易网络。

(2) 当 2,3,4 端口都匹配时,从端口 1 看去的反射系数为

$$\Gamma_1 = S_{11} = 0.1 \angle 90°$$

当端口 3 短路,其他端口接匹配负载时,有

$$a_3 = -b_3, a_2 = a_4 = 0, b_1 = S_{11}a_1 + S_{13}a_3 = S_{11}a_1 - S_{13}b_3, b_3 = S_{31}a_1$$

所以 $\Gamma_1 = \dfrac{b_1}{a_1} = S_{11} - S_{13}S_{31} = 0.1\angle 90° - (0.3\angle -45°)(0.3\angle -45°) = 0.19j = 0.19\angle 90°$

（3）当端口 1 和 3 接匹配负载时，端口 2 和 4 之间的插入损耗

$$IL = -20\lg|S_{42}| = -20\log 0.4 \approx 8.0(\text{dB})$$

相位延迟 $\phi = 45°$。

（4）端口 3 的参考面向内移动 $\beta l = 45°$，则所带来的相移角度 $\theta_3 = \beta l = 45°$

变化后的 $\boldsymbol{S}$ 矩阵关系为 $S'_{3i} = S_{3i}e^{j\theta_3} = S_{3i}e^{j45}$

即有 $S'_{31} = S'_{13} = S_{31}\angle 45° = 0.3$，$S'_{32} = S'_{23} = S'_{33} = 0$

$S'_{34} = S'_{43} = S_{34}\angle 45° = 0.6$

则变化后的网络散射矩阵为 $[\boldsymbol{S}'] = \begin{bmatrix} 0.1\angle 90° & 0.8\angle -45° & 0.3 & 0 \\ 0.8\angle -45° & 0 & 0 & 0.4\angle 45° \\ 0.3 & 0 & 0 & 0.6 \\ 0 & 0.4\angle 45° & 0.6 & 0 \end{bmatrix}$

附录 B　网络分析仪实验

B1　传输线基本概念和圆图实验

当频率高到射频以后,电路元器件的性能发生了变化。甚至于一段线的始端输入阻抗也要用传输线公式来表示,比如说 λ/4 线末端短路时始端等效于开路,而末端开路时始端等效于短路。本实验将通过网络分析仪测试和学习传输线的阻抗变换性质。

史密斯圆图是传输线理论中的辅助图解工具,用于研究阻抗或导纳的变换非常方便。史密斯圆图概括了传输线理论的很多特点,使用方便,具有直观性。

史密斯圆图包括阻抗圆图和导纳圆图。实验中将首先利用阻抗圆图进行传输线测试实验,然后在此基础上学习如何将阻抗圆图转换为导纳圆图使用。

B1.1　阻抗圆图

一、实验目的

通过短路器、开路器、匹配负载、无耗短线的输入阻抗测试,加深对传输线公式与史密斯圆图的理解。

二、实验仪器

矢量网络分析仪及测试套件,工作频段为 30MHz～3.2GHz。

三、仪器准备

1. 测试附件和仪器主界面

在教师指导下观察系统全套测试套件,包括:反射电桥一只、阴头阳头匹配负载各一只、失配负载(驻波比 1.4)一只、开路短路器各一只、双阳双阴连接器各一只、保护接头一只、10dB 衰减器二只、测试电缆三条。

打开网络分析仪,屏幕上显示圆图及主菜单。

当开机时或按"复位"键后出现的画面中,左边为一圆图,右边即主菜单。

菜单如下:	注释
频域　　××	当前为频域　　××表示当前最小频距
BF:	起始频率(Beginning Frequency)
ΔF:	频距(频率增量或步长)
EF:	终止频率(Ending Frequency)
N:	测试点数(不直接受控)

M：	选常规或精测(精测精度高,但更新慢)
测：A　　B	选定各输入口的测试项目
××　　××	
++++++++++++++++++++	线上为设置项目,线下为执行项目
校：××	作各项相应校正

- 刚开机或复位后,光标在"校：××"处闪动,便于在不改变频率设置时立即进行校正;
- 假如主菜单在频(时)域,而想要的是时(频)域,此时可按一下 ↓ 键使光标由下到上停在频(时)域下面为止,此时按 → 键即可得到所需的时(频)域。

电桥测试端口如附图 B.1 所示。

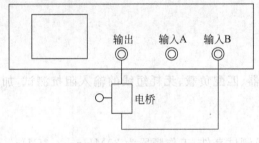

附图 B.1　电桥测试端口

2. 仪器准备

扫频方案设为 BF=30MHz,ΔF=30MHz,EF=1590MHz。

- 按附图 B.1 连接,此时电桥测试端口应为开路或接上开路器。
- 在主菜单下按 ↓ 将光标移到"测：A　B"下,按 → 或 ← 键使 A 下空白,B 下为"回损"。
- 按 ↓ 键或"复位"键使光标停在"校：开路"下,再按"执行"键。此时显示器右下角频率在变动,直到出现"校：短路"字样。
- 在电桥测试端口接上短路器,然后按"执行"键;画面转成阻抗圆图,观察此时光标闪动位置(表示测试端口阻抗点)。拔掉短路器,观察光标闪动位置。
- 接上匹配负载(N 型阳负载),观察圆图中光标闪动位置。

四、实验步骤

1. 开路线的输入阻抗测试

- 在电桥测试端口接上保护接头。
- 屏幕上会出现附图 B.2 所示曲线,具体数值见闪点参数,不同频点的数据,可按→或←键来得到。

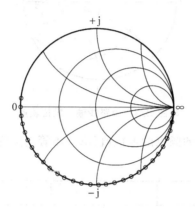

附图 B.2 开路线输入阻抗轨迹

- 记下 5~8 个感兴趣的频点的电抗值(jX),不管电阻值(R),记录在附表 B.1 中。

附表 **B.1**

频点								
电抗(测试值)								
电抗(计算值)								

【思考题】

(5) 此时归一化电抗值为多少? 各点电阻值近似为多少?

- 保护接头的几何长度为 48mm,用 $Z_{in} = -jZ_0 \cot\beta l$ 来进行计算,只计算记下的几个点,记录在附表 B.2 中。式中 Z_{in} 为输入阻抗,β 为 360°/λ(λ 为相波长),l 为保护接头长度。注意:保护接头特性阻抗为 50Ω,相速度等于光速 c,计算时波长与接头长度(线长)的单位要相同。

【思考题】

(6) 此时计算的输入阻抗 Z_{in} 的参考位置是哪里? 此时被测装置等效于一种什么样的传输线模型?

(7) 在 1560MHz 时测量和计算得到的 Z_{in} 为多大? 说明什么问题?

2. 短路线的输入阻抗测试

- 在保护接头末端接上短路器。

- 屏幕上会出现附图 B.3 所示的曲线。

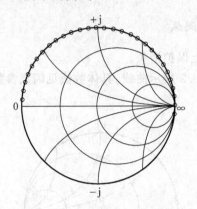

附图 B.3 短路线输入阻抗轨迹

- 记下 5～8 个感兴趣的频点的电抗值（jX），不管电阻值（R），记录在附表 B.2 中。

附表 B.2

频点								
电抗（测试值）								
电抗（计算值）								

- 保护接头的几何长度为 48mm，用 $Z_{in}=jZ_0\tan\beta l$ 来进行计算，只计算记下的几个点，记录在附表 B.2 中。

【思考题】

（8）此时计算的输入阻抗 Z_{in} 的参考位置是哪里？被测装置等效于一种什么样的传输线模型？

（9）在 1560MHz 时测量和计算得到的 Z_{in} 为多大？说明什么问题？

3. 端接线的输入阻抗测试

- 按"复位"键使仪器复位，按"菜单"键调出扫频菜单，选定或设定一个 ΔF 大、点数少的扫频方案（BF＝30MHz，ΔF＝198MHz，EF＝3198MHz），按"执行"键返回。
- 在测试端口开路的情况下按"执行"键校开路。
- 接上短路器按"执行"键校短路。
- 接上失配负载，记下所选频点的阻抗数值，记录在附表 B.3 中。
- 拔下失配负载，串接一个保护接头，记下所选频点的阻抗数值，记录在附表 B.3 中。
- 用圆图或公式计算失配负载经保护接头后的输入阻抗，列表比较它们。

附公式如下。

$$Z_{in} = Z_0 \frac{Z_L \cos\beta l + jZ_0 \sin\beta l}{Z_0 \cos\beta l + jZ_L \sin\beta l}$$

附表 **B.3**

频点/MHz	30	822	1614	2406	3198
Z_L（测试）					
Z_{in}（测试）					
Z_{in}（计算）					
Z_{in}（圆图）					

【思考题】

（10）此时被测件等效于一种什么样的传输线模型？

（11）在 1560MHz 时测量和计算得到的 Z_{in} 与 Z_L 是什么关系？说明传输线什么性质？

（12）阻抗圆图上什么位置为波腹点？什么位置为波节点？在测试 Z_L 和 Z_{in} 过程中，哪些频率的阻抗点近似在波腹或波节位置上？此时阻抗值近似为多少？如果恰好位于波腹或波节？阻抗应为多少？和特性阻抗 Z_0 有什么关系？

（13）测量阻抗时，各频点阻抗轨迹近似为什么图形？理想情况下应为什么图形？说明什么问题？

B1.2 阻抗圆图用作导纳圆图

阻抗圆图可以当作导纳圆图来用，因此原则上不必再引入一个新的导纳圆图。在圆图上，阻抗与导纳是兼容的概念。

对阻抗圆图，作阻抗运算时图上即阻抗，当要找某点的导纳值时，可由该点的矢径沿等反射系数圆旋转 180° 即可。

此时即可将阻抗圆图用作导纳圆图，圆图使用规则不变，标注数字不变，但代表电导值和电纳值。需要注意的是，因为本网络分析仪指示的是非归一化值，需要对结果进行处理。

一、实验目的

练习阻抗圆图用作导纳圆图时的使用方法。

二、实验仪器

网络分析仪及测试套件，工作频段为 30MHz～3.2GHz。

三、仪器准备

- 按"复位"键使仪器复位。
- 在测试端口接短路器的条件下按"执行"键校开路。
- 换接开路器按"执行"键校短路。

此时阻抗圆图即可以当作导纳圆图来用，网络分析仪上圆图上指示数值再除以 Z_0^2，即为测试端口导纳值。

四、实验步骤

- 重新接开路器、短路器、匹配负载，观察光标位置。

【思考题】

（14）为什么按上面操作后，可以把阻抗圆图用作导纳圆图？

（15）画示意图标出阻抗圆图用作导纳圆图时，图上短路点、开路点、匹配点的位置。与阻抗圆图的位置有什么关系？

- 串接保护接头后，接上失配负载，记下各频点的导纳数值。根据前面测量所得阻抗值 Z_L 和 Z_{in}，可利用公式 $Y_L = 1/Z_L$，$Y_{in} = 1/Z_{in}$ 计算导纳，进行比较，记录在附表 B.4 中。

附表 B.4

频点/MHz	30	822	1614	2406	3198
Y_L（测试）					
$Y_L = 1/Z_L$					
Y_{in}（测试）					
$Y_{in} = 1/Z_{in}$					

【思考题】

（16）阻抗圆图用作导纳圆图时，导纳点和原来阻抗点位置有什么关系？

（17）导纳圆图上的波腹点和波节点在什么位置？导纳值应该是多少？和特性导纳是什么关系？

（18）通过本实验，有何收获？你认为实验哪些环节需要改进？

B2 同轴电缆的常规测量

同轴电缆是射频和微波设备中少不了的一种连接件，短者几厘米，长者几百米，它对系统性能影响很大。对同轴线可以提出多方面的要求，本次实验将学习同轴线的驻波、插损和特性阻抗测量，并熟悉和掌握同轴线时域故障定位原理及方法。

B2.1 驻波、插损测量

一、实验目的
了解射频连接电缆的常规性能与测试方法。

二、实验仪器
矢量网络分析仪及测试套件，工作频段为 30MHz～3.2GHz，被测同轴电缆。

三、仪器准备
预置扫频方案 BF=30MHz，ΔF=40MHz，EF=3190MHz。M：常规。

四、实验步骤

1. 驻波比测试

- 按附图 B.4 连接，此时电桥测试端口应为开路或接上开路器。

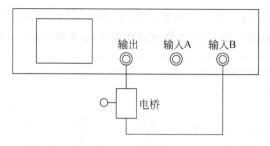

附图 B.4 驻波比测试连接图

- 在主菜单下按↓键将光标移到"测：A B"下，按→或←键使 A 下为空白，B 下为"回损"。
- 按↓键或"复位"键使光标停在"校：开路"下，再按"执行"键，此时显示器右下角频率在变动，直到画面出现"校：短路"。
- 在电桥测试端口接上短路器然后按"执行"键；画面转成阻抗圆图，光标在 0 点闪动，拔掉短路器光标在∞点闪动，说明仪器正常。
- 按"菜单"键出现功能选择菜单后，再将光标移到"驻波"下，再按"执行"键即可出现纵坐标为驻波的方格坐标。
- 在电桥测试口接上待测电缆，电缆末端接上阴负载，显示曲线即驻波比频响。
- 驻波有四挡可选，可按↓键来选择。
- 按→或←键读出 30MHz、1590MHz、1630MHz、3190MHz 驻波比值，记录在附表 B.5 中。
- 按"菜单"键出现功能选择菜单后，再将光标移到"打印"下，再连按"执行"键两次，即可打印出测试曲线。

附表 B.5

频率/MHz	30	1590	1630	3190
驻波比 ρ				
回损 RL				

电缆驻波比一般要求小于 1.2，也有要求小于 1.1 的，最苛刻的要求为 1.05（这就需要挑选了，合格率很低）。

【思考题】
(1) 测量同轴电缆驻波特性时，终端要接什么样的负载，驻波比为多少？不接此种负载进行测量为什么不可以？
(2) 同轴电缆驻波比随频率变化曲线呈现什么规律？说明什么问题？

2. 测插损

- 在主菜单下按↓键将光标移到"测：A B"下，按→或←键使 A 下为"插损"，B 下为空白。

- 在输入插口 A 接上一只 10dB 衰减器,将输出插口用根电缆通过双阴连接器接到一个 10dB 衰减器。再将两个衰减器用双阳连接器接起来,如附图 B.5 所示。

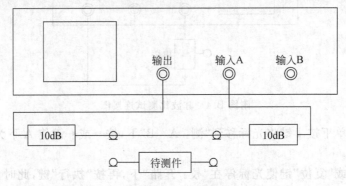

附图 B.5　插损测试

- 按 ↓ 键使光标停在"校:直通"下,按"执行"键,此时为直通状态,即校最大值,仪器会直接转入测试,此时画面应为方格坐标,测试值为 0dB。
- 取下双阳连接器将待测电缆串入两衰减器之间,即可进行测试。
- 插损量程有四挡,可按 ↓ 键来选择,最小一挡为 0～2.5dB,最大可测 80dB。
- 按 → 或 ← 键读出 40MHz、1590MHz、1630MHz、3190MHz 插损值,记录在附表 B.6 中。
- 按"菜单"键出现功能选择菜单后,再将光标移到"打印"下,再连按"执行"键两次,即可打印出测试曲线。

将测试值除以长度得每米衰减值(dB/m),应不大于规定值。

注:对于相位有要求的电缆,可按"菜单"键出现功能选择菜单后,再将光标移到"相损"下,再按"执行"键,即可得到所需相位值。读出 30MHz、1590MHz、1630MHz、3190MHz 相损值,记录在附表 B.6 中。

附表 B.6

频率/MHz	30	1590	1630	3190
插损				
相损				

【思考题】

(3) 测插损时,为什么要在输入和输出端口接 10dB 衰减器?

(4) 定性画出同轴电缆插损随频率变化曲线示意图,呈现什么规律? 说明什么问题?

(5) 定性画出同轴电缆相损随频率变化曲线示意图,呈现什么规律? 其斜率与什么因素有关系?

3. 同时测插损与回损

- 在输入 A 端应接入一只 10dB 衰减器,以改善输入端口匹配。衰减器的插座即成为新的 A 口。

- 如附图 B.6 连接,让电桥测试端口开路,将光标移到"测：A B"下按→或←键,使A 下为"插损",B 下为"回损";将光标移到"校：开路"下,按"执行"键,显示器上出现动态数据,停下后出现"校：短路"字样,测试端接短路器后按"执行"键,过程完成后出现"校：直通"字样。

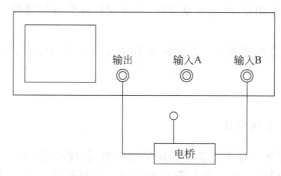

附图 B.6 同时测插损与回损

- 将电桥测试端口用双阳连接器接到新的 A 口上,按"执行"键后画面呈方格坐标,此时插损应在 0dB 左右,回损应在 −20dB 以下,越低越好。

【思考题】

(6) 如果输入端口 A 不接入 10dB 衰减器会有什么问题?

(7) 插损为 0dB 说明什么? 为什么测插损时回损越低越好? 非理想情况下的回损产生原因可能是什么? 如何尽量降低回损?

- 断开双阳连接器,将电缆接在电桥测试端口与输入 A 端口之间,即可同时测出两种参数。插损坐标刻度在右边,回损坐标刻度在左边,各自看其相应的坐标,弄不清时可借助于画面上方所显插损(IL)与回损(RL)数值来进行判断。
- 按↓键可改插损量程,按"菜单"键可选画面。
- 选"相损"时,画面将随↓键反复出现相位＋回损,相位平移展开,相位＋插损,相位平移展开。
- 选"矢量"时画面将只出现回损的阻抗圆图,也可换挡,若对阻抗要求准确时,应再加校"短路"。
- 双参量测量精度不如单参量高,若无必要,以采用单参量为宜。
- 读出 30MHz、1590MHz、1630MHz、3190MHz 的回损和插损值,记录在附表 B.7 中。

附表 B.7

频率/MHz	30	1590	1630	3190
回损				
插损				

【思考题】

(8) 回损和插损有什么关系? 用测试数据进行分析。

B2.2 特性阻抗 Z_0 的测量

一、实验目的

掌握同轴电缆特性阻抗 Z_0 的测量方法，加深对特性阻抗的理解。

二、仪器准备

矢量网络分析仪及测试套件，工作频段为 30MHz～3.2GHz，待测短电缆一根或待测电缆一捆。

三、实验步骤

1. 做法 1：短样本测试法

- 样本与扫频方案：对于已装好连接器的电缆，长度已定，只能由长度定扫频方案。而对于电缆原材料，则可以按要求频率确定下料长度。此时待测电缆一头装连接器即可。本实验建议就用仪器配发的 0.5m 电缆。
- 样本长度与扫频方案是相互有关的，可以点频测也可以扫频测，取值要取相位靠近 270°时的电抗值，此时电长度为 $\lambda/8$，电抗值在 $\pm j50\Omega$ 附近，如 $40\sim60\Omega$ 之间，否则不易得到可信数据。测试频率宜低些，以减少连接器，以及末端开短路的差异造成的误差。

取待测电缆样本长 500mm，扫频方案可选 $46\sim56$MHz，$\Delta F=2$MHz 即可。

- 仪器在测回损状态下（布置与连接同前面的实验），只是电桥输入端与输出端要求各串一只 10dB 衰减器。校过开短路后，接上待测电缆。记下待测电缆在末端开路与短路时的输入电抗值（不管电阻值），两者相乘后开方即得特性阻抗值。记录在附表 B.8 中。
- 一般测试只选一点最靠近 270°的点（即 50Ω）进行计算即可，要求高时，可在 $50\pm10\Omega$ 范围内选 5 点进行平均，这 5 点之间起伏不应大于 0.5Ω，否则电缆质量不好。
- 电缆两端测出的特性阻抗有可能是不相同的，说明该电缆一头特性阻抗高，一头低。要求高时，应对样本进行掉头测试，两端测出的特性阻抗不应相差 0.5Ω。对样本掉头测试后，记录在附表 B.8 中。

附表 **B.8**

频点/MHz	46	48	50	52	54	56
终端短路						
终端开路						
特性阻抗 Z_0						

【思考题】

（9）画出被测同轴线终端短路和开路时始端输入阻抗在阻抗圆图中轨迹的示意图，理论上是什么图形？

做法 1 的理论根据如下。

在解传输线方程中，定义特性阻抗 $Z_0 \equiv \sqrt{\dfrac{R_0 + j\omega L_0}{G_0 + j\omega C_0}}$。由于 R_0、L_0、G_0 与 C_0 皆为微分量，因此特性阻抗 Z_0 也是一个微分量，当长度 $\mathrm{d}l \to 0$ 时，Z_0 即成为一个点参数或断面参数。纯理论而言，测试 Z_0 时的样本越短越接近真值。

短样本的损耗很小，可按无耗传输线处理。若短样本的长度为 l，末端开路时的输入阻抗 Z_{in} 为 Z_{ino}，末端短路时的输入阻抗 Z_{in} 为 Z_{ins}。

则：$Z_{ins} = jZ_0 \tan\beta l$，$Z_{ino} = -jZ_0 \, ctan\beta l$ 所以 $Z_0 = \sqrt{Z_{ino} Z_{ins}}$。

事实上，Z_{ino} 与 Z_{ins} 皆呈现纯电抗性，不必计入电阻值。考虑到测试与计算的准确度，测试频率宜在几十兆赫（此时连接器与开短路引入的误差较小），电长度宜为 $\lambda/8$（此时相位变化为 $45°$，数值计算误差最小。实在不行，也不要短了 $3°$，或长了 $87°$）。

此法的优点是反映了某一段电缆的真实特性阻抗，缺点是取样本困难；电缆出厂时是成捆或成盘的，最好不要截取样本而利用电缆一头一尾直接进行测试。

2. 做法 2：平均特性阻抗 Z_{0A} 的测试

做法 1 必须截取样本，有时是困难的，经常需要对成捆电缆进行测试。

- 仪器按测回损连接（电桥两端不加串 10dB 衰减器），按规定测试频点设置列表扫频方案，待测电缆一端装连接器。
- 仪器在测试口作完开路、短路校正后，接上待测电缆，测其末端开路时的输入阻抗 Z_{ino}，与末端短路时的输入阻抗 Z_{ins}。两者相乘后开方即得特性阻抗值（只管模值，不计相位）。此法是符合标准的做法。

成捆电缆长度多在百米以上，这就要用到有耗传输线公式了。此时有

$$Z_{ino} = Z_{0A} \, ctan\gamma l, \quad Z_{ins} = Z_{0A} \tan\gamma l, \quad Z_{0A} = \sqrt{Z_{ino} Z_{ins}}, \quad \text{代入各自的分量得}$$

$$Z_{0A} = \left[\sqrt{(R_{ino}^2 + X_{ino}^2)} \, \sqrt{(R_{ins}^2 + X_{ins}^2)} \right]^{1/2}$$

从前一个式子来看，与无耗线完全相同，但是展开后却多了电阻分量，而变成复数求模（只要绝对值，不计相位）。

由于这个 Z_{0A} 是在长电缆的情况下测出的，除非电缆很均匀才是 Z_0，否则只能是 Z_0 的平均值 Z_{0A}。

3. 做法 3：用终端接匹配负载时的输入阻抗 Z_{inm} 来代替 Z_0

不管有耗无耗，只要传输线是均匀的，只要电缆两端装有连接器，当末端接上匹配负载时的输入阻抗为 $Z_{inm} = Z_0$。

- 被测同轴线末端接匹配负载，在附表 B.9 中记下始端电阻值。
- 将同轴线掉头后再进行同样测量，记录在附表 B.9 中。

附表 B.9

频点/MHz	46	48	50	52	54	56
R 值						
R 值（掉头）						

由于电缆并不均匀，因此测出的是频段内的极值，这就对电缆提出了更苛刻的要求。虽然此法对质量最有保证，而且测试也最为简便，但不易通过验收测试。

注：视具体情况，可任选 1 种或两种方法，也可 3 种方法全做。

【思考题】

（10）为什么同轴线终端接匹配负载时，始端输入阻抗即等于特性阻抗？

B2.3　时域故障定位检查

一、故障定位的意义

1. 同轴电缆的三段反射

一根同轴线从其输入端测出的驻波比是由三段反射的矢量叠加造成的。一段是远端反射，它包括了负载的反射以及电缆输出连接器处的反射；另一段是输入连接器（包括转接器）处的反射称为近端反射；还有中间这一段由电缆本身制造公差引起的分布反射。

2. 时域分布反射的获得

可用网络分析仪上的时域故障定位功能软件来完成时域反射的测试。它的做法是在频域中测出多个有关频率的反射系数，然后经过运算来得到时域波形，如附图 B.7 所示。其中纵坐标为反射系数幅值，横坐标为距离或时间。

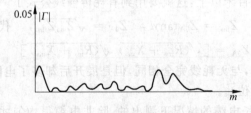

附图 B.7　时域测试曲线示意图

二、仪器准备

矢量网络分析仪及其附件，工作频段为 30MHz～3.2GHz 待测 0.5m 短电缆一根。

刚开机时或复位后，网络分析仪显示的是主菜单，若把光标移到菜单上第一项"频域"项下面，按→键，仪器进入时域工作状态。

将光标移到"测：××"下，图上原为 120m，可按→或←键进行选择，测试距离应选为待测电缆几何长度的 1.5 倍以上。为取得最大精度，最好用 3m 档测试。

选定与连接口相应的 A 口(或 B 口),如附图 B.8 所示。

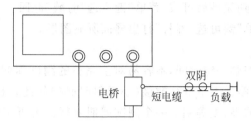

附图 B.8　时域测试连接图

三、实验步骤

- 按测回损的方法进行连接,屏幕上显示的 A 或 B 应与接法对应;电桥测试端口开路。

- 按 ↓ 键使光标停在"校:开路"下,此时按"执行"键,仪器进入开路校正状态,右下角频率变动,直到扫完一遍为止,此时出现"校:短路"字样。

- 在电桥测试端口按上短路器,再按"执行"键,仪器进行短路校正,右下角频率一直变动,扫完一遍后,画面改成直角坐标,说明校正已完成可以进行时域测量(若所测反射极小,可以回到频域加校零后再返回,一般只作两项校正);时域测量时出现直角坐标,此时右上角出现变动的频率数字,说明此时正在进行频域测量,测完后数字消失,仪器进入时域计算与显示,光点将由左向右逐点点出在给定测试距离内从头到尾(即全景)的各个距离上的反射强度。

- 此时最大反射点在口上(距离为 0),ϕ 在 180°左右。

- 拔掉短路器,此时最大反射点仍在口上(距离为 0),ϕ 在 0°左右。

【思考题】

(11) 解释上述两个步骤中的实验现象。

- 接上待测的 0.5m 电缆,等到一个完整测试计算周期后,可见最大反射点后移,将光标移到最大反射点附近,按"菜单"键,将出现功能选择菜单(在频域测量期间,按"菜单"键无用),屏面出现放大、全景、频域、屏打四种入口,选放大后按"执行"键确认。此时即将光标所在点的附近,在距离上放大 4 倍后进行显示,并给出此段距离中最大反射点的精确位置 d_{max},这就是被测电缆的电长度。

【思考题】

(12) 画出此时测试的时域曲线示意图,并标出典型反射点的位置。

(13) d_{max} 为多少?与电缆几何长度 0.5m 是什么关系?为什么?

- 在被测电缆末端接上阴负载,按"菜单"键后,选"全景"返回全景显示,垂直坐标有 $\Gamma=1$,$\Gamma=0.25$,$\Gamma=0.05$ 三档,可按 ↓ 键进行选择。由于电缆很短,可再按"菜单"键选放大显示,仍然可以看到电缆从头到尾的反射分布。相当于对电缆进行断面检查。连接器处的反射不宜大于 0.05,电缆分布反射不应大于 0.01。

- 按"菜单"键可选"频域",时域测试与频域测试互相对照,有利于对被测电缆作出更合理的裁决,到频域后可按"菜单"键再选"时域"返回。
- 需要时,按"菜单"键可选"屏打"打出屏面所显图形。

注意事项如下。

- 由于插接电缆需要一定时间,不容易对上完整的测试周期,请耐心等下一个测试周期,也可在暂停状态下进行插接(小反射时必须如此),接好后再执行。显示的仍为上一次的结果,须等到下一个测试周期才行。也可按"菜单"键,选"频域"测试,需要时再回时域。
- 电缆与插头间出现小反射时,多数是插头不好或未装好,但也有可能是电缆特性阻抗偏差所造成,此时应设法测电缆特性阻抗。
- 复位后将光标移到主菜单上面第一项"时域"项下面,此时按→键即可退出时域进入频域状态。
- 除 0.5m 电缆外,尚可另外找些连接器能接得上的电缆进行测试。
- 电缆两端的反射一般是不等的,这是连接器不好或装配不好造成的;而当电缆两端出现相同大小的反射时,尚有另外一种可能是电缆特性阻抗不对,要加测电缆特性阻抗。

【思考题】

(14) 时域测量的基本原理是什么?

(15) 同轴电缆常规测量参数有哪些?通过本实验,对射频和微波元件的测量有什么认识?

B3 自主设计实验

一、查阅相关资料,了解学习自选配件中带通滤波器、隔离器、功分器、定向耦合器、和差器等一些常用二端口、三端口、四端口射频元件性质。

二、自选上述元件中的一种,用网络分析仪进行独立自主测量,得到其散射参量矩阵及常用外特性参量,并将测量结果与理论值或仿真值进行比较分析。

三、对查阅资料和测量结果进行整理,形成完整的实验报告。

附录 C   测量线实验步骤和提示

C1   测量线及其使用

需要注意的事项与记录的内容如下。

第____组   学号：_____   姓名：_____   同组人姓名：_____

实验仪器设备如附表 C.1 所示。

附表   C.1

仪器名称	型 号 规 格	生产串号或设备编号
1. 微波信号源	DH 1121 A 型 3cm 固态信号源	
2. 隔离器		
3. 可变衰减器		
4. 波长计		
5. 波导测量线	DH 364 A00 型	
6. 被测负载	终端短路的可变衰减器，衰减刻度为 30 格	
7. 短路片		
8. 选频放大器		

实验系统方框图：参考本书 6.2 节图 6.1。

实验内容及步骤如下。

1. 测量波导波长 λ_g 和节点位置

（1）测信号源的工作频率：置"方波"工作状态，移动测量线探头至波腹点处不动，调可变衰减器使选频放大器的指示接近满量程；旋波长计调谐机构使选频放大器的指示最小，读得波长计指示刻度为_____，查表得信号源的工作频率为_____ MHz。

测完频率后应旋波长计调谐机构使其失谐（选频放大器指示恢复最大）。

（2）终端短路，置"方波"工作状态，用两点法测量两个波节点的位置 x_0、x'_0，确定等效终端 D_1，求 λ_g，并由 λ_g 求 f_0，填写附表 C.2。

附表   C.2

	x_1	x_2	$x_0=(x_1+x_2)/2$	x'_1	x'_2	$x'_0=(x'_1+x'_2)/2$	$D_1=x_0$ 或 x'_0	$\lambda_g=2|x_0-x'_0|$
/mm								

$$f_0 = \frac{c}{\lambda} = c\sqrt{\left(\frac{1}{\lambda_g}\right)^2 + \left(\frac{1}{2a}\right)^2} = 3 \times 10^{11}\sqrt{\left(\frac{1}{\lambda_g}\right)^2 + \left(\frac{1}{2 \times 22.86}\right)^2}$$
$$= \underline{\qquad}\ \text{MHz}\quad (a = 22.86\text{mm})$$

2. 作检波晶体的定标曲线。

定波腹点位置：参考：$x'_{max} = (x_0 + x'_0)/2 = \underline{\qquad}$ mm，实际：$x_{max} = \underline{\qquad}$ mm（以指示最大点为准），调节衰减量，使 $E_m = 100$，填写附表 C.3。

附表 C.3

a/i	100											
l/mm	0	1	2	3	4	5	6	7	8	9	10	11
$E = E_m \cos\dfrac{2\pi l}{\lambda_g}$	100											

注意：定标曲线的有关数据测完后，测试系统中可调节装置的位置不得随意变动！

3. 端接负载，测量 ρ 和 l_{min} 及 $\overline{Z}_L$（查圆图得 $\overline{Z}_L$ 要求图示）。

测量完成后填写附表 C.4、附表 C.5。

附表 C.4

	$D_1 = x_0$ 或 x'_0	x''_1	x''_2	$D_2 = (x''_1 + x''_2)/2$	$l_{min} = |D_1 - D_2|$
/mm					

附表 C.5

a_{max}	a_{min}	查 αE 定标曲线 E_{max}	查 αE 定标曲线 E_{min}	$\rho = \dfrac{E_{max}}{E_{min}}$	$\overline{l}_{min} = \dfrac{l_{min}}{\lambda_g}$	查圆图得 $\overline{Z}_L$

4. 经老师检查无误并同意后，方可关机离开。

C2 阻抗测量与阻抗匹配

需要注意的事项与记录的内容如下。

第___组 学号：_____ 姓名：_____   同组人姓名：_____

实验仪器设备如附表 C.6 所示。

附表　C.6

仪器名称	型 号 规 格	生 产 串 号
1. 微波信号源	DH 1121 A 型 3cm 固态信号源	
2. 隔离器		
3. 可变衰减器		
4. 波长计		
5. 波导测量线		
6. 被测负载	终端短路的可变衰减器,衰减刻度为＿＿格	
7. 短路片		
8. 单螺调配器	镀 ＿＿ $L_0=$ ＿＿ mm	
9. 选频放大器		

实验系统方框图如附图 C.1 所示。

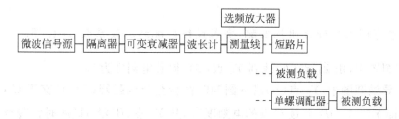

附图 C.1　实验系统方框图

实验内容及步骤如下。

1. 阻抗测量。

要求 f 为 9350MHz 左右,以终端短路的可变衰减器作为被测阻抗的模拟负载,将其衰减刻度放在适当的位置,使驻波系数在 1.6～1.9 之间,测量该状态的阻抗。

(1) 调整系统使其正常工作。

(2) 测量信号源的工作频率。

波长计指示刻度为＿＿＿＿＿＿,查表得信号源的工作频率为＿＿＿＿＿ MHz。

(3) 测量线终端接短路片,用两点法测量两个波节点的位置,求得 λ_g 并确定等效终端 $D_1=x_0$ 或 x_0'。填写附表 C.7。

附表　C.7

	x_1	x_2	$x_0=(x_1+x_2)/2$	x_1'	x_2'	$x_0'=(x_1'+x_2')/2$	$\lambda_g=2\|x_0-x_0'\|$	$D_1=x_0$ 或 x_0'
/mm								

(4) 调可变衰减器使衰减最大,测量线终端换接负载,调节并测 ρ 和 l_{min} 及 $\bar{Z}_L$。

① 移动测量线探针至 α_{max},调整衰减量使 α_{max} 为满量程,再移动探针至 α_{min},在选频放大器读 ρ 值(无驻波比标刻度的可查附录 D 附表 D.1),若 ρ 值不符合要求,调整负载的可变衰减器的衰减刻度后,再重复以上过程,直至 ρ 值为 1.6～1.9,记录最后结果,填写附

表 C.8。

附表 C.8

负载的可变衰减器的衰减刻度	ρ 值

注意：此后应保持被测负载的状态不变！

② 测定 D_1 左边第一个波节点的位置 D_2 和 $l_{\min}$ 及 $\overline{Z}_L$，填写附表 C.9。

附表 C.9

$D_1 = x_0$ 或 x_0' /mm	x_1'' /mm	x_2'' /mm	$D_2 = (x_1'' + x_2'')/2$ /mm	$l_{\min} = \lvert D_1 - D_2 \rvert$ /mm	ρ	$\overline{l}_{\min} = \dfrac{l_{\min}}{\lambda_g}$	查圆图得 $\overline{Z}_L$

2. 用单螺调配器进行阻抗匹配，要求最终匹配到驻波系数 $\rho < 1.05$。

(1) 在圆图中，由 $\overline{Z}_L$ 点(A)找到 $\overline{Y}_L$ 点(B)，得其电刻度为 $\overline{l}_B$。

(2) 在导纳圆图中，$\overline{Y}_L$ 点(B)沿 ρ 圆顺时针转至与匹配圆($\overline{G}=1$)交于 C（应为呈电感性的点，即 $\overline{Y}_C = 1 - \mathrm{j}\overline{B}_C$），读 C 点的电刻度 $\overline{l}_C$，从 $\overline{Y}_L$ 点(B)沿 ρ 圆顺时针转至 $\overline{Y}_C$ 点(C)的电刻度为 $\Delta \overline{l}_{B \to C}$（要求图示），计算螺钉离负载的理论距离 $d = \Delta \overline{l}_{B \to C} \cdot \lambda_g$ 及其在单螺调配器上的实际位置 L 的刻度，其中 L_0 为单螺调配器终端与右刻度 60 的距离，$L_0 = 55$（镀银）或 $L_0 = 54$（镀铜）。填写附表 C.10。

附表 C.10

$\overline{Y}_L$	$\overline{l}_B$	$\overline{Y}_C$	$\overline{l}_C$	$\Delta \overline{l}_{B \to C}$	$d = \Delta \overline{l}_{B \to C} \cdot \lambda_g$ /mm	$L = 60 - \left(n \cdot \dfrac{\lambda_g}{2} + d - L_0 \right)$ （取 $n =$ ） /mm

(3) 将单螺调配器上的螺钉旋出波导使 $h \leqslant 0$，移动螺钉置于 L 刻度处。

(4) 调可变衰减器使衰减最大，将单螺调配器接于测量线与被测负载之间（**注意**：应保持被测负载的状态不变）。

(5) 慢慢加大螺钉旋入深度 h，并随时调节可变衰减器的衰减量、移动测量线探针，监视 ρ 的变化，直至 $\rho < 1.05$。若达不到要求，应检查 d、L 的计算是否有误。调配成功后，记下 h 和 ρ 值。填写附表 C.11。

附表 C.11

螺钉实际位置 L'/mm	螺钉旋入深度 h/mm	调配后的 ρ 值

注意：请保持测试系统及被测负载的状态不变，接着做实验 C3。

C3 金属销钉电纳的测量

（保持实验 C2 的测试系统**及被测负载的状态不变**，紧接着实验 C2 之后做）

仪器名称、型号、规格、生产串号同实验三。

实验系统方框图如附图 C.2 所示。

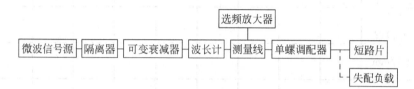

附图 C.2 实验系统方框图

实验内容：①测量销钉电纳 $\overline{B}$ 与销钉插入深度 h 的关系曲线；②利用销钉的 h-j$\overline{B}$ 曲线，将系统的失配负载进行调配，使 $\rho < 1.05$。

实验步骤如下。

1. 测量销钉电纳 $\overline{B}$ 与销钉插入深度 h 的关系曲线

（1）记下实验 C2 所测得的 f 及 λ_g：工作频率 f 为 9350MHz 左右，$\lambda_g =$ _____ mm。

（2）调节可变衰减器使其衰减最大，单螺调配器终端换接短路片，注意保持原实验 C2 负载的状态不变。

（3）计算销钉位置 L_{max}（L_{max} 为波腹点位置）。

$$L_{max} = 60 - \left[(2n+1) \cdot \left(\frac{\lambda_g}{4} - L_0 \right) \right] = \underline{\qquad} mm,（其中取 n = \underline{\quad}）$$

其中，L_0 为单螺调配器终端与右刻度 60 的距离，$L_0 = 55$（镀银）或 $L_0 = 54$（镀铜）。

旋出销钉使 $h = 0$，置销钉于 L_{max} 刻度。

（4）检查销钉是否旋出使 $h = 0$，调可变衰减器的衰减使波腹点接近满量程，然后用测量线测量一个波节点的位置 l_0（两点法），以 l_0 作为下面测绘 h-jb 曲线参考点。填写附表 C.12。

附表 **C.12**

	x_1	x_2	$l_0 = (x_1 + x_2)/2$
/mm			

（5）测绘 h-j$\overline{B}$ 曲线。

① **确定销钉置于单螺调配器 L_{max} 刻度处（波腹点）无误后**，再缓慢旋入销钉，每旋入 1mm，就移动测量线探针用两点法测 l_0 右边的第一个波节点 l_i，记录于附表 C.13。

② 由 $\Delta \overline{l}$ 求 $\overline{B}'$：在导纳圆图的单位圆上从波腹线（左实轴）顺时针转 $\Delta \overline{l}$ 电刻度

读 $\overline{B}'$。

③ 以上数据记入附表 C.13，在坐标纸上绘制 h-$j\overline{B}$ 曲线。

h-$j\overline{B}$ 曲线测定后，请保持测试系统及被测负载的状态不变，继续下面的实验。

参考点 $l_0 =$ ____ mm $\overline{B}_0 = 0$

附表　C.13

	h/mm	0	1	2	3	4	5	6	7	8	9
节点 /mm	$l_{i左}$ 　 $l_{i右}$										
	$l_i = (l_{i左} + l_{i右})/2$										
$\Delta l = \|l_i - l_0\|/\text{mm}$		0									
$\Delta \overline{l} = \dfrac{\Delta l}{\lambda_g}$		0									
$\overline{B}'$		0									
$\overline{B} = \overline{B}' - \overline{B}_0$		0									

2. 利用销钉的 h-$j\overline{B}$ 曲线，将系统的失配负载进行调配，使 $\rho < 1.05$

(1) 将实验 C2 的负载的有关数据填入附表 C.14 和附表 C.15（**注意，应保持负载的状态不变**）。

附表　C.14

负载的可变衰减器的衰减刻度	ρ 值（指调配前）

附表　C.15

$\overline{Y}_L$	$\overline{l}_B$	$\overline{Y}_C = 1 - j\overline{B}_C$	$\overline{l}_C$	$d = \Delta \overline{l}_{B \to C} \cdot \lambda_g$ /mm	$L = 60 - \left(n \cdot \dfrac{\lambda_g}{2} + d - L_0 \right)$ （取 $n =$ 　） /mm

(2) 用单螺调配器进行阻抗匹配，要求最终匹配到驻波系数 $\rho < 1.05$。

① 调可变衰减器使其衰减最大，单螺调配器终端换接负载（**注意，应保持负载的状态不变**）。

② 由**销钉的 h-$j\overline{B}$ 曲线及 $\overline{B}_C$ 值**，求得螺钉的插入深度 h_1。

③ 以 d、h_1 作为粗略匹配参数后进行精细的调配：旋出销钉使 $h = 0$，根据 L、h_1 放置销钉及确定插入深度。然后进行精细调配，先固定插入深度 h_1，略调销钉位置 L，使 ρ 下降到最小；再固定销钉位置 L，略调插入深度 h_1，使 ρ 进一步变小。如此反复，直至 $\rho < 1.05$。若达不到要求，应检查 d、L 的计算是否有误。填写附表 C.16。

附表 **C.16**

L/mm	$\bar{B}_\text{C}$	h_1/mm	螺钉实际位置 L'/mm	螺钉实际旋入深度 h'/mm	调配后的 ρ 值

3. 经老师检查无误并同意后,方可关机离开。

C4　二端口微波网络参量的测量

一、实验目的

(1) 学习用"二倍最小值法"测量大、中电压驻波比的方法。

(2) 掌握用可变短路器(短路活塞)形成开路负载的方法。

(3) 掌握用三点法测量无源互易二端口网络的散射参量。

二、实验原理

三点法测量 S 参量的结构图和输入输出等效位置如附图 C.3、附图 C.4 所示。

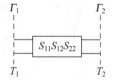

附图 C.3　三点法测量 S 参量　　　　附图 C.4　输入、输出端面的等效位置

三点法:三点法是将待测网络的输出端面依次短路($\Gamma_2=-1$)、开路($\Gamma_2=+1$)和接匹配负载($\Gamma_2=0$),并在输入端面依次测量反射系数 Γ_1o、$\Gamma_{1\infty}$ 和 Γ_{11},则如附图 C.3 所示的互易网络的散射参量可由下式获得。

$$S_{11} = \Gamma_{11} \tag{C.1}$$

$$S_{22} = \frac{(\Gamma_{1\infty} + \Gamma_\text{1o}) - 2\Gamma_{11}}{\Gamma_{1\infty} - \Gamma_\text{1o}} \tag{C.2}$$

$$S_{12}^2 = S_{11}S_{22} + \frac{\Gamma_{11}(\Gamma_{1\infty} + \Gamma_\text{1o}) - 2\Gamma_{1\infty}\Gamma_\text{1o}}{\Gamma_{1\infty} - \Gamma_\text{1o}} \tag{C.3}$$

$$S_{21} = S_{12} \tag{C.4}$$

输入端面反射系数 Γ_1 的测量方法如下。

如附图 C.4 所示,D_T 为待测网络输入端面(1 端口)在测量线上的等效位置;l_T 为网络输出端面(2 端口)在可调短路器上的等效位置。因为 $\Gamma_1 = |\Gamma_1| \text{e}^{\text{j}\phi_1}$,首先测量驻波比 ρ,则

$$|\Gamma_1| = \frac{\rho - 1}{\rho + 1} \tag{C.5}$$

然后测量 D_T 左边(向波源一边)相邻波节点位置 l_min,则反射系数的相角为

$$\phi_1 = 720°\left(\frac{l_{\min}}{\lambda_g}\right) - 180° \tag{C.6}$$

式中，$l_{\min} = |D_{\min} - D_T|$。

"等指示度法"测量大、中驻波比：当驻波比 ρ 比较大时，$\alpha_{\max}$ 与 $\alpha_{\min}$ 相差很大，无法用直读法测 ρ。可采用等指示度法测量大、中驻波比，该法是通过测量波节点两旁附近的场分布规律来求得 ρ 值。根据传输线上电场分布，有

$$|E|^2 = |E^+|^2[1 + |\varGamma|^2 + 2|\varGamma|\cos(2\beta l - \phi_2)] \tag{C.7}$$

当 $2\beta l - \phi_2 = 2n\pi$ 时，$|E|$ 最大

$$|E|_{\max}^2 = |E^+|^2[1 + |\varGamma|]^2 \tag{C.8}$$

当 $2\beta l - \phi_2 = (2n+1)\pi$ 时，$|E|$ 最小

$$|E|_{\min}^2 = |E^+|^2[1 - |\varGamma|]^2 \tag{C.9}$$

由式(C.8)、式(C.9)得

$$\frac{|E|_{\max}^2 - |E|_{\min}^2}{2} = 2|\varGamma||E^+|^2 \tag{C.10}$$

如附图 C.5 所示，$l = l_0 + d$，l_0 为波节点的位置，故 $2\beta l_0 - \phi_2 = (2n+1)\pi$，代入式(C.7)得

$$
\begin{aligned}
|E|^2 &= |E^+|^2[1 + |\varGamma|^2 - 2|\varGamma|\cos 2\beta d] \\
&= 2|\varGamma||E^+|^2(1 - \cos 2\beta d) \\
&\quad + |E^+|^2[1 - |\varGamma|]^2
\end{aligned}
$$

将式(C.9)、式(C.10)代入得

$$|E|^2 = (|E|_{\max}^2 - |E|_{\min}^2)\sin^2\beta d + |E|_{\min}^2 \tag{C.11}$$

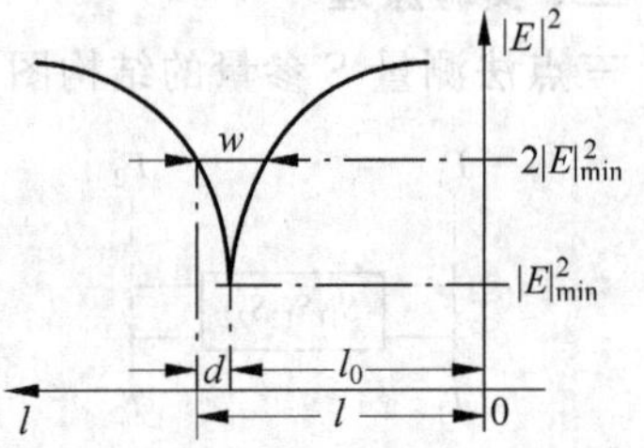

附图 C.5　"等指示度法"测量大、中驻波比

用**"二倍最小值法"**，取 $|E|^2 = 2|E|_{\min}^2$，设 w 为波节点两边 $|E|^2 = 2|E|_{\min}^2$ 等指示点的距离，且 $w = 2d$，代入式(C.11) 得

$$(|E|_{\max}^2 - |E|_{\min}^2)\sin^2\frac{\pi w}{\lambda_g} = |E|_{\min}^2$$

则

$$\rho = \frac{|E|_{\max}}{|E|_{\min}} = \sqrt{\frac{1 + \sin^2\dfrac{\pi w}{\lambda_g}}{\sin^2\dfrac{\pi w}{\lambda_g}}} = \sqrt{1 + \frac{1}{\sin^2\dfrac{\pi w}{\lambda_g}}} \tag{C.12}$$

当 $\dfrac{\pi w}{\lambda_g} \ll 1$ 时，有

$$\rho \approx \frac{\lambda_g}{\pi w} \tag{C.13}$$

用等指示度法测量驻波比，宽度 w 与波导波长 λ_g 的测量精度对测量结果影响很大，故必须用高精度的探针位置指示装置(如千分表)进行读数。

根据实验室的设备条件，当 $\rho > 3$ 时，需要采用**"二倍最小值法"**("三分贝法")测 ρ。

其步骤为：置测量线探针于电压波节点处（用两点法确定），调整衰减量使 $\alpha_{\min}$（平方检波率）的指示为某一整数（如 40），保持衰减量不动。再缓慢移动测量线探针（**谨防指针打表**），使指示为 $2\alpha_{\min}$，记下此时测量线的 d_1、d_2（附图 C.6）。测后随即加大衰减量以保护仪表。计算 w 和 ρ，填写附表 C.17。

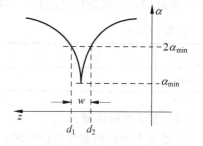

附图 C.6 "二倍最小值法"测量大、中驻波比

$$\rho = \sqrt{1 + \frac{1}{\sin^2\left(\dfrac{180° \times w}{\lambda_{g_1}}\right)}} \qquad (C.14)$$

附表 **C.17**

$\alpha_{\min}$	$2\alpha_{\min}$	d_1	d_2	$w = \lvert d_1 - d_2 \rvert$	$\rho = \sqrt{1 + 1/\sin^2(180° \times w/\lambda_{g_1})}$

　　此外，还可用"**功率衰减法**"测 ρ，此法适用于任意驻波比的测量，能克服"直读法"、"等指示度法"测 ρ 的缺点，但需用精密可变衰减器。改变测量系统中精密可变衰减器的衰减量，使探针位于波腹点和波节点时指示电表的读数相同，则可用下式计算。

$$\rho = 10^{\frac{A_{\max} - A_{\min}}{20}} \qquad (C.15)$$

式中，$A_{\max}$ 和 $A_{\min}$ 分别为探针位于波腹点和波节点时精密衰减器的衰减量读数，单位为 dB。

三、实验仪器及装置图

　　请根据实验中实际使用的测试系统，自己画系统方框图并列表记录所用仪器的名称、型号规格及编号，写入实验报告。

四、实验内容及步骤

1. 测试系统调整

（1）调整系统使之正常工作（包括测量、记录信号源的频率、调谐测量线等）。
　　波长计刻度为 ＿＿＿＿＿＿＿＿＿＿ ，频率为 ＿＿＿＿＿＿＿＿ MHz。
（2）测量线终端接短路片，用两点法测量波导波长 λ_{g1}，选定等效终端 D_T，填写附表 C.18。

附表 **C.18**

	x_1	x_2	$x_0 = (x_1 + x_2)/2$	x_1'	x_2'	$x_0' = (x_1' + x_2')/2$	$\lambda_{g1} = 2\lvert x_0 - x_0'\rvert$	$D_T = x_0$（或 x_0'）
/mm								

　　（3）测量线终端换接短路活塞。测量线探针准确置于 D_T 位置不动，短路活塞由 0 刻度开始缓慢向后移动，直至测量线上 D_T 位置又出现驻波节点，按交叉读数法（即两点

法)确定此时短路活塞位置的刻度,即为 l_T(终端短路的等效位置)。填写附表 C.19。

附表　C.19

	l_1	l_2	$l_T = (l_1 + l_2)/2$
/mm			

(4) 测量短路活塞的 λ_{g_2}。

因受现有短路活塞的长度所限,可用以下方法(附图 C.7),短路活塞置 l_3(如 $l_3 = 0$)刻度,移动测量线探针使选频放大器指示为 10mA 时,测量线探针不动。将短路活塞缓慢向后移动,待选频放大器指示各越过一个 α_{max}、α_{min} 后,又指示为 10mA 时,读短路活塞的刻度 l_4,则 $\lambda_{g_2} = 2|l_4 - l_3|$。

用可变短路器(短路活塞)形成开路负载:$l_T \pm \dfrac{\lambda_{g_2}}{4}$ 为终端开路的等效位置 $l_{T\infty}$(当短路活塞旋至 $l_{T\infty}$ 时,测量线上 D_T 位置为驻波波腹点)。列表记录测量数据及计算结果,填写附表 C.20。

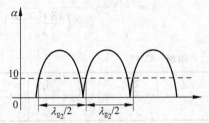

附图 C.7　测量短路活塞的 λ_{g_2}

附表　C.20

	l_3	l_4	$\lambda_{g_2} = 2|l_4 - l_3|$	$l_{T\infty} = l_T \pm \lambda_{g_2}/4$
/mm				

2. 用三点法测量双端口网络的散射参量

(1) 测量线与短路活塞中间接入待测元件("滑动单螺钉",即单螺调配器后接可变衰减器,记录单螺位置 $L = $____、插入深度 $h = $____ mm、衰减器衰减刻度 $\alpha = $____格,确认无误并始终保持其状态不变)。

(2) 待测元件终端短路:短路活塞置于 l_T(= ____ mm)位置,用两点法测出测量线 D_T(= ____ mm),左边第一个波节点位置 D_{0min};测出"滑动单螺钉"输入端驻波比 ρ_0(若 $\rho > 3$,采用"二倍最小值法"测,并列表记录测量及计算数据)。按式(C.5)、式(C.6)计算 Γ_{10},以上数据记录于附表 C.21。

附表　C.21

x_{01}	x_{02}	$D_{0min} = (x_{01} + x_{02})/2$	ρ_0	$l_{0min} = |D_{0min} - D_T|$	$|\Gamma_{10}| = (\rho_0 - 1)/(\rho_0 + 1)$	$\phi_{10} = 720° \dfrac{l_{0min}}{\lambda_{g_1}} - 180°$	Γ_{10}

(3) 待测元件终端开路:短路活塞置于 $l_{T\infty}$(= ____ mm)位置,用两点法测出 D_T(= ____ mm)左边第一个波节点位置 $D_{\infty min}$;测"滑动单螺钉"输入端驻波比 ρ_∞(若 $\rho > 3$,采用

"二倍最小值法"测,并列表记录测量及计算数据)。按式(C.5)、式(C.6)计算 $\Gamma_{1\infty}$,以上数据记录于附表 C.22 和附表 C.23。

附表 C.22

$x_{\infty 1}$	$x_{\infty 2}$	$D_{\infty\min}=$ $(x_{\infty 1}+x_{\infty 2})/2$	ρ_∞	$l_{\infty\min}=$ $\mid D_{\infty\min}-D_T \mid$	$\mid \Gamma_{1\infty} \mid =$ $(\rho_\infty-1)/(\rho_\infty+1)$	$\phi_{1\infty}=720°\dfrac{l_{\infty\min}}{\lambda_{g_1}}-180°$	$\Gamma_{1\infty}$

附表 C.23

$\alpha_{\min}$	$2\alpha_{\min}$	d_1	d_2	$w=\mid d_1-d_2 \mid$	$\rho_\infty=\sqrt{1+1/\sin^2(180°\times w/\lambda_{g_1})}$

（4）取下短路活塞,待测元件终端接**匹配负载**,用两点法测出 D_T（$=$ ____ mm）左边第一个波节点位置 $D_{1\min}$;测"滑动单螺钉"输入端驻波比 ρ_1（若 $\rho>3$,采用"二倍最小值法"测,并列表记录测量及计算数据）。按式(C.5)、式(C.6)计算 Γ_{11},以上数据记录于附表 C.24。

附表 C.24

x_{11}	x_{12}	$D_{1\min}=$ $(x_{11}+x_{12})/2$	ρ_1	$l_{1\min}=$ $\mid D_{1\min}-D_T \mid$	$\mid \Gamma_{11} \mid =$ $(\rho_1-1)/(\rho_1+1)$	$\phi_{11}=720°\dfrac{l_{1\min}}{\lambda_{g_1}}-180°$	Γ_{11}

（5）根据式(C.1)~式(C.4)计算"滑动单螺钉"的散射参量 S_{11}、S_{12} 和 S_{21}、S_{22}。

五、思考题

（1）叙述二端口网络的外特性（技术指标）与 S 参量的关系。

（2）二端口微波网络的散射参量的测量在微波网络参量测量中有何重要意义?

（3）本实验中同一信号源产生的微波信号,为何在测量线中和在可调短路活塞中分别有 λ_{g_1}、λ_{g_2} 之分?

（4）波导终端开口是不是开路负载? 如何形成微波传输线的开路负载?

附录 D 微波实验常用数据表

平方律检波时,驻波比速查表如附表 D.1 所示。

附表 D.1 驻波比速查表

电表读数	0	1	2	3	4	5	6	7	8	9
10	3.160	3.015	2.885	2.772	2.670	2.580	2.500	2.425	2.355	2.292
20	2.235	2.175	2.130	2.085	2.040	2.000	1.961	1.925	1.888	1.855
30	1.825	1.795	1.770	1.740	1.715	1.690	1.665	1.640	1.620	1.600
40	1.580	1.565	1.540	1.525	1.505	1.490	1.475	1.460	1.445	1.430
50	1.415	1.400	1.385	1.375	1.360	1.350	1.345	1.325	1.314	1.300
60	1.290	1.280	1.270	1.260	1.250	1.240	1.230	1.223	1.213	1.205
70	1.195	1.190	1.180	1.170	1.170	1.155	1.150	1.140	1.135	1.126
80	1.120	1.110	1.103	1.093	1.093	1.085	1.080	1.073	1.066	1.060
90	1.053	1.047	1.042	1.037	1.030	1.025	1.020	1.015	1.010	1.005

注:$\alpha_{max}=100$ 刻度,α_{min} 查附表 D.1 即得 ρ。

附表 D.2 X 波段频率与波导波长对照表

f/MHz	λ/cm	λ_g/cm	λ(吋)	λ_g/λ	λ/λ_g	$1/\lambda_g$(1/吋)
8200	3.6558	6.0878	2.3967	1.6652	0.600 52	0.4172
8300	3.6118	5.8906	2.3191	1.6309	0.613 14	0.4312
8350	3.5901	5.7981	2.2827	1.6150	0.619 19	0.4381
8400	3.5688	5.7094	2.2478	1.5998	0.625 07	0.4449
8450	3.5476	5.6241	2.2142	1.5853	0.630 79	0.4516
8500	3.5268	5.5420	2.1819	1.5714	0.636 37	0.4583
8550	3.5062	5.4630	2.1508	1.5581	0.641 80	0.4649
8600	3.4858	5.3869	2.1208	1.5454	0.647 09	0.4715
8650	3.4656	5.3134	2.0919	1.5332	0.652 24	0.4780
8700	3.4457	5.2425	2.0640	1.5214	0.657 27	0.4845
8750	3.4260	5.1738	2.0369	1.5102	0.662 18	0.4909
8800	3.4065	5.1075	2.0108	1.4993	0.666 96	0.4973
8850	3.3873	5.0433	1.9856	1.4889	0.671 64	0.5036
8900	3.3683	4.9812	1.9611	1.4789	0.676 20	0.5099
8950	3.3495	4.9209	1.9374	1.4692	0.680 66	0.5162
9000	3.3308	4.8625	1.9144	1.4598	0.685 01	0.5224
9050	3.3124	4.8057	1.8920	1.4508	0.689 27	0.5285
9100	3.2942	4.7507	1.8703	1.4421	0.693 43	0.5347
9150	3.2762	4.6971	1.8493	1.4337	0.697 50	0.5408

续表

f/MHz	λ/cm	λ_g/cm	λ(吋)	λ_g/λ	λ/λ_g	$1/\lambda_g$(1/吋)
9200	3.2584	4.6451	1.8288	1.4256	0.701 48	0.5468
9250	3.2408	4.5945	1.8089	1.4177	0.705 37	0.5528
9300	3.2234	4.5453	1.7895	1.4101	0.709 18	0.5588
9350	3.2062	4.4973	1.7706	1.4027	0.712 91	0.5648
9400	3.1891	4.4506	1.7522	1.3956	0.716 56	0.5707
9450	3.1722	4.4051	1.7343	1.3886	0.720 13	0.5766
9500	3.1555	4.3607	1.7168	1.3819	0.723 63	0.5825
9550	3.1390	3.3174	1.6998	1.3754	0.727 06	0.5883
9600	3.1227	4.2752	1.6831	1.3691	0.730 42	0.5941
9650	3.1065	4.2339	1.6669	1.3629	0.733 71	0.5999
9700	3.0905	4.1937	1.6510	1.3570	0.736 94	0.6057
9750	3.0746	4.1543	1.6356	1.3512	0.740 11	0.6114
9800	3.0589	4.1159	1.6204	1.3455	0.743 21	0.6171
9900	3.0280	4.0415	1.5911	1.3347	0.749 24	0.6285
10 000	2.9978	3.9703	1.5631	1.3244	0.755 04	0.6397

注：波导尺寸 $a=2.286\mathrm{cm}$，$b=1.016\mathrm{cm}$，$\dfrac{a}{b}=2.250$，截止频率 $f_c=6556.78\mathrm{MHz}$。

主要参考文献

[1] 全绍辉. 微波技术基础[M]. 北京：高等教育出版社，2011.

[2] 董金明. 林萍实等编著. 微波技术[M]. 北京：机械工业出版社，2003.

[3] L. M·玛奇德著. 何国瑜等译. 电磁场、电磁能和电磁波[M]. 北京：高等教育出版社，1982.

[4] David M. Pozar. Microwave Engineering Third Edition[M]. USA，John Wiley & Sons，2005.

[5] David M. Pozar 著. 张肇仪等译. 微波工程[M]. 北京：电子工业出版社，2008.

[6] Matthew M. Radmanesh. Radio Frequency and Microwave Electronics Illustrated[M]. London，Prentice Hall PTR，2001.

[7] M. M·拉德马内斯著. 顾继慧等译. 射频与微波电子学[M]. 北京：科学出版社，2012.

[8] 应嘉年等. 微波与光导波技术[M]. 北京：国防工业出版社，1994.

[9] 廖承恩. 微波技术基础[M]. 北京：国防工业出版社，1984.

[10] 钮茂德. 微波实验指导书[M]. 西安：西北电讯工程学院出版社，1985.

[11] 董树义. 微波测量技术[M]. 北京：北京理工大学出版社，1990.

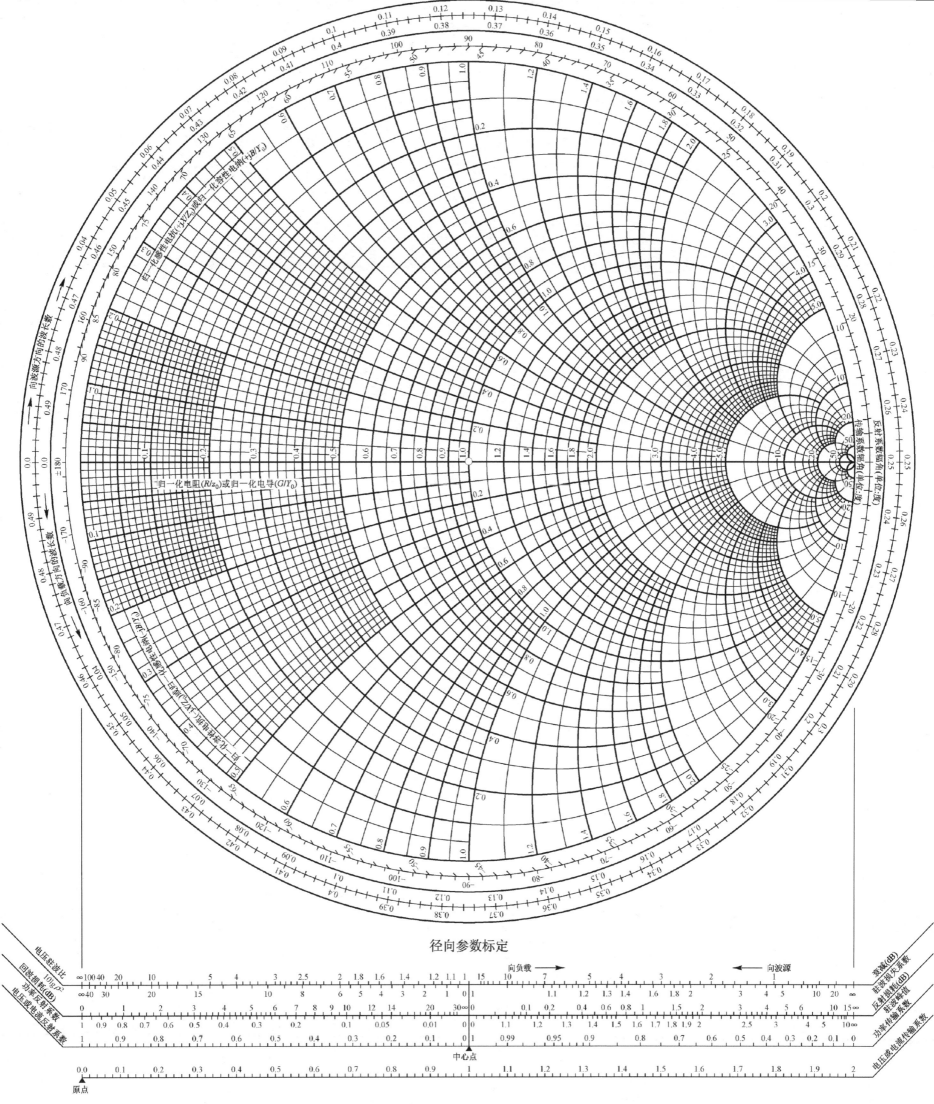

径向参数标定

史密斯圆图